异重流动力学
Hydrodynamics of Gravity Currents

贺治国　林颖典　赵　亮　韩东睿　著

科学出版社

北京

内 容 简 介

异重流是自然环境和工程实践中常见的重要流动现象。异重流的传播演变及动力学特性研究一直是河口与海洋相关领域的重点和热点之一。近年来，以《近岸海域环境功能区管理办法》等相关政策的印发为标志，伴随异重流传播过程的泥沙和污染物输移引起了管理人员、科研工作者及工程规划师的关注。本书立足于近岸及海洋环境的现实问题与长远挑战，聚焦异重流的动力学机制和实践基础，详尽地介绍了异重流最新的水槽实验技术、理论分析与高精度数值模拟研究方法，阐明了异重流在均匀和层结水体环境中与障碍物和植被群等相互作用下的传播演变、掺混卷吸、能量耗散及泥沙输移沉积特性，从新的视角揭示了河口泥沙异重流长距离输移机制。

本书可供高等院校的河流工程、港口海岸与近海工程、河口海岸动力学等专业作为研究生参考用书，也可供水利工程、海洋工程、环境流体力学等领域的科研人员阅读参考。

图书在版编目（CIP）数据

异重流动力学 / 贺治国等著.—北京：科学出版社，2023.7
ISBN 978-7-03-074252-0

Ⅰ. ①异… Ⅱ. ①贺… Ⅲ. ①流体动力学 Ⅳ.①O351.2

中国版本图书馆 CIP 数据核字（2022）第 237896 号

责任编辑：朱 瑾 习慧丽 / 责任校对：郑金红
责任印制：吴兆东 / 封面设计：无极书装

科学出版社 出版

北京东黄城根北街 16 号
邮政编码：100717
http://www.sciencep.com

北京中科印刷有限公司 印刷

科学出版社发行 各地新华书店经销

*

2023 年 7 月第 一 版 开本：787×1092 1/16
2023 年 7 月第一次印刷 印张：14 1/4
字数：338 000

定价：198.00 元
（如有印装质量问题，我社负责调换）

前　言

近年来，我国积极部署海洋强国建设，"江海联运""长三角一体化""大湾区交通圈"等重大战略正在持续推进，涌现了诸如宁波舟山港、珠港澳大桥、甬舟铁路等为代表的世界级工程。然而，大型海洋工程在推动社会经济快速发展的同时，也面临一系列工程安全问题及环境改变问题，如港口码头泥沙骤淤、跨海大桥基础冲刷、河口海床地貌演变等，这些问题与河口海洋复杂动力环境中的异重流运动及其导致的水体交换和泥沙等物质输移过程密切相关。异重流的驱动力来自其与环境流体间的密度差，但由于海洋环境的层化效应，异重流与密度界面及泥沙颗粒的相互作用一直是未解决的前沿科学难题之一，涉及瞬变流、剪切、界面失稳、湍流混合、底床冲淤、泥沙沉降等关键物理过程，对其认识难以完全支持重大工程实践。因此，科学认识异重流动力学机制具有重要的理论研究和工程实践价值。

本书基于作者 10 余年来在异重流理论、物理模型实验与高精度数值模拟等方面取得的先进成果，面向世界级重大涉海工程的科学指导需要以及海洋生态环境保护的迫切要求，聚焦异重流与环境水体非线性耦合作用机制这一前沿科学问题，建立了层结水体环境中异重流非线性力学理论，详细阐述了不同环境条件下异重流运动、湍流混合、能量耗散与泥沙输移的特性和变化规律。具体来说，本书首先对异重流的国内外研究进展进行了回顾和总结。随后，上篇重点围绕水槽实验与理论分析，介绍了异重流精密测控实验技术和分析方法，阐明了异重流运动过程的影响因素及头部位置的时变不确定性（第 1 章、第 2 章），翔实探究了层结水体环境中异重流沿斜坡运动特性（第 3 章）和障碍物及植被群对异重流宏微观特征的影响机制（第 4 章、第 5 章）。下篇重点围绕数值模拟与力学机制分析，介绍了基于直接数值模拟的水-沙-盐多组分异重流高精度数值模型及计算方法（第 6 章），采用数值模拟分别揭示了泥沙异重流在均匀与层结水体环境中沿不同底坡运动的演化过程、能量转换规律和动力学机制（第 7 章至第 9 章），提出了新的机制来解释河口泥沙异重流向海长距离输移这一重要自然现象（第 10 章）。本书内容涉及流体动力学、泥沙动力学、海洋动力学等多学科交叉知识，关注河口与近海水沙动力学中尚未解决的基础科学问题，属于河口与近海动力学领域的国际学术前沿，具有重要的理论价值和实际意义，将为河口泥沙输移和三角洲演变研究、港口航道近底高浓度泥沙回淤、海洋工程安全保障等提供科学依据和技术支持。

本书由浙江大学海洋学院海洋泥沙和环境流体力学团队撰写完成。贺治国对全书组织结构和框架进行了拟定，本书分为绪论、上篇和下篇，上篇和下篇共 10 章。绪论和第 1 章由贺治国、赵亮、韩东睿撰写；第 2 章由林颖典、韩东睿撰写；第 3 章由贺治国、赵亮撰写；第 4 章由韩东睿、贺治国、林颖典撰写，第 5 章由韩东睿撰写；第 6 章由贺治国、赵亮撰写；第 7 章至第 9 章由贺治国、赵亮、林颖典撰写；第 10 章由赵亮、贺治国撰写。全书最后由韩东睿和赵亮整理，林颖典统稿，贺治国定稿。

本书相关研究得到了国家重点研发计划项目（2021YFE0206200、2021YFF0501302、2017YFC0405502）、国家自然科学基金项目（52171276、11672267）及浙江省"高层次人才特殊支持计划"科技创新领军人才项目资助。本书的出版得到了浙江大学研究生教材出版专项资金的支持，同时，承蒙科学出版社朱瑾等同志精心校稿和编辑，在此表示诚挚的谢意。此外，作者在撰写过程中参阅和借鉴了国内外专家学者的经典教材、学术专著、期刊论文等文献资料；有关章节的撰写得到了团队成员胡鹏、李莉等多位老师，美国加州大学圣芭芭拉分校 Meiburg 教授，英国阿伯丁大学 Kneller 教授，以及作者所指导的吕亚飞、林挺、熊杰、刘雅钰、谢晓云等研究生的建议和帮助，在此一并表示由衷的感谢。还要说明的是，本书的出版得到了清华大学傅旭东教授和钟德钰教授、中国海洋大学王厚杰教授、河海大学冉启华教授、英国布拉德福德大学郭亚昆教授的热情支持，在此深表谢意。

希望本书能够为相关研究人员、工程师及决策者提供有益的参考，并为推动我国河口海岸动力学研究和工程应用的发展作出贡献。限于作者的水平，本书不足之处在所难免，敬请读者指正。

贺治国

于浙江大学启真湖畔

2023 年 6 月 6 日

目　录

上篇　水槽实验与理论

下篇　数值模拟与机制

绪　　论

1　研究意义和背景

密度存在差异的两种或两种以上流体互相接触且沿着交界面的方向流动，在流动过程中不与其他流体发生全局性的卷吸和掺混，这种流动现象就称为异重流（gravity current），又称密度流（density current）[1]。当密度差异是由盐分、糖分及温度等非颗粒物原因造成时，所形成的流动一般被称为组分异重流（compositional gravity current）[2]；当密度差异是由流体挟带的泥沙等颗粒物（由于湍流作用所悬浮）造成时，所形成的流动一般被称为泥沙异重流或浊流[3]。

异重流具有多种不同的形式：根据整体流速水平可以分为雷诺数很小的岩浆流或雷诺数很大的大气流等；由于泥沙颗粒的沉积、侵蚀及再悬浮，异重流可以是质量非守恒形式；异重流可以有流体之间密度差异较小的布辛奈斯克（Boussinesq）形式（如海风等）或密度差异较大的非布辛奈斯克（non-Boussinesq）形式（如雪崩等，见图1a），也可以演变为非牛顿流体的形式（如泥石流等）；考虑周围环境水体的层结效应，可以分为上层异重流、中层异重流和下层异重流等；根据产生的初始条件不同，异重流的运动可分为开闸式（lock-release）（如堤坝溃决、短时暴雨、海啸地震等原因造成的滑坡泥石流等）和连续入流式（constant-inflow）（如电厂排出的温水注入湖泊等）[4]。

a. 雪崩　　　　　　　　　　　　　　　　　　b. 海底泥沙异重流

图1　自然界中的异重流实例

异重流在自然环境和工程实际中都是较为常见的物理现象[1, 5, 6]。在河道及水库中，水流由于挟带泥沙而形成的泥沙异重流很容易改变河流航道及水库库容[1]，工程上经常使用人工产生泥沙异重流的方式对水库进行排沙清淤，如我国黄河流域的小浪底水库排水排沙等；在湖泊中，由于上游注入的温度较低的河水和湖水之间存在温度差异而产生的组分异重流对于湖泊物质输移、水体水质、河湖生态系统影响显著[7]；在河口海岸处，由于河水和海水之间存在密度差异而形成的异重流对河流泥沙输移、河口海岸水质、海底地形演变有决定性的作用。河口处形成的异重流对泥沙的搬运距离可达几百乃至上千千米[8]，近岸处形成的泥沙异重流是地球上大陆向海洋输移泥沙最主要的形式；在深海环境中，由于海底地震、海啸、滑坡等原因形成的异重流对于海洋物质大循环、地形演变、油气形成及勘探、海底电缆的埋藏和保护等有着重要的意义[6, 9, 10]。由于异重流的科学重要性和工程实践价值，来自水利工程、海洋工程、流体力学、环境科学、大气科学等多个学科的学者均对其进行了大量的研究[11-15]。

典型的异重流的结构通常包括近似椭圆形的头部、随后的身部及细长的尾部。在异重流前端，由于底摩擦的作用，其头部会形成一个微微抬升的"鼻子"状结构。在异重流与环境水体的交界面，存在显著的速度梯度及密度跃层，因剪切失稳而形成了一系列的开尔文-亥姆霍兹不稳定性（Kelvin-Helmholtz instability，K-H instability）结构（图2a），上交界面处的开尔文-亥姆霍兹不稳定性结构对异重流与周围环境之间的物质交换和水体卷吸掺混有着重要的意义[16]。在异重流的展向结构上，运动过程中头部位置处较轻的周围流体被压在较重流体的下方，导致异重流前端由于重力失稳而形成了一系列凹凸的"波瓣"和"沟裂"结构（图2b）。

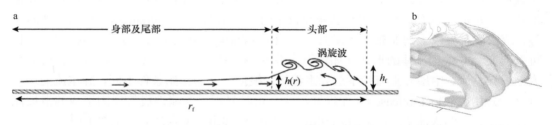

图2　典型的异重流结构示意图（a）及异重流展向的"波瓣"和"沟裂"结构（b）[17]

水库、湖泊、河口与海洋等水体环境中，由于温度、盐度等不同而形成了密度差异，异重流运动的周围水体通常会出现层结现象（stratification）[11, 16, 18]。图3给出了黑海中的水体密度层结实例。异重流在层结水体环境中的运动过程相比于在均匀水体环境中的运动过程更为复杂。根据异重流与周围水体之间的密度差异，河口附近形成的异重流在海洋层结水体环境中的运动方式大致可分为四种：上层异重流［又称低密度流（hypopycnal current）］、等密度流（homopycnal current）、下层异重流［又称高密度流（hyperpycnal current）］和中层异重流［又称中密度流（mesopycnal current）］[19, 20]。等密度流现象指异重流的初始密度与周围环境水体的密度相同，多在河流水体汇入湖泊时两种水体密度接近的情况下发生，而在其他水体环境中较为少见。其他三种异重流形态如图4所示。

上层异重流：又称异轻流、羽流（plume）。由于海水密度较大，且往往大于注入海洋的河流挟沙水体的密度，因此上层异重流在自然环境中较为常见，多见于河口及近海处，表现为河流淡水漂浮在海水上表面并向四周扩散的低密度羽流。

下层异重流：当短时暴雨、滑坡、地震及河流本身含沙量高（如黄河）等造成河口淡水含沙量较高时，会出现密度较大的挟沙水体下潜入海水下层，沿陆坡运动并向深海输移。其他情况还多见于湖泊及水库，由于湖泊及水库中多为淡水，其密度并不高，因此形成下层异重流所要求的注入水体密度不大，下层异重流较易形成。下层异重流运动速度一般比较快，并且会挟带大量的颗粒物及营养物质，从而对水库、湖泊、河口的水体混合，海床地形变化，以及工程勘测具有重要意义[21, 22]。

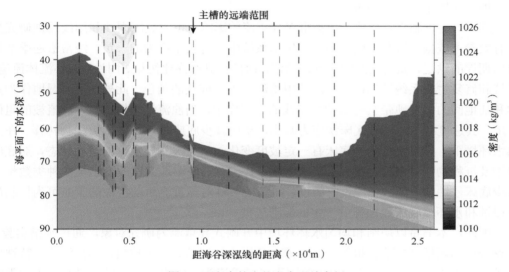

图 3　黑海中的水体密度层结实例

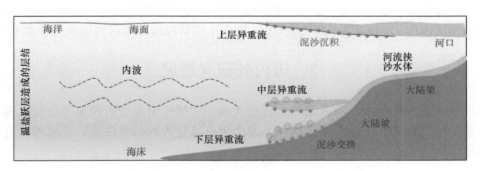

图 4　河口海洋区域层结水体环境中异重流的几种不同运动方式

中层异重流：又称中层侵入流、间层流，由于异重流在运动过程中会与周围水体发生掺混及发生颗粒沉降等，密度会逐渐减小，当异重流的密度与周围环境水体的密度一致时，在沿斜坡运动过程中会到达中性浮力层（neutral buogancy layer），此时异重流会侵入周围的层结水体，并沿中性浮力层水平扩散，转变为中层异重流。

前人所开展的研究大都针对均匀水体环境，对异重流在层结环境中的动力过程仍没有清晰认识，水体层结、底坡坡角、颗粒沉降等因素对异重流宏观运动速度、湍流结构、水体卷吸掺混、能量变化等动力学特性的作用机制仍不清楚。

此外，异重流作为物质输移的重要方式，在运动过程中极易遭遇植被群（泛指自然生长的植被群）或独立障碍物（如水下建筑桩群），如湿地洪泛浊流遭遇植被群、海底浊流途经水下树林等。探索厘清植被群和独立障碍物对异重流运动的影响，不仅能为湖泊、河口及海洋区域的异重流研究提供科学的参考依据，还对生产实践具有重要的指导作用，主要表现在以下两个方面。

其一，研究异重流与独立障碍物、植被群的相互作用机制有助于探明异重流对水下生态环境的破坏程度。例如，海底浊流在为深海带来大量陆源营养盐的同时，也会在途经之地对底栖生物造成伤害。

其二，分析独立障碍物、植被群对异重流的影响，可为底床固沙和岸线侵蚀研究提供有效参考依据。沿海湿地作为海岸生态系统中具有高生产力的一员，经常遭遇季节性或周期性的洪泛，如典型的潮汐湿地盐沼，而植被具有净化污染、固沙、减小流体流速、保持和修复生态系统等功能，在湿地中扮演着不可或缺的角色。此外，沿海湿地作为海洋和陆地间的缓冲地带具有保护海岸线的重要作用，当浊流途经植被时，受植被的阻碍作用，其速度减小，同时底床切应力减小，从而减少底床侵蚀与底床沉积物转移。在天然水环境下，异重流运动的底床有一定坡度变化，从而改变异重流的运动状态，对底床侵蚀及沉积物转移产生影响。在某些情况下，已有一些湿地尝试改变植被的种类数量来减少底床侵蚀、降低水体浊度。所以，厘清植被群对异重流运动特性的影响可为控制岸线侵蚀和水环境底床侵蚀提供一定的参考依据。

因此，本书将以层结和均匀水体环境中开闸式异重流为研究对象，通过水槽实验、理论分析和高精度数值模拟等方式，深入分析水体层结、底坡坡角、颗粒沉降、特殊地形条件（如独立障碍物、植被群）等因素对异重流头部位置/速度、湍流结构、界面卷吸掺混、能量转换、越障细节及长距离泥沙输移等动力学特性的影响，以期为河口海洋环境下的物质输移、地貌演变、油气层形成、海底电缆管线埋藏等研究提供科学参考依据。

2 国内外研究进展

在过去的几十年中，前人已经在现场观测、水槽实验和数值模拟等方面取得了较为丰富的研究成果。下面分别从这三个方面来总结前人的研究成果，并思考现有研究的不足。

（1）现场观测

自然界中异重流形成的常见条件为河水挟沙入海或者入湖。由于一般情况下湖水的密度比海水小，因此在湖水中形成沿水面向下运动的流体所需的临界泥沙含量更低，即挟沙河水注入湖泊更容易形成沿坡运动的下层异重流[9]。

异重流最早是由 Forel 于 1892 年在莱曼湖中观测发现的，他观察到挟带泥沙的河水在注入湖泊时，并未与湖水明显混合，而是潜入水体下方形成异重流现象[20]。Lambert 等[23]在瑞士的瓦伦湖（Walensee）和苏必利尔湖（Lake Superior）中进行现场测量，获得了泥沙异重流的第一批实际观测数据，观测结果显示泥沙异重流的运动受水流方向和底坡地形的影响，这些数据为后来的研究者提供了丰富的验证资料。Normark 和 Dickson[24]在矿区尾水排放地带进行了 30 个星期的观测，先后观察到 25 次不同的人造异重流现象，这些异重流运动对湖泊的地形演变有着重要的作用。后来，Lambert 和 Lüthi[9]在博登湖（Bodensee）进行了观测，记录到的异重流的最大流速达 120cm/s。Chikita[25]则对水库中形成的异重流现象进行了现场观测，观察到了由于库水温度层结而形成的中层侵入流现象。

在水库中经常使用人造异重流的方式进行排沙，从而扩大库容[13]。由于黄河含沙量很高[1]，所建水库容易被淤积，使用人造异重流对水库进行排沙尤为常见。在黄河小浪底水库，我国的水利工作者先后进行了十几年的水库异重流排沙研究[26-29]，使得在小浪底水库进行异重流排沙成为减缓淤积最有效的手段之一。

河口异重流现象也多被前人所报道。Mulder 和 Syvitski[30]对全球范围内多达 147 条河流进行了调查，发现其中 71%的河流可以在河口区域形成异重流。在很多中小型河流的河口处，更容易形成沿底坡运动的下层泥沙异重流。20 世纪 80 年代，Wright 等[31]在 Nature 上首次报道了中美联合调查组在黄河口观测到的典型泥沙异重流现象，观测结果表明在夏季洪水季节形成的泥沙异重流现象对黄河口附近的泥沙输移和地形演变有重要的意义。王燕[32]在黄河口利津站连续进行了 53h 的观测，观察到了黄河口形成的 4 次不同的高浓度异重流事件。在黄河口异重流动力学特性和物质输移方面，中国海洋大学王厚杰教授团队先后做了一系列工作[33-35]，对黄河口泥沙异重流入海的关键动力过程及其影响因素进行了梳理。

除湖泊、水库、河流等地之外，海洋区域的异重流现象也被相关研究者陆续观测到。但由于海洋中的异重流流速较大，破坏力很强，现场观测资料仍较少。

在我国台湾地区[36, 37]和日本海[38]等地，Carter 等、Gavey 等和 Nakajima 先后观察到了相应的海底异重流现象，且其沿海底的运动距离可达数百至上千千米，对泥沙输移和地形演变影响显著。2009 年 8 月我国台湾地区遭受强台风"莫拉克"的袭击，部分河流洪水泛滥，河流泥沙含量显著增加，河水入海之后形成海底异重流，异重流的冲击使得海底的多条电缆受到不同程度的破坏[36]。Shepard 等[39]分析了拉霍亚（La Jolla）海底峡谷的资料，认为这一区域的海底曾经形成过丰富的低速异重流现象。Dengler 等[40]观察到了由飓风导致的海底滑坡而在夏威夷瓦胡岛（Oahu, Hawaii）地区形成的 4 次异重流过程，数据显示当地形成的异重流的最大流速可达 200cm/s。随后，Prior 等[41]和 Zeng 等[42]在比特湾（Bute Inlet）进行了较为系统的异重流现场观测，观察到了海底因异重流而形成的 70 多千米的沉积体。Xu 等[43]在蒙特雷（Monterey）海底峡谷使用倒挂声学多普勒海流剖面仪（ADCP），连续观测到了 4 次海底异重流事件，首次获得了高精度异重流速度剖面数据，这些观测资料为异重流数值模拟提供了权威的数据验证资料。Paull 等[44]于 2018 年在蒙特雷海底峡谷附近的最新观测结果是迄今为止最为详细的海底异重流运动数据，他们观测到的异重流最大运动速度可达 7.2m/s，且能够挟带重达 800kg 的物质运动。这些观测数据都表明，异重流在运动的过程中会挟带大量的泥沙等颗粒物，运动速度一般较快，具有强大的冲击力和破坏力。

在自然界中，异重流可以有多种不同的产生方式[22]。在某些情形下，如河口区域的短时暴雨或地震造成滑坡，或河流水体挟沙量很大等，沿近海大陆坡或海底长距离输移的泥沙异重流可以源自河口区域的挟沙水体[45]，此时挟沙淡水的整体密度比海水的密度大，但淡水间隙流的密度比周围海水的密度小。在浮力的作用下，异重流中源自河流的淡水间隙流会挟带较小的泥沙颗粒向上浮起并沿海面扩散，因而泥沙异重流会解体。然而，相当多的实地观测数据表明，在河口形成的泥沙异重流可以沿陆坡运动数百乃至上千千米的距离[36, 38]。前人对于河口泥沙异重流的长距离输移现象主要有两种解释：一个原因是异重流的"自加速"效应[46-48]，在满足一定的条件下，呈自加速状态的泥沙异重流在运动过程中会从底坡侵蚀泥沙并卷入流体本身，使得异重流整体密度不断变大，从而增加其运动距离；另一个原因是泥沙异重流在运动过程中不断地卷吸周围的盐水[38, 45]，可以发展为稳定的沿海底运动的流体。虽然卷入周围的盐水会使得异重流中的淡水间隙流密度增大，但是卷入周围水体也会同时稀释泥沙浓度，所以通过水体卷吸并不能解释河口泥沙异重流的长距离输移现象[49]。显然，如若河口泥沙异重流的间隙流一直是源自河流的淡水，那么由于它的密度比周围环境中海水的密度小，运动过程中较轻的淡水间隙流在浮力的作用下会上浮，异重流则无法维持其结构及长距离运动。这表明河口泥沙异重流长距离运动的过程中，其淡水间隙流必然得到替换，但目前还没有理论对这一替换过程进行解释。

自然界中的泥沙异重流具有强烈的破坏性，会对观测仪器造成严重的冲击和破坏。另外，由于自然界中异重流的产生具有强烈的随机性和不可预测性，因此现存的关于异重流的现场观测资料仍较少。更多的泥沙异重流实地观察和数据分析情况可参考前人的相应文献[9, 22, 45, 50, 51]。

（2）水槽实验

实验室中典型的开闸式异重流产生方式如图 5 所示，在初始时刻，左边密度较大的水体（dense fluid）和右边密度较小的环境水体（ambient water）由闸门隔开，当迅速开启闸门后，由于左边的初始重流体与右边周围环境水体之间具有密度差异，重流体会沿底坡运动，形成异重流现象。

图 5　实验室中典型的开闸式异重流产生方式

1）均匀水体环境中开闸式异重流沿平坡运动

前人的研究结果[6, 52]表明，均匀水体环境中开闸式组分异重流在平坡上的运动过程可主要分为坍塌阶段（slumping phase）和自相似阶段（self-similar phase）。在异重流经历初始时刻的快速加速过程后，在坍塌阶段头部速度基本保持不变（或略微减小），这一过程一般可以持续 5～10 个闸室长的距离；当左侧竖壁产生的反射波追上前进的异重流头部时，坍塌阶段结束，异重流的运动开始进入自相似阶段，在这一阶段，异重流的头部速度和时间之间满足幂律关系。在惯性力和黏滞力的相互作用下，自相似阶段的运动过程可以进一步分为惯性阶段（inertial phase）和黏性阶段（viscous phase）。在惯性阶段，头部位置与 $t^{2/3}$（t 表示时间）呈正比关系；在黏性阶段，头部位置与 $t^{1/5}$ 呈正比关系。

2）均匀水体环境中异重流沿斜坡运动

在自然界和工程实际中，异重流沿水平底坡运动的情况往往较为少见，在深海、河口等环境中形成的异重流经常会沿着具有某一倾角的斜坡运动[8]。斜坡的存在致使异重流运动方向上产生了一个有效重力分量，因此异重流沿斜坡的运动特性与沿平坡的运动特性表现出了较大的差异[8]。

Middleton[53, 54]对连续入流式异重流沿斜坡的运动过程开展了研究，他的实验数据显示，连续入流式异重流的运动头部速度几乎不随坡度的变化而改变，这是由于坡度增大所造成的驱动力增量被同时增大的阻力效应所抵消。开闸式异重流沿斜坡的运动过程则较为复杂，前人的实验结果[55, 56]显示，这种情况下异重流运动较为明显地分为两个不同的过程，即闸门开启之后的迅速加速阶段，以及随后的减速阶段。对于这一复杂运动过程的研究，Beghin 等[55]做了两个假定：①假定异重流从位于闸门后部的"虚拟源"（virtual origin）开始运动；②假定运动过程中异重流头部一直保持为一个长轴与短轴比恒定的椭圆形状。在以上假定的基础上，Beghin 等[55]提出了经典的"热理论"（thermal theory）来预测开闸式异重流沿斜坡运动的头部位置和头部速度。后来的研究者[56-60]又对"热理论"进行了讨论和修正，使其可以被应用于更多场景之中，如考虑底部颗粒沉降侵蚀的雪崩[57]过程、非布辛奈斯克形式[59, 60]的异重流等。

3）层结水体环境中连续入流式异重流的运动

在自然界中，由于温度、盐度的差异而导致的密度层结现象普遍存在[5, 6]，如河口区域的咸淡水混合形成的盐度层结，以及水库、湖泊、海洋中不同深度处由于温度不同而形成的温跃层等[16]，异重流运动的周围水体环境可能是不均匀的。层结水体环境对异重流的发展、演变及物质交换等都有重要的影响[5, 6, 61]。

前人在两层层结环境中先后开展了一系列连续入流式实验[62-65]，结果显示，异重流在两层层结环境中运动时可能会有两种不同的结果：如果初始水体的密度比周围环境水体的下层的密度小，异重流会沿着两层的交界面运动；如果初始水体的密度比周围环境水体的下层的密度大，异重流将穿过整个层结水体，并沿着底坡运动。在后一种情况下，由于异重流在沿斜坡运动的过程中与周围环境水体不断掺混交换，异重流有可能进一步"分裂"，有一部分会沿着周围环境水体的交界面运动。Cortés 等[65]用理查森数（Richardson number）和密度弗劳德数（Froude number）对分裂发生的条件给出了判定标准。

Mitsudera 等[66]首次进行了连续入流式异重流在线性层结环境中沿斜坡运动的实验

研究。随后，在这项工作的基础上，Baines[67, 68]开展了一系列的扩展实验，对连续入流式异重流在线性层结环境中沿斜波运动的水动力学特性进行了较为细致的研究。实验结果表明，异重流的形态及其与环境水体间的掺混与坡度有着较大的关联，在倾角较小的斜坡上会形成向环境流体中扩散的异重流，而在倾角较大的斜坡上会形成羽流并伴随着较强的对环境水体的卷吸，并将这种差异解释为不同坡度会导致交界面上的湍流掺混频率不一样，从而形成明显不同的流体形态。国内学者方面，武汉大学张小峰教授课题组[69-71]先后成功地进行了一系列连续入流式异重流在温度层结水库中运动的水槽模拟实验，并且讨论了温度层结强弱对间层流运动时间的影响；西安建筑科技大学的解岳和孙昕教授课题组也先后进行了一系列的实验[72-74]，来研究层结水库异重流的挟沙特性、如何选择出水口及适宜的排沙口位置等；四川大学的李嘉和安瑞东课题组[75, 76]也先后进行了一系列泥沙异重流在温度层结水库中的运动及失稳实验，他们考虑了温度层结和泥沙之间的相互作用对水库水体特性及异重流失稳的影响。

4）层结水体环境中开闸式异重流的运动

由于运动的不稳定性，且异重流头部不能被随后身部处的重流体持续补充，开闸式异重流在层结水体环境中的运动特性与连续入流式异重流表现出了较大的差异。

Maxworthy 等[77]首次进行了开闸式异重流在线性层结环境中沿平坡运动的实验，他们提出了用经验公式来计算异重流运动准定常阶段的弗劳德数，从而来确定异重流运动的头部速度，并用二维直接数值模拟结果对经验公式进行了验证。Samothrakis 和 Cotel[78]运用平面激光诱导荧光（planar laser induced fluorescence，PLIF）技术对开闸式异重流在两层层结水体环境中运动时交界面的流体混合过程进行了研究，并且推导出了卷吸系数和理查森数之间的定量关系。Snow 和 Sutherland[79]开展了开闸式泥沙异重流在线性层结环境中沿斜坡运动的实验，他们重点考虑了泥沙沉降和水体卷吸对异重流沿斜坡运动的分离深度的影响。基于盒子模型（box model），他们推导出了开闸式泥沙异重流在线性层结水体环境中运动时沿斜坡的分离深度公式，该公式将环境水体层结分为强层结和弱层结两种情况进行讨论。Long 等[80]开展了异重流在线性层结环境中在矩形和半圆形截面水槽中运动的实验，他们提出了一个简化的理论模型来预测异重流在惯性坍塌阶段的运动速度，模型预测结果和实验观测结果较为一致。

对于开闸式异重流在线性层结环境中沿平坡运动的现象，Ungarish[81]先后提出了一系列的概念模型（conceptual model）来确定异重流运动的弗劳德数和异重流头部高度之间的函数关系，这些研究大都关注异重流在准定常阶段的运动速度。国内学者方面，来自浙江大学泥沙与环境流体力学课题组的研究人员也开展了相关的水槽实验[18, 82]，对有无地形突变时开闸式盐水异重流在线性层结水体环境中沿不同底坡的运动特性展开了研究。

5）开闸式颗粒异重流的运动

泥沙沉降会改变异重流和环境水体之间的密度差异，从而对异重流的动力学特性产生明显的影响。

Parker 等[83]开展了连续入流式泥沙异重流沿斜坡运动的实验,他们在斜坡上铺设了泥沙颗粒层,从而考虑了泥沙异重流和床面泥沙之间的交换,并基于水槽实验测量了异重流和周围水体之间的掺混系数、异重流和床面泥沙之间的交换系数、床面摩擦系数和异重流身部的速度剖面分布等特性。Garcia 和 Parker[84]测量了连续入流式异重流运动过程中卷吸床面泥沙的系数,并把这一系数推广到明渠流的泥沙卷吸中。Altinakar 等[85]开展了连续入流式泥沙异重流沿斜坡运动的实验,并测量了泥沙异重流运动稳定时的剖面速度及泥沙浓度分布。这些结果在关于泥沙异重流的研究中都得到了广泛的应用。

Gladstone 等[86]对于多颗粒开闸式泥沙异重流沿平坡运动距离的研究表明,初始异重流中的泥沙颗粒粒径对于异重流的运动距离及沉降特性都有较为明显的影响。Kubo[87]开展了开闸式泥沙异重流沿斜坡运动的实验,并研究了当异重流运动至底端之后沿平坡运动时障碍物对泥沙沉积特性的影响。来自伊朗谢里夫理工大学课题组的一些研究者在这方面也做了一系列的工作,包括测量异重流的剖面速度[88]、入流弗劳德数对流体水沙动力学特性的影响[88]、地形突变对泥沙异重流速度剖面分布的影响[89]、地形突变对异重流泥沙沉积特性的影响[90]等。近年来,Zordan 等[91]测量了开闸式异重流和底床相互作用时的泥沙交换、输移和沉降特性。在实际的水槽实验尤其是开闸式实验中,当涉及泥沙时,由于水流泥沙的强烈时空不稳定特性和实验仪器的限制,相关特性的精准测量仍存在一些障碍。因此,现有的研究多致力于异重流头部位置、剖面特性和泥沙沉积量的测量,而对其他重要水沙动力学特性参数(如卷吸系数的时空变化)的测量则较少。

6)异重流和环境水体之间的卷吸系数

异重流与环境水体之间的密度差是其运动的驱动力。由于上交界面存在速度剪切而形成了一系列 K-H 不稳定性涡旋等湍流结构,因而异重流与周围较轻的环境水体之间会不断发生卷吸,使得异重流的密度不断减小(图6)。

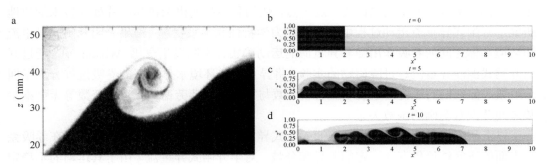

图 6　K-H 涡图[92]:实验图像(a)及数值模拟结果(b~d)

卷吸系数对于预测异重流的运动距离有重要的意义。一个被广泛应用的卷吸系数 E 的计算公式如下[92]:

$$E = \frac{w_e}{U} \qquad (1)$$

式中,w_e 为异重流与环境水体之间的卷吸速度;U 为流体运动的特征速度,对于异重流通常取为头部速度[93]。

对于连续入流式异重流，卷吸系数 E 可以用下式来计算[92, 94]：

$$E = \frac{0.08 - 0.1Ri}{1 + 5Ri} \qquad (2)$$

式中，Ri 为理查森数，通常表示为浮力项和速度项的比值。Turner[92]将 Ri 定义为如下形式：

$$Ri = \frac{g'\cos\theta}{U^2} \qquad (3)$$

式中，g' 为约化重力加速度；θ 为异重流运动的底坡角度。

式（0.2）被前人广泛地应用于计算理查森数为 0～0.8 的异重流和环境水体之间的卷吸系数[46, 48]。Turner[92]认为，当 Ri >0.8 时，异重流与环境水体之间的掺混作用很小，可以忽略。当连续入流式异重流沿 10°斜坡向上运动时，Krug 等[94]测得的卷吸系数在 0.04 左右。Wells 等[95]通过理论分析发现，连续入流式异重流的卷吸系数与包括弗劳德数、异重流的湍流长度尺度和湍流速度尺度在内的多个参数之间存在较为复杂的函数关系。然而，对于开闸式异重流，由于在运动过程中较重的流体不能从源头处得到补充，其运动过程与连续入流式异重流相比存在很大的差异，故开闸式异重流与环境水体之间的卷吸系数 E 不能用式（0.2）进行计算。

Hallworth 等[96]利用中和（neutralization）技术测得开闸式异重流沿平坡运动的水体卷吸系数为 0.06～0.066，这与他们提出的理论模型的计算值是一致的。Beghin 等[55]的实验结果显示，当开闸式异重流沿 5°～90°的斜坡运动时，异重流运动的整体卷吸系数（bulk entrainment coefficient）和坡度之间呈线性正比关系。对于开闸式异重流，其运动过程中包括头部速度、湍流结构、交界面在内的动力学特性都存在显著的不稳定性，故以上公式和实验所得的卷吸系数只能视作整体值，而并没有考虑到卷吸系数的时空变化。Nogueira 等[97]的实验也证实了这一点，他们利用高速摄像机和图片处理技术细致地研究了开闸式异重流运动过程中头部的动力学特性和卷吸状况，结果表明开闸式异重流和环境水体之间的卷吸作用随着异重流的运动确实在不断发生变化。Wilson 等[98]通过开展开闸式泥沙异重流越过障碍物的实验，将异重流与环境水体之间的卷吸过程分为了四个阶段，但他们的研究结果表明，卷吸系数与雷诺数、弗劳德数、理查森数等无量纲参数之间并没有明确的函数关系。

以上研究结果表明，无论是连续入流式异重流，还是开闸式异重流，前人在卷吸系数方面的研究结论仍存在一定的差异和分歧。对于开闸式异重流，由于其运动的不稳定性，异重流与环境水体之间的掺混交换过程必然更为复杂。当开闸式泥沙异重流在层结环境中沿斜坡运动时，泥沙颗粒特性、层结环境和底坡地形都会对包括运动速度、交界面不稳定性等在内的动力学特性产生影响，从而进一步加剧卷吸过程的复杂性。对于开闸式异重流和环境水体之间的卷吸系数这一重要参数的准确结果，目前还没有统一的结论。

7）层结水体环境中异重流沿斜坡运动的分离深度

在线性层结环境中，由于周围水体存在密度差，且异重流会不断与环境水体发生卷吸掺混，随着异重流不断沿斜坡向下运动，其与周围环境水体之间的密度差会逐渐减小。

当异重流的密度减小为和环境水体密度一致时（即到达中性层附近位置时），它会离开斜坡并水平入侵到周围环境水体中。值得注意的是，异重流离开斜坡水平入侵的分离深度在工程上具有重要的意义[5, 79]，因为分离深度可以决定异重流对周围环境的影响作用范围：如若人工建筑物离水面的距离在分离深度之下，则建筑物就不会受到异重流的冲击和破坏，否则，需要对人工建筑物采取相应的防护措施。基于量纲分析的方法，Wells 和 Wettlaufer[64]提出了一个形式简单的公式对连续入流式异重流在线性层结水体环境中沿斜坡运动时的分离深度进行了预测，并利用水槽实验和实际观测数据验证了他们提出的公式的有效性。Snow 和 Sutherland[79]通过水槽实验对开闸式泥沙异重流在线性层结水体环境中沿斜坡运动时的分离深度进行了初步研究，通过考虑泥沙沉降和水体卷吸对异重流密度的影响，他们提出了一个公式来预测泥沙异重流在线性层结环境中沿斜坡的分离深度。但是，他们的研究假定了异重流的头部速度为恒定值，这与前人的实验结果和理论分析都存在着较为明显的差异。此外，他们提出的分离深度预测公式，需要提前对异重流进行"长距离分离"和"短距离分离"的判断。这些不足之处，限制了他们提出的公式的应用。截至目前，对于开闸式异重流在线性层结环境中沿斜坡运动的分离深度，还没有较为有效的预测公式和预测方法。

8）异重流越过独立障碍物的研究

实际上，异重流运动过程中非常容易遇到障碍物或地形突变，如雾霾或沙尘暴遇到山丘或城市建筑物，海洋浊流冲切海底电缆、冲击石油平台锚和管线等。障碍物或地形突变会对异重流的发展过程产生重要影响。因此，开展障碍物对异重流动力学特性影响的研究非常有必要，部分学者已经进行了一些相关实验研究。

Greenspan 和 Young[99]在平坡水槽中开展实验，研究了不同倾斜角度（30°、60°、90°）的障碍物对开闸式异重流的影响，结果表明，障碍物高度相同时，其倾斜角度对越过障碍物的异重流体积有重要影响，倾斜角度越大，越过障碍物的异重流体积越小，倾斜坡面的越过量最多可以达到垂直壁面越过量的 2 倍。Rottman 等[100]利用实验和数值两种方法对开闸式平坡异重流发展过程中遇到障碍物时的运动特性进行了研究，结果表明，当障碍物高度是异重流厚度的 2 倍时，异重流就无法越过障碍物。Lane 等[101]对开闸式异重流越过障碍物的研究表明，当异重流遇障碍物时，一部分流体可能会越过障碍物，另一部分则以反射水跃的形式向来流方向传播，他们还预测了能够越过障碍物的异重流，以及反射水跃的深度和流速。Prinos[102]分析了高度相同但断面形状不同的半圆形和三角形障碍物对异重流运动速度的影响，结果表明，当入流弗劳德数为 0.7~0.8 时，障碍物的形状不会对异重流的运动速度产生影响。Oehy 和 Schleiss[103]研究了透水和不透水两种障碍物结构对水库浊流的控制作用，实验和数值结果一致表明，对于不透水障碍物，障碍物高度至少为浊流厚度的 2 倍时，才能有效阻塞浊流，且障碍物宜布置在斜坡下游的缓坡或逆坡位置处；对于透水障碍物，其对浊流也有相似的阻塞作用，但是其高度至少是来流浊流厚度的 3 倍时，才可以有效阻塞浊流。Ho 和 Lin[4]在斜坡上开展了开闸式异重流实验，对其运动过程中遇到植被群的工况开展了研究，结果表明，随着植被群密度不断变大，异重流半椭圆形头部形成的速度越来越慢，且仅在异重流身部的最前沿部分形成。Asghari Pari 等[104]在变坡水槽中开展了连续入流式异重流实验，对异重流遇到障碍物时的运动特性进行了研究，结果表明，越过障碍物后异重流会再次形成之前的形态向下游传播，但是传播速度较之前有所减小。同时，他们利用不同的统计模型，借助统计分析软件 SPSS，提出了不同入流条件下预测异重流被完全阻塞时的相对障碍物高度计算公式。以上研究多基于均匀水体，对于层结水体中异重流与障碍物相互作用的实验研究还比较少。

9）异重流流经植被群的研究

植被因其高度可分为非浸没式（高度大于水深）和浸没式（高度小于水深），因其形态可分为柔性（受流体影响的形变不可忽略）和刚性（受流体影响的形变可忽略）。

关于柔性植被，Ghisalberti 和 Nepf[105]指出，水流在通过浸没式柔性植被时，位于植被上方的流体处于剪切自由的混合状态，不是仅受植被阻力干扰的边界层。钟强等[106]通过对坡面流下非浸没式柔性和刚性植被阻力进行对比研究，得出柔性植被大坡度小覆盖度下的坡面流阻力系数和雷诺数呈负相关关系；而刚性植被的坡面流阻力系数和坡面单宽流量呈现良好的正向幂函数关系，和雷诺数、植被覆盖度呈显著的正比关系，且同等条件下刚性植被的阻力系数明显大于柔性植被。此后，杨婕等[107]通过研究进一步验证了刚性植被对水流流速的减缓效果优于柔性植被。关于刚性植被，Testik 和 Yilmaz[108]研究了非浸没式植被对异重流的影响，结果表明，异重流在进入植被群后开始进入阻力控制阶段（drag-dominated propagation phase），在该阶段中，头部呈三角形（或称楔形），头部角度与植被密度和异重流流动行为指数（flow behavior index）存在函数关系。在开闸式异重流实验中，Tanino 等[109]通过开展异重流通过非浸没式植被的实验，揭示植被的存在导致了两种形态明显不同的自相似异重流，一种是两相界面为线性（剖面形状为三角形），另一种则是非线性（类似于惯性流剖面）。Ozan 等[110]对开闸式异重流通过浸没式植被开展了实验，通过水槽实验和大涡模拟（LES）结合，对植被的体积分数、雷诺数、拖曳力、能量耗散过程等方面进行了分析，发现异重流在进入植被群后，由于植被群对其造成了较大的阻力，异重流速度大大减小，因此异重流大部分的能量耗散受植被密度控制。Nepf[111]研究了水生植物存在时的水流平均湍流和质量输运，对于非浸没式植被，湍流长度尺度由植被直径和间距决定，平均流量则由植被前缘面积的分布决定；对于稀疏浸没式植被，床层粗糙度和近床湍流度均有所提高，但速度剖面呈对数分布；对于密集浸没式植被，植被冠部的阻力不连续产生了剪切层，剪切层包含植被冠部的涡旋，控制冠层和溢流（overflow）之间的质量和动量交换。Zhou 等[112]同样运用水槽实验和大涡模拟（LES）对开闸式异重流通过浸没式植被开展了研究，细化探索了植被间距对异重流运动的影响，提出了异重流 4 种流动状态（根据植被横纵间距划分），揭示了植被间距与异重流流动状态的具体关系。Cenedese 等[113]分析了浸没式植被排列疏密及其高度对异重流界面卷吸环境流体和自身扩散机制的影响，发现植被之间距离越小，异重流滞留于其间的越多，部分异重流越过障碍物前进，这种运动模式使得部分低密度水体位于高密度水体之下，形成瑞利-泰勒（R-T）不稳定性（Rayleigh-Taylor instability）

结构，促使对流不稳定，密度较大的植被会导致异重流在其顶端运动（轻流体在下），对流不稳定使得重流体与环境水体稀释增强；密度较小的植被会导致异重流头部稀释增强，这是植被后方产生的涡旋引起的。以上研究多基于均匀水体，对于层结水体中异重流与植被群相互作用的实验研究还比较少。

更多异重流水槽实验研究请参考中国水利水电科学研究院范家骅的研究[13-15]。

（3）数值模拟

由于实验器材测量精度的限制，在获取高精度数据方面，水槽实验往往存在较为明显的不足。随着数值方法和计算机计算资源的快速发展，近年来，数值模拟已成为研究异重流的重要手段之一。典型的异重流数值模拟方法可以大致分为深度平均模型（depth-averaged model）[6, 46, 48]和深度解析模型（depth-resolving model）[6, 114, 115]。

1）深度平均模型

当异重流在长度方向上的尺度远比在深度方向上的尺度大时，深度平均模型可作为模拟异重流的有效手段。深度平均模型不涉及任何湍流项的封闭，自 20 世纪 80 年代以来，在模拟异重流方面已得到广泛应用。深度平均模型可以大致分为盒子模型（box model）和浅水方程模型（shallow water equation model）。盒子模型通常假设异重流在形状规则的矩形区域运动，并且忽略流体内部任何方向上的速度变化。浅水方程模型往往采用以下重要假设：异重流所挟带的颗粒在空间上均匀分布，压力分布采用静压假定，以及忽略流体的黏滞力等[6]。深度平均模型较有代表性的工作包括 Huppert 和 Simpson[116]提出的盒子模型、Parker 等[48]提出的三方程模型和四方程模型等，后人的一系列模型[46, 117]大多是在这两类模型的基础上进行了相应的扩展。但由于在深度方向上进行了平均，深度平均模型并不能给出异重流的所有信息，如速度剖面和垂向上的泥沙浓度分布等，这一明显的缺陷限制了对异重流运动过程的深入理解。

2）深度解析模型

根据所采用的湍流模式的不同，深度解析模型可以进一步分为雷诺平均纳维斯托克斯模拟（Reynolds-averaged Navier-Stokes simulation，RANS）[61, 114]、大涡模拟（large-eddy simulation，LES）[118-120]和直接数值模拟（direct numerical simulation，DNS）[121, 122]。

①异重流运动的 RANS

通过对异重流的运动方程进行时间平均，可以获得 RANS 模式下的控制方程。RANS 得到的是流场的平均信息，对网格尺度要求较小，通常可用于模拟大尺度异重流的运动。

Choi 和 García[123]利用 RANS 中的 k-ε 湍流封闭模型研究了二维连续入流式异重流沿斜坡的运动过程，他们的模型准确地预测了异重流在垂直于斜坡方向上的内部结构。Guo 等[61]基于 k-ε 模型建立了一个多相流模型，来模拟连续入流式盐水异重流在线性层结环境中沿斜坡的运动过程，他们的数值模拟结果很好地重现了连续入流式盐水异重流沿斜坡的运动及分离过程，并且异重流速度剖面、密度剖面和 Baines[67, 68]的实验结果符合较好。Huang 等[124]利用 RANS 模型研究了连续入流式泥沙异重流在有地形突变的底坡上的运动过程，成功地预测了异重流的演变过程、速度剖面、泥沙浓度，以及由悬沙的沉降和侵蚀引起的底坡地形变化等。随后，Huang 等[114]进一步验证了这个模型，并将其成功用于预测连续入流式和开闸式泥沙异重流的运动过程。Georgoulas 等[125]基于商业软件 FLUENT，成功模拟了三维泥沙异重流的运动过程，有效地预测了泥沙沉降对异重流运动过程的影响、异重流和底坡之间的相互作用及异重流运动过程中内部水跃的形成过程。Abd El-Gawad 等[126]将 RANS 模型成功用于模拟尼日尔三角洲地区实际泥沙异重流的运动过程，并考虑了 4 种不同的泥沙粒径，成功捕捉了该区域的泥沙粒径、泥沙分布特性及泥沙异重流的厚度，加深了对该区域泥沙异重流分布特性及沉积过程的理解。国内学者方面，Zhang 等[71]模拟了连续入流式无颗粒异重流在温度层结水库中的运动过程，主要关注温度层结情况对异重流运动时间的影响。四川大学的李嘉和安瑞东课题组也先后基于 k-ε 模型做了一系列工作[127-129]，对温度层结水库中间层流的运动状态和运动过程进行了较为详细的研究。

但是，由于 RANS 模型一般只能给出流场的平均信息，不能给出更为精确的流场和浓度状态，因此限制了对异重流界面结构、湍流结构、水体交换掺混等动力学特性的理解。

②异重流运动的 LES

通过对原有控制方程进行过滤，只计算大于过滤尺度的湍流，而将小于过滤尺度的湍流信息用亚网格应力加以刻画，则可以得到模拟异重流运动的 LES 模型。LES 模型的精度比 RANS 模型的精度要高，可以提供更为准确的流场和浓度信息。

• 规则地形上异重流运动的二维 LES：Ooi 等[130]利用二维 LES 模型对开闸式异重流在高格拉斯霍夫数（Grashof number）条件下的运动过程进行了模拟，他们发现二维 LES 模型能够捕捉到包括头部结构、K-H 不稳定性结构等在内的大部分运动特性。但是在运动的后期，二维 LES 模拟结果中异重流尾部的湍流结构比实验观测结果强，认为这种现象的产生是由于二维模型无法模拟出异重流在展向方向（spanwise direction）上的不稳定性结构。Nourazar 和 Safavi[131]利用二维和三维 LES 模型对连续入流式异重流沿着坡度为 1%～6%的斜坡向上的运动过程进行了模拟，通过二维模拟结果和三维模拟结果的对比，证明了二维模拟可以有效准确地捕捉异重流运动过程中的动力学特性。

• 规则地形上异重流运动的三维 LES：基于商业软件 FLUENT，Tokyay 和 García[132]利用三维 LES 模型分别讨论了初始流体之间的密度差异对开闸式异重流和连续入流式异重流运动过程的影响。Steenhauer 等[120]利用三维 LES 模型，对开闸式异重流沿斜坡向下的运动过程进行了模拟，他们主要关注异重流头部稍微靠后位置处的混合涡结构对异重流运动过程的作用，并且讨论了不同坡度下这一结构对异重流动力学特性的影响。Chawdhary 等[133]对沿斜坡向下运动并自由发展的连续入流式三维异重流开展了 LES 模拟，他们模拟了 5°和 15°斜坡上异重流的运动，数值模拟结果和实验观测结果较为一致。Kyrousi 等[134]利用三维 LES 模型对开闸式无颗粒异重流在含泥沙的底床上的运动过程进行了模拟，泥沙启动的临界条件通过床面剪切力进行判断。他们模拟了不同雷诺数和不同泥沙粒径的情况，发现由异重流运动所造成的泥沙启动主要发生在头部位置附近湍流较强的区域，模拟结果和实验结果符合良好。

• 基于三维 LES 的异重流水体卷吸：Ottolenghi 等[119]利用三维 LES 模型，模拟了开闸式异重流沿平坡的运动过程，模拟结果和他们的实验结果吻合较好。基于模拟结果，他们还计算了开闸式异重流卷吸系数的整体值和瞬时值，发现随着异重流的运动，卷吸系数的瞬时值波动较大，且波动的变化过程恰好和异重流与环境流体上交界面的 K-H 不稳定性结构及湍流结构的变化相吻合。Bhaganagar[135]基于三维 LES 结果，分析得到了在卷吸过程中异重流头部的"波瓣"及"沟裂"结构和 K-H 不稳定性结构都起着重要的作用。Ottolenghi 等[118, 136]模拟了开闸式异重流沿斜坡向上的运动过程，并开展了相应实验对数值模拟结果进行了验证。他们发现卷吸系数和雷诺数及弗劳德数都有关系，并随着向上坡度的增大而减小[119]。他们还分析了异重流发展过程中靠近底床区域的剪切应力等特性对运动过程中能量变化和水体卷吸的影响[136]。

• 复杂地形上异重流运动的 LES：除了模拟规则底坡地形上异重流的运动状态，LES 模型也被前人广泛应用于研究异重流在遭遇地形突变时的运动过程。来自美国爱荷华大学的 Constantinescu 教授课题组[137-142]在开闸式异重流和障碍物之间的相互作用的LES 方面进行了一系列广泛而深入的研究，他们应用三维 LES 模型，先后模拟了较大初始体积重流体形成的异重流和多个矩形断面障碍物之间的作用[137]、较小初始体积重流体形成的异重流和多个矩形断面障碍物之间的作用[140]、矩形断面障碍物的尺度对异重流运动过程的影响[138]、异重流遭遇整排矩形断面障碍物时的尾部结构及底部摩擦力分布[139]、三角形断面障碍物对异重流运动特性的影响[141]，以及异重流在含大量障碍物的渠道中的运动过程[142]等。最近，Zhou 等[143]基于商业软件 FLOW-3D，讨论了异重流运动过程中遭遇的障碍物的高度和水槽高度的比例对异重流的运动速度和运动状态的影响。Jiang 和 Liu[144]基于开源软件 OpenFOAM，建立了三维 LES 模型，模拟了开闸式无颗粒异重流在铺有不同粒径卵石的水槽中的运动过程，他们的模拟结果和实验结果符合良好，并发现卵石的粗糙度较大时可以明显阻碍异重流运动的发展，并能增强异重流和环境水体之间的掺混交换过程。

• 层结水体环境中异重流运动的 LES：除了研究异重流在均匀水体环境中的运动状态，近年来，越来越多的学者利用 LES 模型对层结水体环境中的异重流运动过程进行了模拟。Ooi 等[145]利用三维 LES 模型，对开闸式异重流在两层线性层结水体环境中沿平坡的运动过程进行了模拟，重现了实验中所观察到的异重流沿两层水体交界面处的运动现象，并着重讨论了运动速度以及在惯性坍塌阶段异重流与内波之间的相互作用。Özgökmen 等[146]利用二维和三维 LES 模型，模拟了自然界中真实尺度的连续入流式异重流在线性层结水体环境中沿斜坡的运动，模型的实际长度达到了 200km。他们的模拟结果表明，异重流沿斜坡的分离深度与坡度的关系不大，而受环境水体层结的影响较为明显，这一结论和实验室水槽实验[16]的观测结果是一致的。Marques 等[147]利用二维 LES 模型，对实际尺度下的连续入流式异重流在温度线性层结水体环境中的运动过程进行了模拟，他们主要关注异重流在这一环境中运动时的分裂行为，发现分裂现象的出现与否和入流流量、环境水体的浮力频率及流体初始的有效重力密切相关。最近，通过利用商业软件 FLOW-3D 搭建 LES 模型，Zhou 和 Venayagamoorthy[148]研究了障碍物对开闸式异重流在线性层结水体环境中沿平坡运动过程的影响，研究结果显示障碍物的高度对异重流的流体特性、运动速度等都有较为明显的影响。

• LES 的不足：尽管 LES 模型在异重流的研究工作中得到了广泛的应用，但其仍不能对所有尺度下的流体结构和湍流情况进行模拟解析，这就限制了 LES 模型在分析异重流能量变化过程方面的应用。研究异重流运动过程中的能量变化对于理解和预测异重流的运动过程有着重要的意义，因为异重流的运动过程，实际上就是一个能量转换过程[149]。对于开闸式异重流而言，随着闸门的开启和流体运动的产生，初始时刻的势能转化为动能。随着异重流不断向前运动，系统的能量由于流体的黏滞作用而不断被消耗。当泥沙颗粒存在时，这一能量转换过程也会受到泥沙颗粒运动的影响，从而更为复杂。在异重流运动过程中，流体系统中存在的势能决定了异重流在之后一段时间内生命周期的长短，而动能则反映了当前时刻流体本身的运动状况。厘清这一过程中流体各个部分的能量变化，对于理解和预测异重流的运动过程和生命周期具有重要意义。

③异重流运动的 DNS

作为精度最高的数值模拟手段之一，DNS 可以提供高精度的流场时空变化信息。随着计算机性能的提高，DNS 模型也逐渐被越来越多的学者作为研究异重流的重要手段。

• 异重流沿平坡运动的 DNS：Härtel 等[150, 151]首次进行开闸式无颗粒异重流在平坡上运动的三维 DNS，他们着重分析了异重流头部的"波瓣"和"沟裂"结构，以及边界条件对异重流头部特性的影响。Birman 等[152]利用二维 DNS 模型模拟了非布辛奈斯克无颗粒异重流的运动过程，他们讨论了边界条件、雷诺数及初始时刻流体之间的密度差异对头部速度和能量变化的影响。Necker 等[121]通过 DNS 模型对开闸式颗粒异重流在平坡上的运动过程进行了研究，他们比较了颗粒异重流和组分异重流运动的差异，并且分析了异重流运动过程中的能量变化、悬沙质量、头部位置等特性。随后，Necker 等[149]又采用了同样的方法，进一步研究了颗粒异重流的能量变化和掺混规律，结果显示，由颗粒沉降所造成的能量损失约占异重流初始势能的 50%；随着颗粒的增大，异重流与环境水体之间的掺混交换也越来越强烈。基于开源软件 OpenFOAM，Liu 和 Jiang[153]构建了 DNS 模型，讨论了边界条件和初始闸门相对高度对于异重流运动特性的影响，他们发现，初始闸门相对高度不同，边界条件对异重流运动的影响也不一样。Francisco 等[115]应用三维 DNS 模型讨论了两种不同初始粒径形成的多组分泥沙异重流的运动过程，并分析了粒径对于异重流的沉降特性、头部位置、能量变化等的影响，他们发现，在初始水体中加入少量的细颗粒可以显著增大泥沙异重流的运动距离。Parkinson 等[154, 155]基于有限体积法，开发出了具有网格自适应特性的三维 DNS 模型，相比于有限差分法中使用的均匀网格，这一模型可将计算网格减小 2 个数量级，可以大大提高三维 DNS 模型的计算效率。

• 二维 DNS 和三维 DNS 的差别：Espath 等[156]比较了二维和三维 DNS 模型在模拟开闸式泥沙异重流时的差别，他们将模拟的雷诺数提高到 10 000，重点关注异重流运动过程中的头部位置、泥沙沉降、能量变化等。他们发现二维和三维 DNS 模型的模拟结果在定性上区别不大，但是在异重流发展的后期阶段，二维和三维 DNS 模型的模拟结果在定量上表现出了一定的差异。出现差异主要是因为二维 DNS 模型不能模拟出异重流在展向上的不稳定特性，从而使得在垂向上的不稳定性更强一些。

• 异重流沿斜坡运动的 DNS：底坡地形对异重流的运动有很大的影响。Birman 等[157]利用二维 DNS 模型，对开闸式异重流沿斜坡向下的运动过程进行了模拟，他们发现异重流的头部速度在经历初始时刻的快速加速后，会在随后一段时间内保持几乎不变的状态，而后异重流头部速度会再次增大，并且会随着异重流的运动而不稳定，但这和前人的实验观察结果[55, 56]表现出了一定的差异。Dai[158]对开闸式无颗粒异重流沿斜坡的运动进行了三维 DNS，并且比较了数值模拟结果和通过"热理论"（thermal theory）推导出的异重流头部最大速度，二者吻合较好。随后，Dai[122]利用二维 DNS 模型，对沿斜坡向下运动的开闸式异重流在加速阶段的运动过程进行了模拟，并发现当坡度在 40° 左右时，异重流可以出现最大的头部速度。Dai 和 Huang[159]应用二维 DNS 模型，模拟了沿斜坡向下运动的非布辛奈斯克开闸式无颗粒异重流在加速阶段的运动，他们发现在不同情况下，异重流的最大速度随着水体之间初始密度差的增大而增大，并首次给出了头部速度和密度差之间的定量关系。Blanchette 等[47]考虑了开闸式泥沙异重流沿变坡运动时与底坡之间的泥沙交换，他们基于二维 DNS 模型的模拟结果表明，异重流在变坡地形上发展的自加速条件和坡度、泥沙粒径及泥沙浓度都有密切的关系。

• 不规则地形上异重流运动的 DNS：近年来，有研究者利用 DNS 和浸入边界法（immersed boundary method，IBM）相结合的方式，对异重流运动过程中遇到突变地形的情况进行了讨论。这方面比较有代表性的工作来自美国加州大学圣芭芭拉分校 Meiburg 教授课题组。基于 C 语言程序和 Open MPI 并行[160]，Meiburg 教授课题组成功开发出了三维 DNS 模型 TURBINS[161]，基于 TURBINS 的开闸式泥沙异重流和复杂海底地形之间相互作用的数值模拟结果与前人的实验资料之间呈现出良好的一致性[162]。在这一模型的基础上，Meiburg 教授课题组的 Nasr-Azadani 博士做了较为系统的工作，先后研究了海底地形对多粒径开闸式异重流的泥沙沉降特性的影响[163]、开闸式多颗粒泥沙异重流遇到高斯形障碍物的运动特性[164]，以及海底地形对开闸式泥沙异重流与周围环境水体之间的掺混交换的影响[165]。他们的 DNS 结果显示，当开闸式泥沙异重流遭遇地形突变时，异重流中不同粒径的颗粒会沉降在障碍物的不同位置，这种情形下异重流与周围水体之间的掺混交换会受到泥沙沉降、湍流效应和耗散效应等三种不同机制的综合作用[165]，因而障碍物高度对水体掺混[165]及头部速度有着较为复杂的非线性作用[164]。Nasr-Azadani 和 Meiburg[164]还分析了异重流遭遇三维海底障碍物时系统的能量变化、异重流对海底泥沙的侵蚀能力及其头部速度。他们的研究结果表明，在实验室尺度下，异重流几乎不会对底坡泥沙产生侵蚀作用。基于理论分析，他们提出了一个公式来预测开闸式异重流遭遇海底障碍物时可以越过的最大高度，公式预测结果和数值模拟结果之间符合较好。

• 层结水体环境中异重流运动的 DNS：DNS 模型除了被应用于研究异重流在均匀水体环境中的运动过程，还被应用于研究异重流在层结水体环境中的运动过程。其中，二维 DNS 模型在这一领域内得到了相当广泛的应用，多次被作为验证理论模型正确性的工具。Maxworthy 等[77]首次利用二维 DNS 模型模拟了开闸式无颗粒异重流在线性层结水体环境中沿平坡的运动过程，数值模拟的异重流头部位置结果和水槽实验测量结果之间符合很好。Cheong 等[166]利用二维 DNS 模型模拟了开闸式异重流在两层层结水体环境中沿平坡的运动过程，并利用数值模拟结果验证了他们提出的能量模型用于预测异重流头部速度的正确性。Bolster 等[167]建立了一个理论模型来预测开闸式异重流在线性层结水体环境中沿平坡运动的速度，并利用二维 DNS 模型进行了验证，他们发现当形成的异重流在周围水体的底部或者顶部运动时，异重流的头部速度最大。Ungarish 和 Huppert[168]利用二维 DNS 模型模拟了层结水体环境中无颗粒异重流沿平坡的运动过程，他们主要关注异重流在惯性坍塌阶段的运动速度，并利用二维 DNS 模型的数值模拟结果验证了他们提出的浅水方程模型的正确性。之后，Ungarish 基于二维 DNS 模型的模拟验证结果，将这一模型扩展到了非线性层结情况[169]和异重流在圆柱体结构水槽中运动的情况[170]。Ungarish 和 Huppert[171]结合了浅水方程模型和二维 DNS 模型，分析了开闸式异重流在线性层结水体环境中沿平坡运动过程的能量变化，结果表明在异重流运动过程中，水体层结可以增加势能的积累效应并减少能量的损耗。基于二维 DNS 模型，Birman 等[172]模拟了开闸式异重流在线性层结水体环境中沿平坡的运动过程，他们的主要目的是验证 Ungarish[173]提出的理论模型预测异重流头部速度的准确性，并发现在较强层结的情况下，模型预测结果和数值模拟结果出现了一定的偏差。最近，Ouillon 等[174]开展了开闸式异重流在线性层结水体环境中沿斜坡运动的 DNS，他们的模拟结果与 Snow 和 Sutherland[79]的实验结果符合较好，模拟结果显示水体层结对卷吸系数、分离深度、能量变化的影响都较大。

（4）现有研究的不足

水体层结效应：前人对于异重流的研究大多着重其在均匀水体环境中的发展和演变。到目前为止，对于异重流在层结水体环境中的运动特性，特别是水体层结影响异重流的交界面不稳定性、头部速度、速度剖面、分离深度等动力学特性的实验和理论研究，仍然存在较大的不足。

卷吸系数：已有关于异重流和环境水体卷吸系数的研究多基于连续入流式异重流，且研究结论仍存在一定分歧。开闸式异重流由于运动的不稳定性，水体之间的掺混交换过程必然更为复杂。当开闸式异重流在层结水体环境中沿斜坡运动时，泥沙颗粒、水体层结和底坡地形等因素都会对包括运动速度、交界面结构等在内的动力学特性产生影响，从而进一步导致水体卷吸的复杂性。对于开闸式异重流，这些重要参数还需要进一步研究。

斜坡和泥沙颗粒对异重流运动的影响：前人的研究包括了异重流沿平坡运动时的头部速度[159]、能量变化[121]、水体掺混交换[135, 165]等内在性质，也讨论了边界条件[153]、泥沙沉降[3]、雷诺数[156]等对异重流沿平坡运动的影响，但仍然存在一些不足，如 DNS 结果中还较少涉及开闸式泥沙异重流在斜坡上运动过程的分析。大量的实验[2, 56]和数值模拟[6, 122]结果表明，斜坡的存在对异重流的水沙动力学特性影响很大。目前，即使是无泥沙颗粒的组分异重流，前人对其沿斜坡的运动过程仍存在一定的争议[122, 157]。当泥沙存在时，颗粒的沉降会减小异重流与环境水体之间的密度差，进而减小异重流运动的驱动力，使异重流的运动过程变得更为复杂。另外，鲜有 DNS 同时考虑颗粒和斜坡二者的协同作用效应对开闸式异重流运动过程的影响。

　　独立障碍物/植被群对异重流运动的影响：已有研究主要集中在异重流越过独立障碍物和流经植被群的形态、头部速度变化，以及独立障碍物/植被群对异重流的阻挡作用等方面，但对于独立障碍物/植被群附近的异重流瞬变流场结构、涡度场变化、瞬时能量分布、速度分布等局部细节特征的研究则相对缺乏。而这些恰恰是探明异重流受地形突变影响导致动力学机制变化的关键信息，对于了解异重流对水下工程和设备的破坏机制具有重要意义。

　　异重流长距离输移：由于淡水的密度比海水小，河口入海泥沙异重流在运动过程中挟带的较轻的淡水间隙流会在浮力的作用下上浮，从而导致异重流解体，无法长距离运动。前人提出的自加速过程和水体掺混效应都无法对河口挟沙淡水形成的泥沙异重流长距离输移进行较好的解释。

3　本书解决的科学问题

　　异重流在湖泊、水库、河口、海洋等自然环境和工程实际中都是较为常见的现象。然而，水体层结、坡度、泥沙沉降、地形突变等因素对异重流运动演变、水体掺混、能量变化等特性的影响机制，目前仍很不清楚。本书拟通过水槽实验、理论分析并结合数值模拟方法，对开闸式异重流在层结和均匀水体环境中沿不同斜坡的运动过程进行深入系统研究，详细探讨水体层结、坡度和泥沙沉降速度、地形突变等不同条件下，异重流头部位置、头部速度、湍流结构、界面卷吸系数、能量转换等动力学特性，从而揭示其内在动力学机制，解释异重流长距离输移的原因。本书拟回答以下几个重要问题。

　　（1）异重流在层结水体环境中沿斜坡运动及从斜坡分离产生中层侵入流的机制是什么？其主控因素有哪些？如何建立理论公式来预测开闸式异重流在线性层结水体环境中的运动过程（包括运动速度和分离深度）？

　　（2）异重流在不同层结水体环境中沿不同底坡运动时，头部速度、能量变化、水体卷吸等特征参数是如何随时间变化的？坡度、泥沙沉降和环境水体层结对这些特征参数有何影响？

　　（3）独立障碍物和植被群附近异重流速度场、涡量场、局部涡旋演变及能量分布如何？怎么解释和量化层结水体环境中独立障碍物/植被群对异重流运动的阻碍作用和对分离深度的影响机制？

　　（4）河口挟沙淡水形成的泥沙异重流长距离输移机制是怎样的？能否提出新的理论，对其长距离输移原因进行合理解释和补充？

参 考 文 献

[1] 张瑞瑾. 河流泥沙动力学[M]. 2 版. 北京: 中国水利水电出版社, 2008.
[2] Simpson J E. Gravity currents in the laboratory, atmosphere, and ocean[J]. Annual Review of Fluid Mechanics, 1982, 14(1): 213-234.
[3] Chadha T. Numerical study on particle sedimentation and deposition in turbidity currents[D]. Zurich: Swiss Federal Institute of Technology Zurich, 2015.
[4] Ho H, Lin Y. Gravity currents over a rigid and emergent vegetated slope[J]. Advances in Water

Resources, 2015, 76: 72-80.

[5] 赵亮, 吕亚飞, 贺治国, 等. 分层水体和障碍物对斜坡异重流运动特性的影响[J]. 浙江大学学报 (工学版), 2017, 51(12): 2466-2473.

[6] Meiburg E, Radhakrishnan S, Nasr-Azadani M. Modeling gravity and turbidity currents: computational approaches and challenges[J]. Applied Mechanics Reviews, 2015, 67(4): 40802.

[7] Simpson J E. Gravity Currents: in the Environment and the Laboratory[M]. Cambridge: Cambridge University Press, 1999.

[8] Meiburg E, Kneller B. Turbidity currents and their deposits[J]. Annual Review of Fluid Mechanics, 2010, 42(1): 135-156.

[9] Lambert A M, Lüthi S M. Lake circulation induced by density currents: an experimental approach[J]. Sedimentology, 1976, 24: 735-741.

[10] Kneller B, Nasr-Azadani M M, Radhakrishnan S, et al. Long-range sediment transport in the world's oceans by stably stratified turbidity currents[J]. Journal of Geophysical Research: Oceans, 2016, 121(12): 8608-8620.

[11] 贺治国, 林挺, 赵亮, 等. 异重流在层结与均匀水体中沿斜坡运动的实验研究[J]. 中国科学: 技术科学, 2016, 46(6): 570-578.

[12] 范家骅. 异重流运动的实验研究[J]. 水利学报, 1959, 5(5): 30-48.

[13] 范家骅. 异重流与泥沙工程实验与设计[M]. 北京: 中国水利水电出版社, 2011.

[14] 范家骅, 祁伟, 戴清. 异重流潜入现象探讨I: 水槽实验与理论分析成果回顾[J]. 水利学报, 2018, 49(4): 404-418.

[15] 范家骅, 祁伟, 戴清. 异重流潜入现象探讨II: 浑水水槽实验与分析[J]. 水利学报, 2018, 49(5): 535-548.

[16] He Z, Zhao L, Lin T, et al. Hydrodynamics of gravity currents down a ramp in linearly stratified environments[J]. Journal of Hydraulic Engineering, 2017, 143(3): 4016085.

[17] Necker F, Härtel C, Kleiser L, et al. High-resolution simulations of particle-driven gravity currents[J]. International Journal of Multiphase Flow, 2002, 28(2): 279-300.

[18] 林挺. 层结水体中异重流沿坡运动的试验研究[D]. 浙江大学硕士学位论文, 2016.

[19] 谈明轩, 朱筱敏, 朱世发. 异重流沉积过程和沉积特征研究[J]. 高校地质学报, 2015, 21(1): 94-104.

[20] 唐武, 王英民, 仲米虹, 等. 异重流研究进展综述[J]. 海相油气地质, 2016, 11(2): 47-56.

[21] Dorrell R M, Darby S E, Peakall J, et al. The critical role of stratification in submarine channels: implications for channelization and long out of flows[J]. Journal of Geophysical Research: Oceans, 2014, 119(4): 2620-2641.

[22] Talling P J. On the triggers, resulting flow types and frequencies of subaqueous sediment density flows in different settings[J]. Marine Geology, 2014, 352: 155-182.

[23] Lambert A M, Kelts K R, Marshall N F. Measurements of density underflows from Walensee, Switzerland[J]. Sedimentology, 1976, 23(1): 87-105.

[24] Normark W R, Dickson F H. Man-made turbidity currents in Lake Superior[J]. Sedimentology, 1976, 23(6): 815-831.

[25] Chikita K. A field study on turbidity currents initiated from spring runoffs[J]. Water Resources Research, 1989, 25(2): 257-271.

[26] 张俊华, 马怀宝, 夏军强, 等. 小浪底水库异重流高效输沙理论与调控[J]. 水利学报, 2018, 49(1): 62-71.

[27] 李书霞, 张俊华, 陈书奎, 等. 小浪底水库塑造异重流技术及调度方案[J]. 水利学报, 2006, 37(5): 567-572.

[28] 韩其为, 杨小庆. 我国水库泥沙淤积研究综述[J]. 中国水利水电科学研究院学报, 2003, 1(3):

169-178.

[29]　徐建华, 李晓宇, 李树森. 小浪底库区异重流潜入点判别条件的讨论[J]. 泥沙研究, 2007, 6: 71-74.

[30]　Mulder T, Syvitski J P M. Turbidity currents generated at river mouths during exceptional discharges to the world oceans[J]. The Journal of Geology, 1995, 103(3): 285-299.

[31]　Wright L D, Wiseman W J, Bornhold B D, et al. Marine dispersal and deposition of Yellow River silts by gravity-driven underflows[J]. Nature, 1988, 332(6165): 629.

[32]　王燕. 黄河口高浓度泥沙异重流过程: 现场观测与数值模拟[D]. 中国海洋大学博士学位论文, 2012.

[33]　Wang H J, Yang Z S, Li Y H, et al. Dispersal pattern of suspended sediment in the shear frontal zone off the Huanghe (Yellow River) mouth[J]. Continental Shelf Research, 2007, 27(6): 854-871.

[34]　Wang H J, Bi N S, Wang Y, et al. Tide-modulated hyperpycnal flows off the Huanghe (Yellow River) mouth, China[J]. Earth Surface Processes and Landforms, 2010, 35(11): 1315-1329.

[35]　Wang H J, Wu X, Bi N S, et al. Impacts of the dam-orientated water-sediment regulation scheme on the lower reaches and delta of the Yellow River (Huanghe): a review[J]. Global and Planetary Change, 2017, 157: 93-113.

[36]　Carter L, Milliman J D, Talling P J, et al. Near-synchronous and delayed initiation of long-out submarine sediment flows from a record-breaking river flood, offshore Taiwan[J]. Geophysical Research Letters, 2012, 39(12): L12603.

[37]　Gavey R, Carter L, Liu J T, et al. Frequent sediment density flows during 2006 to 2015, triggered by competing seismic and weather events: observations from subsea cable breaks off southern Taiwan[J]. Marine Geology, 2017, 384: 147-158.

[38]　Nakajima T. Hyperpycnites deposited 700 km away from river mouths in the central Japan Sea[J]. Journal of Sedimentary Research, 2006, 76(1): 60-73.

[39]　Shepard F P, Marshall N F, McLoughlin P A. Pulsating turbidity currents with relationship to high swell and high tides[J]. Nature, 1975, 258(5537): 704.

[40]　Dengler A T, Wilde P, Noda E K, et al. Turbidity currents generated by Hurricane Iwa[J]. Geo-Marine Letters, 1984, 4(1): 5-11.

[41]　Prior D B, Bornhold B D, Wiseman W J, et al. Turbidity current activity in a British Columbia fjord[J]. Science, 1987, 237(4820): 1330-1333.

[42]　Zeng J, Lowe D R, Prior D B, et al. Flow properties of turbidity currents in Bute Inlet, British Columbia[J]. Sedimentology, 1991, 38(6): 975-996.

[43]　Xu J P, Noble M A, Rosenfeld L K. *In-situ* measurements of velocity structure within turbidity currents[J]. Geophysical Research Letters, 2004, 31(9): L9311.

[44]　Paull C K, Talling P J, Maier K L, et al. Powerful turbidity currents driven by dense basal layers[J]. Nature Communications, 2018, 9(1): 4114.

[45]　Mulder T, Syvitski J P M, Migeon S, et al. Marine hyperpycnal flows: initiation, behavior and related deposits. A review[J]. Marine and Petroleum Geology, 2003, 20(6): 861-882.

[46]　Hu P, Pähtz T, He Z. Is it appropriate to model turbidity currents with the three-equation model?[J]. Journal of Geophysical Research: Earth Surface, 2015, 120(7): 1153-1170.

[47]　Blanchette F, Strauss M, Meiburg E, et al. High-resolution numerical simulations of resuspending gravity currents: conditions for self-sustainment[J]. Journal of Geophysical Research: Oceans, 2005, 110: C12022.

[48]　Parker G, Fukushima Y, Pantin H M. Self-accelerating turbidity currents[J]. Journal of Fluid Mechanics, 1986, 171: 145-181.

[49]　Zhao L, Ouillon R, Vowinckel B, et al. Transition of a hyperpycnal flow into a saline turbidity current

due to differential diffusivities[J]. Geophysical Research Letters, 2018, 45(21): 11875-11884.

[50] Talling P J, Paull C K, Piper D J W. How are subaqueous sediment density flows triggered, what is their internal structure and how does it evolve? Direct observations from monitoring of active flows[J]. Earth-Science Reviews, 2013, 125: 244-287.

[51] Shanmugam G. Handbook of Petroleum Exploration and Production[M]. Amsterdam: Elsevier, 2012: 1-40.

[52] 彭明. 开闸式异重流的流动结构和颗粒输运的实验研究[D]. 北京大学博士学位论文, 2013.

[53] Middleton G V. Experiments on density and turbidity currents: I. motion of the head[J]. Canadian Journal of Earth Sciences, 1966, 3(4): 523-546.

[54] Middleton G V. Experiments on density and turbidity currents: II. uniform flow of density currents[J]. Canadian Journal of Earth Sciences, 1966, 3(5): 627-637.

[55] Beghin P, Hopfinger E J, Britter R E. Gravitational convection from instantaneous sources on inclined boundaries[J]. Journal of Fluid Mechanics, 1981, 107: 407-422.

[56] Dai A. Experiments on gravity currents propagating on different bottom slopes[J]. Journal of Fluid Mechanics, 2013, 731: 117-141.

[57] Rastello M, Hopfinger E J. Sediment-entraining suspension clouds: a model of powder-snow avalanches[J]. Journal of Fluid Mechanics, 2004, 509: 181-206.

[58] Maxworthy T, Nokes R I. Experiments on gravity currents propagating down slopes. Part 1. The release of a fixed volume of heavy fluid from an enclosed lock into an open channel[J]. Journal of Fluid Mechanics, 2007, 584: 433-453.

[59] Dai A. Non-Boussinesq gravity currents propagating on different bottom slopes[J]. Journal of Fluid Mechanics, 2014, 741: 658-680.

[60] Dai A. Thermal theory for non-Boussinesq gravity currents propagating on inclined boundaries[J]. Journal of Hydraulic Engineering, 2015, 141(1): 6014021.

[61] Guo Y, Zhang Z, Shi B. Numerical simulation of gravity current descending a slope into a linearly stratified environment[J]. Journal of Hydraulic Engineering, 2014, 140(12): 4014061.

[62] Monaghan J J, Cas R, Kos A M, et al. Gravity currents descending a ramp in a stratified tank[J]. Journal of Fluid Mechanics, 1999, 379: 39-69.

[63] Samothrakis P, Cotel A J. Propagation of a gravity current in a two-layer stratified environment[J]. Journal of Geophysical Research: Oceans, 2006, 111(C1): C1012.

[64] Wells M G, Wettlaufer J S. The long-term circulation driven by density currents in a two-layer stratified basin[J]. Journal of Fluid Mechanics, 2007, 572: 37-58.

[65] Cortés A, Rueda F J, Wells M G. Experimental observations of the splitting of a gravity current at a density step in a stratified water body[J]. Journal of Geophysical Research: Oceans, 2014, 119(2): 1038-1053.

[66] Mitsudera H, Baines P G, Davis M R, et al. Downslope boundary currents in a continuously-stratified environment: a model of the Bass Strait outflow[C]. Hobart: International Conference on Fluid Power Transmission and Control, 2001.

[67] Baines P G. Mixing in flows down gentle slopes into stratified environments[J]. Journal of Fluid Mechanics, 2001, 443: 237-270.

[68] Baines P G. Mixing regimes for the flow of dense fluid down slopes into stratified environments[J]. Journal of Fluid Mechanics, 2005, 538: 245-267.

[69] 张小峰, 姚志坚, 陆俊卿. 分层水库异重流实验[J]. 武汉大学学报: 工学版, 2011, 44(4): 409-413.

[70] 任实, 张小峰, 陆俊卿. 温度分层水库中间层流运动影响因素分析[J]. 哈尔滨工程大学学报, 2015, (5): 648-652.

[71] Zhang X F, Ren S, Lu J Q, et al. Effect of thermal stratification on interflow travel time in stratified

reservoir[J]. Journal of Zhejiang University-SCIENCE A (Applied Physics & Engineering), 2015, 16(4): 265-278.

[72] 陈恩源. 分层水库异重流挟沙特性及适宜排沙口、吸沙口位置的确定[D]. 西安建筑科技大学硕士学位论文, 2015.

[73] 解岳, 陈恩源, 孙昕. 分层水库异重流挟沙特性及适宜排沙口的确定[J]. 中国给水排水, 2017, 33(5): 94-98.

[74] 解岳, 李璇, 孙昕. 出水口位置对异重流运动及泥沙分布的影响[J]. 水资源保护, 2017, 33(6): 114-120.

[75] 宋以兴, 李嘉, 安瑞冬, 等. 地形突变条件下异重流运动失稳规律[J]. 水利水电科技进展, 2018, 38(4): 21-27.

[76] 曾曾, 李嘉, 安瑞冬, 等. 低含沙量异重流运动规律及其对水温分布的影响[J]. 水动力学研究与进展, 2016, 31(3): 346-354.

[77] Maxworthy T, Leilich J, Simpson J E, et al. The propagation of a gravity current into a linearly stratified fluid[J]. Journal of Fluid Mechanics, 2002, 453: 371-394.

[78] Samothrakis P, Cotel A J. Finite volume gravity currents impinging on a stratified interface[J]. Experiments in Fluids, 2006, 41(6): 991-1003.

[79] Snow K, Sutherland B R. Particle-laden flow down a slope in uniform stratification[J]. Journal of Fluid Mechanics, 2014, 755: 251-273.

[80] Longo S, Ungarish M, Di Federico V, et al. Gravity currents in a linearly stratified ambient fluid created by lock release and influx in semi-circular and rectangular channels[J]. Physics of Fluids, 2016, 28(9): 96602.

[81] Ungarish M. An Introduction to Gravity Currents and Intrusions[M]. Boca Raton: CRC Press, 2009.

[82] 吕亚飞. 层化水体中地形突变对异重流动力特性的影响研究[D]. 浙江大学硕士学位论文, 2018.

[83] Parker G, Garcia M, Fukushima Y, et al. Experiments on turbidity currents over an erodible bed[J]. Journal of Hydraulic Research, 1987, 25(1): 123-147.

[84] Garcia M, Parker G. Experiments on the entrainment of sediment into suspension by a dense bottom current[J]. Journal of Geophysical Research: Atmospheres, 1993, 98(C3): 4793-4808.

[85] Altinakar M S, Graf W H, Hopfinger E J. Flow structure in turbidity currents[J]. Journal of Hydraulic Research, 1996, 34(5): 713-718.

[86] Gladstone C, Phillips J C, Sparks R. Experiments on bidisperse, constant-volume gravity currents: propagation and sediment deposition[J]. Sedimentology, 1998, 45(5): 833-844.

[87] Kubo Y. Experimental and numerical study of topographic effects on deposition from two-dimensional, particle-driven density currents[J]. Sedimentary Geology, 2004, 164(3): 311-326.

[88] Nourmohammadi Z, Afshin H, Firoozabadi B. Experimental observation of the flow structure of turbidity currents[J]. Journal of Hydraulic Research, 2011, 49(2): 168-177.

[89] Oshaghi M R, Afshin H, Firoozabadi B. Experimental investigation of the effect of obstacles on the behavior of turbidity currents[J]. Canadian Journal of Civil Engineering, 2013, 40(4): 343-352.

[90] Farizan A, Yaghoubi S, Firoozabadi B, et al. Effect of an obstacle on the depositional behaviour of turbidity currents[J]. Journal of Hydraulic Research, 2019, 57(1): 75-89.

[91] Zordan J, Juez C, Schleiss A J, et al. Entrainment, transport and deposition of sediment by saline gravity currents[J]. Advances in Water Resources, 2018, 115: 17-32.

[92] Turner J S. Turbulent entrainment: the development of the entrainment assumption, and its application to geophysical flows[J]. Journal of Fluid Mechanics, 1986, 173: 431-471.

[93] Wells M, Nadarajah P. The intrusion depth of density currents flowing into stratified water bodies[J]. Journal of Physical Oceanography, 2009, 39(8): 1935-1947.

[94] Krug D, Holzner M, Lüthi B, et al. Experimental study of entrainment and interface dynamics in a gravity current[J]. Experiments in Fluids, 2013, 54(5): 1-13.

[95] Wells M, Cenedese C, Caulfield C P. The relationship between flux coefficient and entrainment ratio in density currents[J]. Journal of Physical Oceanography, 2010, 40(12): 2713-2727.

[96] Hallworth M A, Huppert H E, Phillips J C, et al. Entrainment into two-dimensional and axisymmetric turbulent gravity currents[J]. Journal of Fluid Mechanics, 1996, 308: 289-311.

[97] Nogueira H I, Adduce C, Alves E, et al. Dynamics of the head of gravity currents[J]. Environmental Fluid Mechanics, 2014, 14(2): 519-540.

[98] Wilson R I, Friedrich H, Stevens C. Turbulent entrainment in sediment-laden flows interacting with an obstacle[J]. Physics of Fluids, 2017, 29(3): 36603.

[99] Greenspan H, Young R E. Flow over a containment dyke[J]. Journal of Fluid Mechanics, 1978, 87(1): 179-192.

[100] Rottman J W, Simpson J E, Hunt J C R. Unsteady gravity current flows over obstacles: some observations and analysis related to the phase Ⅱ trials[J]. Journal of Hazardous Materials, 1985, 11: 325-340.

[101] Lane G, Beal L, Hadfield T. Gravity current flow over obstacles[J]. Journal of Fluid Mechanics, 1995, 292: 39-53.

[102] Prinos P. Two-dimensional density currents over obstacles[C]. Graz: 28th IAHR Congress (CD-ROM), 1999.

[103] Oehy C, Schleiss A. Control of turbidity currents in reservoirs by solid and permeable obstacles[J]. Journal of Hydrologic Engineering, 2007, 133(6): 637-648.

[104] Asghari Pari S A, Kashefipour S M, Ghomeshi M. An experimental study to determine the obstacle height required for the control of subcritical and supercritical gravity currents[J]. European Journal of Environmental and Civil Engineering, 2017, 21: 1080-1092.

[105] Ghisalberti M, Nepf H M. Mixing layers and coherent structures in vegetated aquatic flows[J]. Journal of Geophysical Research: Oceans, 2002, 107(C2): 3011.

[106] 钟强, 雷孝章, 任海若. 柔性植被与刚性植被覆盖下坡面流阻力特性研究[J]. 中国农村水利水电, 2012, (9): 51-54.

[107] 杨婕, 张宽地, 杨帆. 柔性植被和刚性植被水流水动力学特性研究[J]. 人民黄河, 2017, 39(8): 85-89.

[108] Testik F Y, Yilmaz N A. Anatomy and propagation dynamics of continuous-flux release bottom gravity currents through emergent aquatic vegetation[J]. Physics of Fluids, 2015, 27(5): 056603.

[109] Tanino Y, Nepf H M, Kulis P S. Gravity currents in aquatic canopies[J]. Water Resources Research, 2005, 41(12): W12402.

[110] Ozan Y A, George C, Andrew J H. Lock-exchange gravity currents propagating in a channel containing an array of obstacles[J]. Journal of Fluid Mechanics, 2015, 765: 544-575.

[111] Nepf H M. Flow and Transport in Regions with Aquatic Vegetation[J]. Annual Review of Fluid Mechanics, 2012, 44(1): 123-142.

[112] Zhou J, Cenedese C, Williams T, et al. On the propagation of gravity currents over and through a submerged array of circular cylinders[J]. Journal of Fluid Mechanics, 2017, 831: 394-417.

[113] Cenedese C, Nokes R, Hyatt J. Lock-exchange gravity currents over rough bottoms[J]. Environmental Fluid Mechanics, 2018, 18(1): 59-73.

[114] Huang H, Imran J, Pirmez C. Numerical study of turbidity currents with sudden-release and sustained-inflow mechanisms[J]. Journal of Hydraulic Engineering, 2008, 134(9): 1199-1209.

[115] Francisco E P, Espath L F R, Silvestrini J H. Direct numerical simulation of bi-disperse particle-laden

gravity currents in the channel configuration[J]. Applied Mathematical Modelling, 2017, 49: 739-752.

[116] Huppert H E, Simpson J E. The slumping of gravity currents[J]. Journal of Fluid Mechanics, 1980, 99(4): 785-799.

[117] Hu P, Cao Z, Pender G, et al. Numerical modelling of turbidity currents in the Xiaolangdi reservoir, Yellow River, China[J]. Journal of Hydrology, 2012, 464: 41-53.

[118] Ottolenghi L, Adduce C, Inghilesi R, et al. Mixing in lock-release gravity currents propagating up a slope[J]. Physics of Fluids, 2016, 28(5): 56604.

[119] Ottolenghi L, Adduce C, Inghilesi R, et al. Entrainment and mixing in unsteady gravity currents[J]. Journal of Hydraulic Research, 2016, 54(5): 1-17.

[120] Steenhauer K, Tokyay T, Constantinescu G. Dynamics and structure of planar gravity currents propagating down an inclined surface[J]. Physics of Fluids, 2017, 29(3): 36604.

[121] Necker F, Härtel C, Kleiser L, et al. High-resolution simulations of particle-driven gravity currents[J]. International Journal of Multiphase Flow, 2002, 28(2): 279-300.

[122] Dai A. High-resolution simulations of downslope gravity currents in the acceleration phase[J]. Physics of Fluids, 2015, 27(7): 76602.

[123] Choi S, García M H. k-ε turbulence modeling of density currents developing two dimensionally on a slope[J]. Journal of Hydraulic Engineering, 2002, 128(1): 55-63.

[124] Huang H, Imran J, Pirmez C. Numerical model of turbidity currents with a deforming bottom boundary[J]. Journal of Hydraulic Engineering, 2005, 131(4): 283-293.

[125] Georgoulas A N, Angelidis P B, Panagiotidis T G, et al. 3D numerical modelling of turbidity currents[J]. Environmental Fluid Mechanics, 2010, 10(6): 603-635.

[126] Abd El-Gawad S, Cantelli A, Pirmez C, et al. Three-dimensional numerical simulation of turbidity currents in a submarine channel on the seafloor of the Niger Delta slope[J]. Journal of Geophysical Research: Oceans, 2012, 117(C5): C5026.

[127] 徐亚亚, 安瑞冬, 李嘉, 等. 地形变化对异重流运动规律影响的数值模拟[J]. 水电能源科学, 2018, 36(3): 104-109.

[128] 谭升魁, 王锐, 安瑞冬, 等. 基于组分输运模型和 RNG k-ε 模型的浑水异重流数学模型研究及其应用[J]. 工程科学与技术, 2011, (s1): 48-53.

[129] 李永, 李嘉, 安瑞冬. 水沙两相流 ASM 模型在浑水异重流计算中的应用及模型实验研究[J]. 工程科学与技术, 2009, 41(4): 102-108.

[130] Ooi S K, Constantinescu G, Weber L J. 2D large-eddy simulation of lock-exchange gravity current flows at high Grashof numbers[J]. Journal of Hydraulic Engineering, 2007, 133(9): 1037-1047.

[131] Nourazar S, Safavi M. Two-dimensional large-eddy simulation of density-current flow propagating up a slope[J]. Journal of Hydraulic Engineering, 2017, 143(9): 4017035.

[132] Tokyay T E, García M H. Effect of initial excess density and discharge on constant flux gravity currents propagating on a slope[J]. Environmental Fluid Mechanics, 2014, 14(2): 409-429.

[133] Chawdhary S, Khosronejad A, Christodoulou G, et al. Large eddy simulation of density current on sloping beds[J]. International Journal of Heat and Mass Transfer, 2018, 120: 1374-1385.

[134] Kyrousi F, Leonardi A, Roman F, et al. Large eddy simulations of sediment entrainment induced by a lock-exchange gravity current[J]. Advances in Water Resources, 2018, 114: 102-118.

[135] Bhaganagar K. Role of head of turbulent 3-D density currents in mixing during slumping regime[J]. Physics of Fluids, 2017, 29(2): 20703.

[136] Ottolenghi L, Adduce C, Roman F, et al. Analysis of the flow in gravity currents propagating up a slope[J]. Ocean Modelling, 2017, 115: 1-13.

[137] Tokyay T, Constantinescu G, Meiburg E. Lock-exchange gravity currents with a high volume of

release propagating over a periodic array of obstacles[J]. Journal of Fluid Mechanics, 2011, 672: 570-605.

[138] Tokyay T, Constantinescu G, Gonzalez-Juez E, et al. Gravity currents propagating over periodic arrays of blunt obstacles: effect of the obstacle size[J]. Journal of Fluids and Structures, 2011, 27(5-6): 798-806.

[139] Tokyay T, Constantinescu G, Meiburg E. Tail structure and bed friction velocity distribution of gravity currents propagating over an array of obstacles[J]. Journal of Fluid Mechanics, 2012, 694: 252-291.

[140] Tokyay T, Constantinescu G, Meiburg E. Lock-exchange gravity currents with a low volume of release propagating over an array of obstacles[J]. Journal of Geophysical Research: Oceans, 2014, 119(5): 2752-2768.

[141] Tokyay T, Constantinescu G. The effects of a submerged non-erodible triangular obstacle on bottom propagating gravity currents[J]. Physics of Fluids, 2015, 27(5): 56601.

[142] Ozan A Y, Constantinescu G, Hogg A J. Lock-exchange gravity currents propagating in a channel containing an array of obstacles[J]. Journal of Fluid Mechanics, 2015, 765: 544-575.

[143] Zhou J, Cenedese C, Williams T, et al. On the propagation of gravity currents over and through a submerged array of circular cylinders[J]. Journal of Fluid Mechanics, 2017, 831: 394-417.

[144] Jiang Y, Liu X. Experimental and numerical investigation of density current over macro-roughness[J]. Environmental Fluid Mechanics, 2018, 18(1): 97-116.

[145] Ooi S K, Constantinescu G, Weber L. A numerical study of intrusive compositional gravity currents[J]. Physics of Fluids, 2007, 19(7): 76602.

[146] Özgökmen T M, Fischer P F, Johns W E. Product water mass formation by turbulent density currents from a high-order nonhydrostatic spectral element model[J]. Ocean Modelling, 2006, 12(3): 237-267.

[147] Marques G M, Wells M G, Padman L, et al. Flow splitting in numerical simulations of oceanic dense-water outflows[J]. Ocean Modelling, 2017, 113: 66-84.

[148] Zhou J, Venayagamoorthy S K. Numerical simulations of intrusive gravity currents interacting with a bottom-mounted obstacle in a continuously stratified ambient[J]. Environmental Fluid Mechanics, 2017, 17(2): 191-209.

[149] Necker F, Härtel C, Kleiser L, et al. Mixing and dissipation in particle-driven gravity currents[J]. Journal of Fluid Mechanics, 2005, 545: 339-372.

[150] Härtel C, Carlsson F, Thunblom M. Analysis and direct numerical simulation of the flow at a gravity-current head. Part 2. The lobe-and-cleft instability[J]. Journal of Fluid Mechanics, 2000, 418: 213-229.

[151] Härtel C, Meiburg E, Necker F. Analysis and direct numerical simulation of the flow at a gravity-current head. Part 1. Flow topology and front speed for slip and no-slip boundaries[J]. Journal of Fluid Mechanics, 2000, 418: 189-212.

[152] Birman V K, Martin J E, Meiburg E. The non-Boussinesq lock-exchange problem. Part 2. High-resolution simulations[J]. Journal of Fluid Mechanics, 2005, 537: 125-144.

[153] Liu X, Jiang Y. Direct numerical simulations of boundary condition effects on the propagation of density current in wall-bounded and open channels[J]. Environmental Fluid Mechanics, 2014, 14(2): 387-407.

[154] Parkinson S D, Hill J, Piggott M D, et al. Direct numerical simulations of particle-laden density currents with adaptive, discontinuous finite elements[J]. Geoscientific Model Development, 2014, 7(5): 1945-1960.

[155] Parkinson S D. Advances in computational modelling of turbidity currents using the finite-element

method[D]. London: Imperial College London, 2014.

［156］ Espath L, Pinto L C, Laizet S, et al. Two- and three-dimensional direct numerical simulation of particle-laden gravity currents[J]. Computers & Geosciences, 2014, 63: 9-16.

［157］ Birman V K, Battandier B A, Meiburg E, et al. Lock-exchange flows in sloping channels[J]. Journal of Fluid Mechanics, 2007, 577: 53-77.

［158］ Dai A. Gravity currents propagating on sloping boundaries[J]. Journal of Hydraulic Engineering, 2013, 139(6): 593-601.

［159］ Dai A, Huang Y. High-resolution simulations of non-Boussinesq downslope gravity currents in the acceleration phase[J]. Physics of Fluids, 2016, 28(2): 26602.

［160］ Gabriel E, Fagg G E, Bosilca G, et al. Open MPI: goals, concept, and design of a next generation MPI implementation[C]. Budapest: Recent Advances in Parallel Virtual Machine and Message Passing Interface: 11th European PVM/MPI Users' Group Meeting.

［161］ Nasr-Azadani M M, Meiburg E. TURBINS: an immersed boundary, Navier-Stokes code for the simulation of gravity and turbidity currents interacting with complex topographies[J]. Computers & Fluids, 2011, 45(1): 14-28.

［162］ Nasr-Azadani M M, Hall B, Meiburg E. Polydisperse turbidity currents propagating over complex topography: comparison of experimental and depth-resolved simulation results[J]. Computers & Geosciences, 2013, 53: 141-153.

［163］ Nasr-Azadani M M, Meiburg E. Influence of seafloor topography on the depositional behavior of bi-disperse turbidity currents: a three-dimensional, depth-resolved numerical investigation[J]. Environmental Fluid Mechanics, 2014, 14(2): 319-342.

［164］ Nasr-Azadani M M, Meiburg E. Turbidity currents interacting with three-dimensional seafloor topography[J]. Journal of Fluid Mechanics, 2014, 745: 409-443.

［165］ Nasr-Azadani M M, Meiburg E, Kneller B. Mixing dynamics of turbidity currents interacting with complex seafloor topography[J]. Environmental Fluid Mechanics, 2018, 18(1): 201-223.

［166］ Cheong H, Kuenen J, Linden P F. The front speed of intrusive gravity currents[J]. Journal of Fluid Mechanics, 2006, 552: 1-11.

［167］ Bolster D, Hang A, Linden P F. The front speed of intrusions into a continuously stratified medium[J]. Journal of Fluid Mechanics, 2008, 594: 369-377.

［168］ Ungarish M, Huppert H E. On gravity currents propagating at the base of a stratified ambient[J]. Journal of Fluid Mechanics, 2002, 458: 283-301.

［169］ Ungarish M. Dam-break release of a gravity current in a stratified ambient[J]. European Journal of Mechanics-B/Fluids, 2005, 24(5): 642-658.

［170］ Ungarish M, Zemach T. On axisymmetric intrusive gravity currents in a stratified ambient-shallow-water theory and numerical results[J]. European Journal of Mechanics-B/Fluids, 2007, 26(2): 220-235.

［171］ Ungarish M, Huppert H E. Energy balances for propagating gravity currents: homogeneous and stratified ambients[J]. Journal of Fluid Mechanics, 2006, 565: 363-380.

［172］ Birman V K, Meiburg E, Ungarish M. On gravity currents in stratified ambients[J]. Physics of Fluids, 2007, 19(8): 86602.

［173］ Ungarish M. On gravity currents in a linearly stratified ambient: a generalization of Benjamin's steady-state propagation results[J]. Journal of Fluid Mechanics, 2006, 548: 49-68.

［174］ Ouillon R, Meiburg E, Sutherland B R. Turbidity currents propagating down a slope into a stratified saline ambient fluid[J]. Environmental Fluid Mechanics, 2019, 19: 1143-1166.

上　篇
水槽实验与理论

第1章 实验装置及测量技术

异重流水槽实验系统主要由 PIV 系统、层结水体生成装置、高透有机玻璃实验水槽（平坡、斜坡）、电荷耦合器件（CCD）相机（高速相机）等组成，如图 1.1 所示。

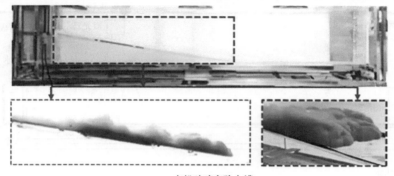

a. 有机玻璃实验水槽

b. PIV系统和CCD相机

c. 层结水体生成装置

图 1.1 异重流水槽实验系统示意图

1.1 异重流发生装置

本书将室内实验分为四大系列，其一是异重流运动不确定性研究的实验，其二是层结水体环境中异重流沿斜坡运动特性研究的实验，其三是层结水体环境中异重流越障特性研究的实验，其四是层结水体环境中异重流流经植被群特性研究的实验。四大系列实验的基础水槽设施是相同的。在平坡水槽中，前人对开闸式异重流的研究发现，异重流从闸门释放后首先会经历 2～4 个闸室长的加速阶段，然后以定常速运动至 8～10 个闸室长，最后进入减速阶段。在斜坡水槽中，课题组的数值模拟研究表明，开闸式斜坡异重流形成后在沿斜坡运动过程中会经历短暂的定常速阶段，约在 2 个闸室长范围内。在平坡和斜坡水槽中分别开展异重流实验，实验水槽如图 1.2（平坡）和图 1.3（斜坡）所示。

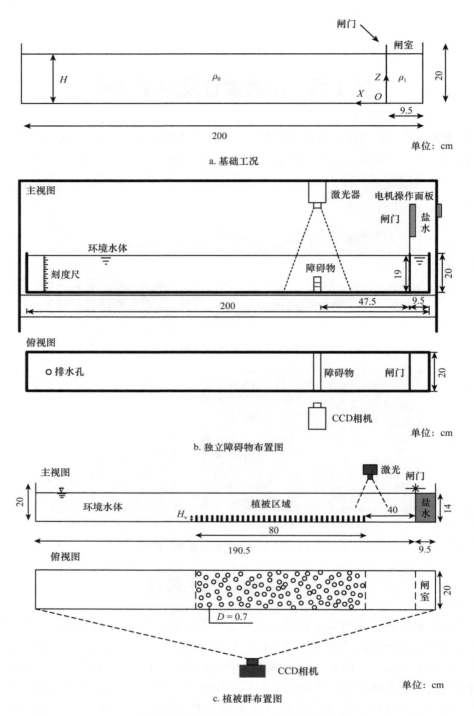

a. 基础工况

b. 独立障碍物布置图

c. 植被群布置图

图 1.2 平坡异重流实验水槽示意图

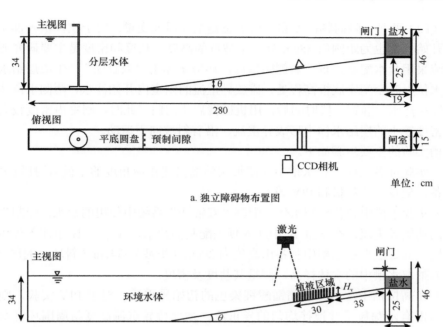

图 1.3 斜坡异重流实验水槽示意图

　　平坡实验在长 200cm、宽 20cm、高 20cm 的矩形有机玻璃水槽中进行，如图 1.2 所示。贴有 U 型乳胶封条的闸门置于距水槽右端 9.5cm 处。对于障碍物实验，将障碍物放置在距闸门 47.5cm 处，障碍物断面有三角形（△）和矩形（□）两种，障碍物高度和几何形态是主要研究变量。对于刚性植被群实验，植被区域开始位置为距闸门 40cm 处，植被群的高度、长度和密度是主要研究变量。初始异重流采用盐水配制，置于右侧闸室内，环境水体用清水，置于左侧水槽。异重流闸室和水槽同时注水，两侧水位达到设定值时，停止注水。静置一段时间后，用机械臂启闭闸门。此时，闸室内密度较大的盐水即侵入密度较小的环境清水中形成异重流，沿着平坡向前运动。

　　斜坡实验在长 280cm、宽 15cm、高 46cm 的矩形有机玻璃水槽中进行，如图 1.3 所示。斜坡坡度可调，范围为 6°～24°（大多数自然地理环境下的底床坡度都在本书实验范围内）。贴有 U 型乳胶封条的闸门置于距水槽右端 19cm 处，闸室净长 19cm，闸室深度为 21cm，闸底板高程为 25cm。对于障碍物实验，障碍物放置于距闸门约为 2 个闸室长（斜坡闸室长为 19cm）的位置，也即距离闸门 38cm 处，障碍物断面有三角形（△）

和矩形（□）两种，障碍物高度和几何形态是主要研究变量。对于刚性植被群实验，植被区域开始位置也为距闸门 38cm 处，植被群的高度、长度和密度是主要研究变量。初始异重流采用盐水配制，置于右侧闸室内，环境水体用"双缸法"[4]生成层结水体。待水槽中水位上升至闸室底板高程处，盛放异重流的闸室内开始注水，两侧水位达到设定值时，停止注水。静置一段时间后，用机械臂启闭闸门。此时，闸室内密度较大的盐水即侵入密度较小的层结水体中形成异重流，沿着斜坡向下运动。

水槽实验的主要步骤如下。

（1）实验准备工作：在水槽中（斜坡实验需搭建相应角度的平板），挂置水体样品抽取设备，架设高速相机和 PIV 设备。

（2）实验水槽中制备层结水体：配制"双缸法"系统中使用的盐水，配制产生异重流所需的初始异重流；在水缸 A 中注入预先配制的盐水，在水缸 B 中注入等体积的淡水，利用"双缸法"在水槽中制备出高度为 20cm（平坡）/34cm（斜坡）的层结水体。

（3）抽取水槽中的水体样品，测量其盐度及密度。

（4）在高位槽中注入经过高锰酸钾染色的初始异重流；对于 PIV 实验，则在高位槽中注入混有示踪粒子并搅拌均匀的异重流；须保持异重流高度与周围环境水体高度一致。

（5）通过机械臂开启闸门，在水槽中产生异重流，通过高速相机或者 PIV 设备记录异重流的发展过程。

（6）分析实验数据。对于异重流在均匀水体环境中运动的实验，以上（2）、（3）、（4）步骤则直接替换为在水槽中注入高度为 20cm（平坡）/34cm（斜坡）的淡水，进行实验即可；对于障碍物/植被群实验，只需要将障碍物/植被群提前置于坡床上。

1.2　层结水体生成装置

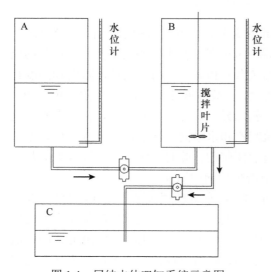

图 1.4　层结水体双缸系统示意图

采用"双缸法"[4]改进并构建层结水体发生装置。如图 1.4 所示，左侧的 A 为盐水缸，右侧的 B 为清水缸，容积皆为 200L。实验中利用磁力泵将水缸 A 的盐水抽入水缸 B 中，用搅拌器搅拌均匀后用平底圆盘以溢流方式注入水槽 C 中，通过控制两个磁力泵的流量来生成层结水体。

假定水缸 A、B 的初始体积相同且为常数 V_L；密度分别为 $\rho_A(t)$、$\rho_B(t)$，其中 $\rho_A(t) = \rho_A$ 为常数，$\rho_B(t)$ 则随时间变化。考虑从 t 时刻到 $t+\Delta t$ 时刻，水缸 B 内的质量守恒，可列出差分方程[5]：

$$\rho_B(t+\Delta t)\big[V_L-(Q_B-Q_A)(t+\Delta t)\big]-\rho_B(t)\big[V_L-(Q_B-Q_A)t\big]=\Delta t\big[\rho_A Q_A-\rho_B(t)Q_B\big] \quad (1.1)$$

将上式进行移项可得

$$\Delta t\big[\rho_A Q_A-\rho_B(t)Q_B\big]=\big[\rho_B(t+\Delta t)-\rho_B(t)\big]\big[V_L-(Q_B-Q_A)t\big]-\rho_B(t+\Delta t)(Q_B-Q_A)\Delta t \quad (1.2)$$

将上式两边同时除以 Δt 并忽略高阶 Δt 相关项可得

$$\rho_A Q_A-\rho_B(t)Q_B=\frac{d\rho_B(t)}{dt}\big[V_L-(Q_B-Q_A)t\big]-\rho_B(t)(Q_B-Q_A) \quad (1.3)$$

经过移项、化简可得

$$\rho_A Q_A-\rho_B(t)Q_A=\frac{d\rho_B(t)}{dt}\big[V_L-(Q_B-Q_A)t\big] \quad (1.4)$$

即

$$\rho_A-\rho_B(t)=\frac{d\rho_B(t)}{dt}\left[\frac{V_L}{Q_A}-\left(\frac{Q_B}{Q_A}-1\right)t\right] \quad (1.5)$$

写成可积分的形式为

$$\frac{dt}{\left(\dfrac{Q_B}{Q_A}-1\right)t-\dfrac{V_L}{Q_A}}=\frac{d\rho_B(t)}{\rho_B(t)-\rho_A} \quad (1.6)$$

积分可得

$$\frac{\ln\left|\left(\dfrac{Q_B}{Q_A}-1\right)t-\dfrac{V_L}{Q_A}\right|}{\dfrac{Q_B}{Q_A}-1}=\ln|\rho_B(t)-\rho_A|+C_\rho \quad (1.7)$$

式中，C_ρ 为常数，根据初始条件 $\rho_A>\rho_B(0)$ 可得

$$C_\rho=\big[\rho_A-\rho_B(0)\big]\left(\frac{V_L}{Q_A}\right)^{\frac{Q_A}{Q_A-Q_B}} \quad (1.8)$$

则方程（1.1）的解可表示为

$$\rho_B(t)=\rho_A-C_\rho\left[\frac{V_L}{Q_A}-t\left(\frac{Q_B}{Q_A}-1\right)\right]^{\frac{Q_A}{Q_B-Q_A}} \quad (1.9)$$

由上式可知，当指数 $Q_A/(Q_B-Q_A)=1$，即 $2Q_A=Q_B$ 时，可得

$$\rho_B(t)=\rho_A-\big[\rho_A-\rho_B(0)\big]\left(1-\frac{Q_B}{2V_L}t\right) \quad (1.10)$$

式中，$\rho_B(0)$ 为水缸 B 中清水的初始密度。分析式（1.10）可知，图 1.4 中水缸 B 的出流盐水密度是时间的线性函数。因此，水槽 C 中最终可以生成线性层结水体。

1.3　温盐测量装置

为了对异重流的宏观运动过程进行分析，利用帧率为 25fps、分辨率为 4928pixel×3264pixel 的高速相机对异重流发展过程进行记录。流场可视化采用高锰酸钾与盐水混合溶液，使异重流呈明显的紫红色，然后利用 Matlab 程序对采集到的影像数据进行后处理，获得异重流的头部速度、头部位置等数据。

对生成的层结水体进行线性分层测试，首先需要对水槽不同深度处的层结水体进行取样测试。而此项工作的主要困难在于取样时不能对已生成的层结水体有所扰动。因此，本书课题组成员自行设计了分层水体取样器，如图 1.5 所示。实验开始前将该装置提前放置于水槽末端，待层结水体生成后，通过等分错距布放的针管和单独连接的注射器可以获取不同水深处的层结水体，从而克服取样难的困难。图 1.6 给出了基于"双缸法"制备的水体密度随深度的变化，可见基于"双缸法"产生的层结水体的密度从水槽表面至底部随水深呈良好的线性增大关系。

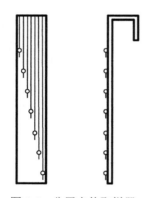

图 1.5　分层水体取样器

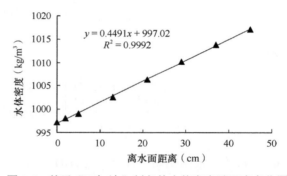

图 1.6　基于"双缸法"制备的水体密度随深度变化图

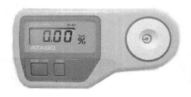

图 1.7　盐度计

层结水体取样完成后，利用图 1.7 所示的盐度计对取样水体的盐度进行测量。该盐度计的型号为 79017ATAGO，精度为 0.01%，实验中将盐度计三次测量结果的平均值作为某一深度处的盐度。

为了获得层结水体垂向的密度分布，需要将盐度计获取的盐度数据转化为密度。采用冯士筰等[6]提出的一个标准大气压（海压为 0）下海水密度与盐度和温度的转化关系来计算层结水体的密度。该方法的详细计算公式如下：

$$\rho(S_a, T, 0) = \rho_w + AS_a + BS_a^{3/2} + CS_a^2 \tag{1.11}$$

式中，T 和 S_a 分别为含盐水体的温度和盐度；ρ_w 的表达式为

$$\rho_w = 999.842\,594 + 6.793\,952 \times 10^{-2} T - 9.095\,290 \times 10^{-3} T^2 + 1.001\,685 \times 10^{-4} T^3$$
$$- 1.120\,083 \times 10^{-6} T^4 + 6.536\,332 \times 10^{-9} T^5 \tag{1.12}$$

式中，温度 T 用图 1.8 所示的电子温度计进行测量；参数 A、B、C 的表达式如下：

$$A = 8.244\,93 \times 10^{-1} - 4.089\,9 \times 10^{-3}T + 7.643\,8 \times 10^{-5}T^2$$
$$-8.246\,7 \times 10^{-7}T^3 + 5.387\,5 \times 10^{-9}T^4 \quad (1.13)$$

$$B = 5.724\,66 \times 10^{-3} - 1.027\,7 \times 10^{-4}T - 1.654\,6 \times 10^{-6}T^2 \quad (1.14)$$

$$C = 4.831\,4 \times 10^{-4} \quad (1.15)$$

图 1.8　电子温度计

1.4　PIV 系统与技术原理

实验中采用的 PIV 系统由帧率为 200fps、分辨率为 2320pixel×1726pixel 的电荷耦合器件（CCD）相机，以及波长为 532nm 的 MGL-N-532 连续波激光器和计算机组成。实验中保持高速相机的位置固定不变并始终垂直于水槽侧壁，如图 1.1 所示，可以实现对斜坡区域内的流场和混合过程进行精细化记录。

PIV 技术已经发展了三十余年。与传统的热线法和激光多普勒测速法相比，PIV 技术可以获得瞬时流动结构，并且通过算法得到平均流动特性，因此更加适合于复杂流动的研究。其工作过程是先在流场中均匀散布示踪粒子（tracer particle），用激光光源照射流场形成二维流动平面，并通过高速相机记录流动粒子图像。在流场处理的过程中，每幅粒子图像会被分成许多个子区域（诊断窗口），而在每个诊断窗口内都会通过相应的算法获得一个流速向量[6-8]，所有诊断窗口内的流速向量最终组成粒子图像的流场分布。其中，计算流速向量的过程又分为自相关性计算和向量有效性检验两部分。

1.4.1　自相关性计算

图像的自相关性 $R(s)$ 可以表示成图像强度 $I(x)$ 的积分函数：

$$R(s) = \int I(x)I(x+s)\mathrm{d}x \quad (1.16)$$

式中，s 表示二维的位移向量。图 1.9 展示了 PIV 图像处理中的自相关性分析过程，双曝光诊断窗口之间的平均位移为 $u\Delta t$。图 1.9b 表示区域的自相关性分布。当 $s = 0$ 时，PIV 图像会出现自相关峰值，此时 R 代表黑色区域的总和（图 1.9c）。当 $s = u\Delta t$ 时，会出现第二自相关峰值（正位移峰值，图 1.9d）；当 $s = -u\Delta t$ 时，会出现负位移峰值（图 1.9e）。此外，由于非配对粒子的随机叠加，会出现一些噪声峰值（图 1.9f）。

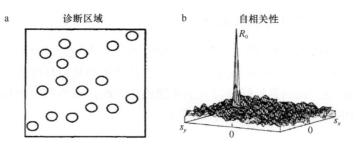

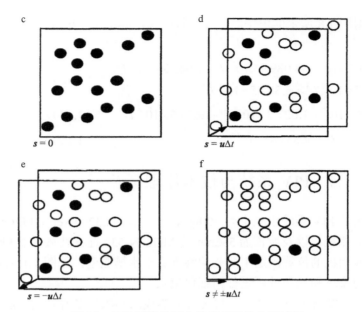

图 1.9　PIV 图像处理中的自相关性分析过程

后处理软件中对于自相关性的计算一般是采用一系列的离散傅里叶变换或者快速傅里叶变换。具体的方法为：诊断区域（图 1.9a）的成对粒子图像强度可以表示为

$$I(x)=I_1(x)+I_2(x)=I_1(x)+I_1(x+u\Delta t) \tag{1.17}$$

式中，$I_1(x)$ 和 $I_2(x)$ 分别表示曝光前后粒子图像强度。粒子位移为 $u\Delta t=\Delta x$ $(\Delta x,\ \Delta y)$。图像强度可以简化表示为

$$I(x)=I_1(x)*\left[\delta(x)+\delta(x+u\Delta t)\right] \tag{1.18}$$

式中，$\delta(x)$ 为中心位于 $x(x,y)$ 的狄拉克函数，"＊" 表示卷积运算。

对 $I(x)$ 进行一次傅里叶变换，如下：

$$F\left[I(x)\right]=F\left[I_1(x)\right]\left[1+\mathrm{e}^{-2\pi\mathrm{i}\left(\Delta x\omega_x+\Delta y\omega_y\right)}\right] \tag{1.19}$$

式中，F 表示傅里叶变换函数；ω_x、ω_y 分别表示 x、y 方向的空间频率。将傅里叶变换与其复共轭函数相乘，可得如下杨氏条纹（Young fringe）项：

$$\left|F\left[I(x)\right]\right|^2=2\left|F\left[I_1(x)\right]\right|^2\left\{1+\cos\left[2\pi\left(\Delta x\omega_x+\Delta y\omega_y\right)\right]\right\} \tag{1.20}$$

对杨氏条纹项再次进行傅里叶变换，可得如下粒子图像的自相关性：

$$F\left\{\left|F\left[I(x)\right]\right|^2\right\}=R(s)=$$
$$2H(s_x,s_y)+H(s_x+\Delta x,s_y+\Delta y)+H(s_x-\Delta x,s_y-\Delta y)+\cdots \tag{1.21}$$

式中，右边前三项分别对应中心位移峰值、正位移峰值和负位移峰值。中心位移峰值位于原点处，因此需要找到其他峰值位置后才能确定诊断区域内的平均粒子位移。峰值位置通常由高斯函数拟合得到，如图 1.10 所示。

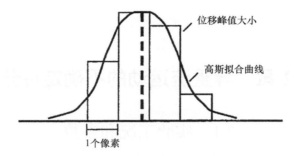

图 1.10　高斯函数拟合确定各峰值位置

1.4.2　向量有效性检验

PIV 流场分析初步得到的瞬时位移场中通常会包含一定比例（少于 5%）的伪矢量（spurious vector），这些伪矢量通常表现为与周围矢量在大小和方向上的不一致性。当诊断区域内出现过多或者过少的配对粒子时，自相关性结果中的噪声峰值会大于粒子位移峰值，从而产生伪矢量位移。人眼可以很容易地识别出流场中的伪矢量，如图 1.11 所示。

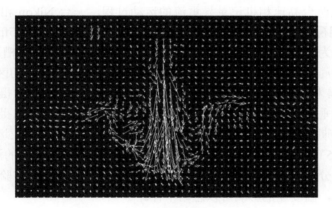

图 1.11　包含伪矢量的瞬时位移场

去除位移场中的伪矢量需要较为精确的筛选标准。这种标准既不能过于放大从而不能有效地去除伪矢量，也不能过于缩小从而使得大量有效矢量被去除，影响最终的统计结果。为了能过滤掉大多数的伪矢量，需要确定过滤范围，从而得到合理的正负位移矢量场。对于常见的过滤范围，参数设定为 $\Delta X_{min} = -2\text{pix}$，$\Delta X_{max} = 18\text{pix}$，$\Delta R_{min} = -10\text{pix}$，$\Delta R_{max} = 10\text{pix}$，其中 X、R 分别表示射流的轴线方向与半径方向。若要更精细地去除伪矢量，则需要应用一致过滤（consistency filter）法。该方法是将某向量与其周围的 8 个邻近向量做比较，如果其差值在一定的范围内，可以认为该向量有效，否则需要去除。本书采用该方法处理 PIV 数据以获得正确的速度场。

第2章 异重流运动的不确定性分析

2.1 实验工况和参数

本系列实验在如图 1.2a 所示的基础工况水槽装置中进行，在闸室内加入盐水（用氯化钠配制），另一侧加入清水（蒸馏水），两侧水位均为 H_0 =15cm。盐水盐度以 S 表示。为了观察异重流的运动形态，在盐水中加入 5‰的高锰酸钾溶液作为示踪剂。将配制的溶液加入水槽，待液面稳定后将闸门升起，闸门的启闭速度由机械臂控制，闸门采用加速上升方式且上升时间为 0.2s。闸门开启后，重流体坍塌并沿着水槽底部流动，清水在盐水上层反向流动，运动过程中不进行任何流体补给。在运动过程中，重流体由于与环境流体掺混导致密度降低，当异重流头部到达水槽末端时实验结束。

实验中通过两台高速相机记录异重流的运动过程。一台 Nikon 相机架设于水槽前方 100cm 处，侧视拍摄异重流立面二维全程运动现象，相机帧率为 25fps，录制 MTS 格式视频，分辨率为 1920pixel×1080pixel；另一台 Canon 相机位于水槽顶部 120cm 处，俯视拍摄异重流局部平面二维运动过程，拍摄距离闸门 90～150cm 的区域，相机帧率为 30fps，录制 MP4 格式视频，分辨率为 1920pixel×1080pixel。两次拍摄过程中均采用标定板进行水平和垂直几何标定。由于实验条件的限制，侧向和纵向拍摄视频的格式和帧率不同，但在后期视频转换成图片后，通过对同一位置比对分析校正运动时间的差异。本系列实验在 25℃恒温室内进行，每次实验前分别记录盐水和清水的温度。通过对 90 组实验温差计算分析，两者温差最大值为 0.4℃。因此，可以确定实验中异重流的产生是由密度差引起，温度差的影响可以忽略不计。

为确保系列实验的可比性，部分参数进行无量纲化处理。流体之间的密度差异是产生异重流的根本原因，可用初始约化重力加速度（reduced gravitational acceleration）g_0' 描述二者的差异，其定义为

$$g_0' = g \frac{\rho_{c0} - \rho_0}{\rho_0} \tag{2.1}$$

式中，ρ_{c0} 为初始盐水密度；ρ_0 为清水密度；g =9.81m/s² 为重力加速度。无量纲化参数以液面高度 H_0 =15cm、水槽宽度 W =20cm、异重流与环境水体的初始角度 β_0 =90°以及特征时间 $t_c = H_0 / \left(g_0' H_0 \right)^{1/2}$ 为参量，对异重流头部位置 x_f、头部速度 u_f、传播时间 t、头部高度 h、头部宽度 w、头部角度 β 进行无量纲化，分别表示为

$$x_f^* = \frac{x_f}{H_0} \tag{2.2}$$

$$t^* = \frac{t}{t_c} \qquad (2.3)$$

$$u_f^* = \frac{u_f}{x_f^* / t^*} \qquad (2.4)$$

$$h^* = \frac{h}{H_0} \qquad (2.5)$$

$$w^* = \frac{w}{W} \qquad (2.6)$$

$$\beta^* = \frac{\beta}{\beta_0} \qquad (2.7)$$

此外，闸门上升高度也会影响异重流头部厚度及形态，实验中控制闸门上升高度为 20cm，均大于液面高度。定义雷诺数 $Re_b = u_{av} H_0 / \nu$，其中 u_{av} 为异重流头部全程平均速度，ν 为水体的运动黏滞系数。实验中所有工况的雷诺数均大于 1000，处于湍流状态，此时黏性效应可以忽略，异重流运动不受水槽尺度的影响。表 2.1 给出了各工况的实验参数，其中 T 为闸门上升至异重流运动结束所用时间（异重流到达水槽另一侧），上下标分别代表运动时间的最大变化值。工况 1 到工况 3 分别进行 30 组重复性实验，因为当样本容量大于等于 30 时才能满足统计分析的基本要求。

表 2.1　异重流运动不确定性分析的实验参数列表

工况	盐度 S（%）	g'（m/s²）	T（s）	组数
1	0.48	0.0374	64_{-3}^{+3}	30
2	0.98	0.0738	46_{-2}^{+3}	30
3	1.55	0.1151	38_{-3}^{+3}	30

2.2　异重流平面形态不确定性分析

2.2.1　异重流三维平面形态

图 2.1a 和图 2.1b 分别给出了异重流运动过程中同一时刻的俯视和侧视平面形态。对于图 2.1a，边缘阴影是水槽底部反射造成，本系列实验研究头部位置不考虑阴影部分。图 2.1b 侧视图展示异重流运动过程中典型的头部形态和两种流体之间剪切不稳定形成的开尔文-亥姆霍兹（Kelvin-Helmholtz, K-H）波。图 2.1 中异重流"手指状"平面形态呈现多样化，是因为异重流在运动过程中横向扩散不均匀形成的"波瓣"和"沟裂"不稳定现象。

根据工况 1 至工况 3 的实验结果，将每种工况 t^*=12.32 时刻的异重流头部位置按从小到大排序（记为 1~30），取第 1 组、第 15 组和第 30 组分析其平面形态（图 2.2）。由图 2.1 和图 2.2 的结果可知，异重流的三维运动现象明显，前人所简化的立面二维异重流的研究（图 2.1b），忽略了异重流运动的三维性，所得的头部位置其实是俯视图上异重流头部的最远点（最突出部分），这个最远点在俯视图中的位置并不是固定的，可能会因时间的不同而改变。因此，本研究将从俯视图提取头部轮廓形态，分析异重流头部最远点、最近点与平均位置的关系。通过 Matlab 软件将拍摄图像转换为二进制（binary）图像，通过灰度值的差异性在异重流与周围液体的交界面上选取近 400 个数据点得到界面轮廓线，可以分析俯视图中的异重流头部形态及相关参数。定义 D_1 为俯视图中异重流头部最远点和平均位置的距离差，其中平均位置由头部轮廓形态所有数据点取平均值得到。D_1 表征考虑异重流三维运动现象时头部位置与侧面二维头部位置之间的差异性。定义 D_2 为俯视图中异重流头部最远点和最近点的距离差。D_1 和 D_2 按 $D^* = D/W$ 进行无量纲化处理，分别以 D_1^* 和 D_2^* 表示。通过对 3 种盐度各 30 组实验结果进行分析，得到 D_1^* 和 D_2^* 的分布关系（图 2.3）。如前所述，一般在假定二维的异重流实验中，所得的头部位置实际上是俯视图中异重流头部的最远点。若考虑三维运动现象，由于异重流运动存在随机性，为了消除极值的影响，则应以头部平均位置为计算标准。

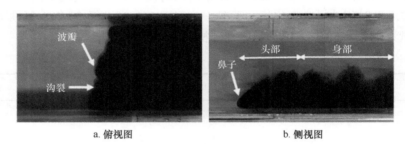

a. 俯视图   b. 侧视图

图 2.1　异重流运动过程中同一时刻的俯视和侧视平面形态（工况 1）

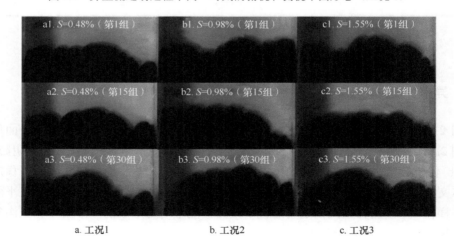

a. 工况1   b. 工况2   c. 工况3

图 2.2　同一时刻异重流的俯视平面形态

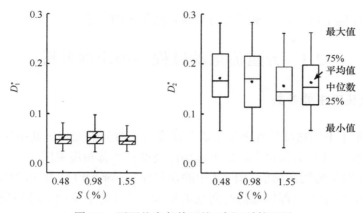

图 2.3　不同盐度条件下的 D_1^* 和 D_2^* 箱形图

由图 2.3 可看出，3 种盐度条件下异重流的 D_1^* 分布较为集中且平均值约为 0.05，三者极差小于 0.1；D_2^* 分布较为分散，$S=0.48\%$ 和 $S=0.98\%$ 条件下异重流 D_2^* 平均值大于 0.15，三者极差小于 0.3。采用夏皮罗-威尔克（Shapiro-Wilk）分析分别对 D_1^* 和 D_2^* 进行正态检验，置信度设为 95%，若 P 值大于 0.05 则认为实验数据服从正态分布。通过检验得出，有 6 组实验数据的 P 值大于 0.05，可以认为在 95% 的置信度上 D_1^* 和 D_2^* 服从正态分布。由图 2.3 可知，虽然异重流平面形态多样化，但是平面形态中最远点和平均位置的差异保持在 1cm 左右，最远点和最近点的差异保持在 3cm 左右。此外，通过分析发现，异重流的盐度对 D_1^* 和 D_2^* 的影响并不大。这是因为盐度越大，异重流在运动过程中随机掺混过程越剧烈，横向扩散差异性越小，所以盐度对 D_1^* 和 D_2^* 的影响较小。

2.2.2　边壁摩擦对异重流平面形态的影响

每次实验开始前，首先确定实验水槽边壁为光滑状态，此时边壁的摩擦因子（friction factor）f 较小。当实验开始时，由于异重流传播的随机性，即使实验条件相同，异重流在边壁上的运动速度也不一样，造成边壁摩擦力 F（$F=fu^2$，其中 u 为异重流纵向速度）不同。这种边壁摩擦力的不同，会对异重流的运动产生反馈作用，从而影响异重流的头部形态。对于图 2.2a 系列而言，3 幅图像形态相似度较大，异重流"鼻子"均位于中间三分之一范围内。对于图 2.2b 系列而言，图 2.2b1 中异重流受边壁两侧阻力影响相当，图 2.3b2 右边壁影响大于左边壁，右侧异重流形态向后倾斜，图 2.2b3 左边壁影响大于右边壁，异重流"鼻子"位于水槽中间三分之一范围内。对于图 2.2c 系列而言，图 2.2c1 和图 2.2c2 均是右侧异重流形态向后倾斜，受右边壁影响较大，图 2.2c3 受两侧边壁影响相当。

综上分析，异重流"鼻子"位置均位于水槽中间三分之一范围内，图 2.2a 和图 2.2c 系列头部轮廓更加多样化，受边壁摩擦力影响较大，而图 2.2b 系列头部轮廓相对平稳，横向扩散均匀，受边壁不平衡性影响较小。因此，头部形态的多样化是异重流掺混作用的随机性导致流速不同及边壁摩擦力的差异共同作用的结果。

2.3　异重流运动过程不确定性分析

2.3.1　异重流头部主要参数

图 2.4 展示了不同盐度条件下异重流头部变量随时间的变化，其中包括头部位置、头部速度、头部高度及头部角度。异重流头部高度和头部角度见图 2.5。实验结果都是每组工况中 30 组实验的平均值，图 2.4 中的误差棒（error bar）代表 30 组实验的标准差。由图 2.4a 可知，异重流头部位置随时间逐渐增大，并且异重流运动时间越长，每个时刻头部位置的标准差越大。此外，同一时刻异重流盐度越高，头部位置的标准差越大。由异重流头部速度（图 2.4b）可知，当 $t^* < 4$ 时，异重流处于加速运动阶段，标准差较大；当 $t^* \geqslant 4$ 时，异重流处于减速运动阶段，标准差较小。

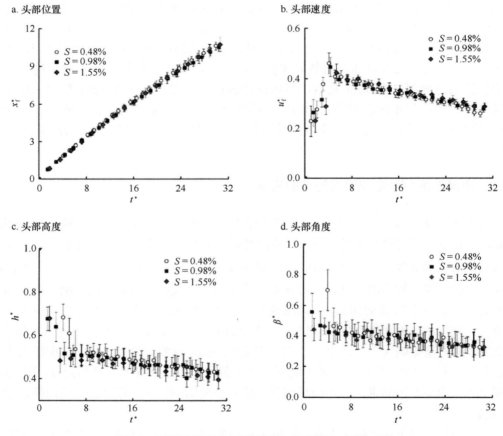

图 2.4　不同盐度条件下异重流头部变量随时间的变化

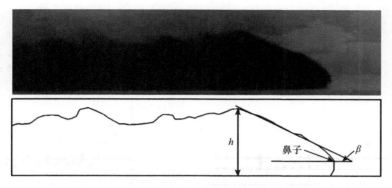

图 2.5　异重流头部高度和头部角度示意图

异重流的头部高度定义为

$$h(t) = h_a(x_a, t) \tag{2.8}$$

$$x_a = \max\left\{ x : \left.\frac{\mathrm{d}h_a}{\mathrm{d}x}\right|_{x=x_a} = 0 \right\} \tag{2.9}$$

式中，$h_a(x_a, t)$ 为头部区域第一个极大值高度。由图 2.4c 可知，当 $t^* < 4$ 时，异重流的头部高度随时间迅速递减；当 $t^* \geqslant 4$ 时，头部高度随时间缓慢递减；异重流头部的高度从约为水深的 1/2 随后逐渐变为水深的 2/5。由图 2.4d 可知，当 $t^* < 4$ 时，异重流的头部角度随时间迅速递减；当 $t^* \geqslant 4$ 时，头部角度随时间缓慢递减。当异重流运动到水槽末端时，头部角度约为 30°。异重流的头部高度和头部角度的变化是因为在异重流运动过程中，头部界面掺混持续存在，而身部和尾部的重流体不能及时补充到头部，使得头部高度和头部角度在运动过程中持续递减，但头部角度的标准差较头部高度大。

2.3.2　异重流头部主要参数的变异分析

采用变异系数（coefficient of variation）衡量头部位置、头部速度、头部高度和头部角度的离散程度，用以代表资料的不确定度。目前，单次实验的不确定度主要由图像的分辨率决定。本研究采用统计分析方法，利用 30 次重复性实验数据计算变异系数（定义为标准差除以平均值，可以消除测量尺度和量纲对于资料离散程度的影响），获得不确定度。就变异系数而言，数值越大，其离散程度越大，反之则越小。

图 2.6 展示了不同盐度条件下异重流头部变异系数随时间的变化。由图 2.6a 可知，当 $t^* < 10$ 时，异重流处于先加速后减速阶段，此时头部位置变异系数随时间逐渐减小；当 $t^* \geqslant 10$ 之后，异重流头部位置变异系数趋于定值且均小于 6%。异重流盐度 $S = 1.55\%$ 的头部位置变异系数 $C_v = 5.2\%^{+0.3\%}_{-0.3\%}$ ［正负数分别代表在变异系数基础上考虑单次实验不确定度的正影响（positive influence）和负影响（negative influence）］，而异重流盐度 $S = 0.48\%$ 和 $S = 0.98\%$ 的头部位置变异系数 $C_v = 3.3\%^{+0.3\%}_{-0.3\%}$。

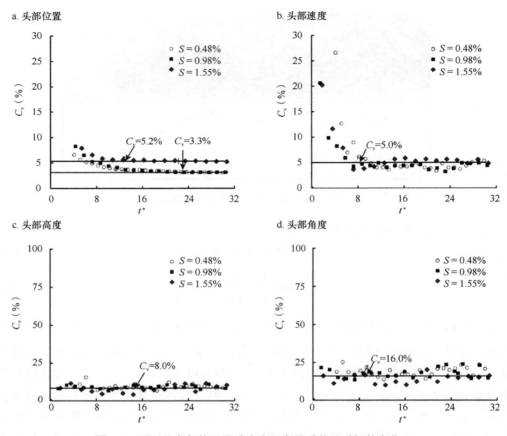

图 2.6　不同盐度条件下异重流头部变异系数随时间的变化

对于头部速度的变异系数（图 2.6b），当 $t^* < 10$ 时，变异系数随时间线性递减；当 $t^* \geqslant 10$ 时，变异系数趋于定值 $C_v = 5.0\%_{-0.3\%}^{+0.3\%}$。综上分析，当异重流处于加速阶段时，变异系数迅速递减；当异重流处于减速阶段时，变异系数逐渐减小后维持在 $C_v = 5.0\%_{-0.3\%}^{+0.3\%}$ 左右。

由图 2.6c 和图 2.6d 可知，对于三种不同盐度条件下的异重流，头部高度及头部角度的变异系数随时间变化不大，分别维持在 $C_v = 8.0\%_{-0.3\%}^{+0.3\%}$ 左右和 $C_v = 16.0\%_{-0.3\%}^{+0.3\%}$ 左右，这说明头部高度和头部角度的不确定度随盐度和时间的变化不明显。

2.3.3　异重流头部主要参数的关联分析

根据盐度 $S = 0.48\%$、$t^* = 12.32$ 时异重流的平面（俯视）和立面（侧视）形态图提取边界，得到 30 组异重流俯视和侧视轮廓线，如图 2.7 所示。30 组实验中头部位置分布于 $x_f^* = 6$ 至 $x_f^* = 7.2$ 之间。由平均轮廓线可知，异重流平均平面形态大致以水槽中心线为对称轴，具有横向对称性。对于单次异重流实验，不确定度主要由图像的分辨率决定，通过计算得到不确定度随头部位置增大而减小，总体而言，不确定度均小于 0.3%。然而由图 2.7 可知，其不确定度范围远大于 0.3%，所以实验得到的头部位置的不确定度是由异重流运动本身引起的，而不是图像的分辨率造成的。

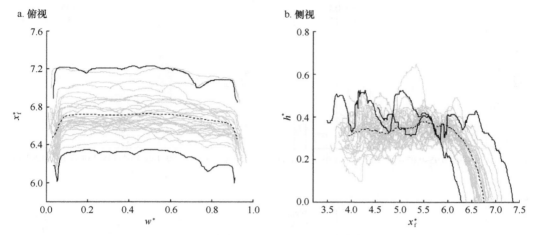

图 2.7　不同盐度条件下同一时刻异重流轮廓线
黑实线代表异重流头部运动距离最大、最小轮廓线，黑虚线代表平均轮廓线

　　为了分析同一时刻异重流头部位置的分布形态，将异重流平面轮廓图中的头部位置作为变量，探讨其分布形态及不确定度。对盐度 $S=0.48\%$ 条件下的异重流选取四个时刻，盐度 $S=0.98\%$ 和 $S=1.55\%$ 条件下的异重流各选取一个时刻，分别作出头部位置分布条形图（图 2.8）。其中，头部位置 x_{f}^{**}（横坐标）为利用 30 组实验同一时刻头部位置的平均值 $\bar{x}$ 进行均一化处理得到，即 $x_{\mathrm{f}}^{**}=x_{\mathrm{f}}^{*}/\bar{x}$。图 2.8a、图 2.8b 和图 2.8c 分别代表异重流在同一盐度下（$S=0.48\%$）三个不同时刻的头部位置分布情况，图 2.8d、图 2.8e 和图 2.8f 分别代表不同盐度条件下同一时刻（$t^{*}=13$ 前后）的头部位置分布情况。可以看出，每组实验异重流的头部位置大致呈现正态分布，利用夏皮罗-威尔克正态检验进行分析，结果如表 2.2 所示。由于 P 值均大于 0.05，可以认为在 95% 的置信区间，头部位置在所研究时刻及盐度条件下，皆服从正态分布。

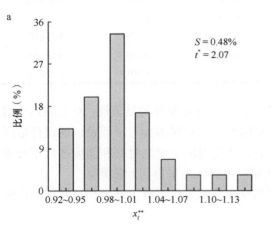

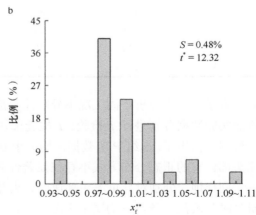

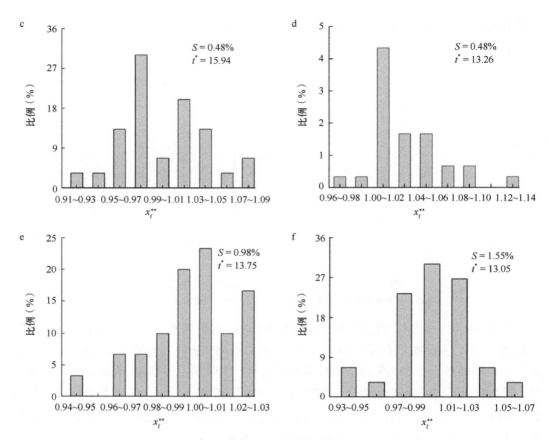

图 2.8　同一时刻异重流头部位置分布条形图

表 2.2　同一时刻异重流头部位置分布的夏皮罗-威尔克正态检验

工况	t^*	样本组数	统计量	P 值	置信水平
1	2.07	30	0.938 72	0.084 0	不能拒绝
1	12.32	30	0.956 42	0.247 5	不能拒绝
1	13.26	30	0.956 35	0.654 4	不能拒绝
1	15.94	30	0.971 24	0.573 6	不能拒绝
2	13.75	30	0.968 67	0.503 4	不能拒绝
3	13.05	30	0.983 14	0.901 4	不能拒绝

　　为了进一步分析不同工况下异重流头部位置正态分布差异的显著性，对上述六个时刻的实验数据分别进行 t 检验。t 检验选择双尾分布、双样本异方差假设。通过任取两组数据，得出了 15 组 P 值数据，均大于 0.05，从而得出所研究时刻和盐度条件下异重流头部位置的正态分布方式不存在显著性差异，可以认为来自同一分布。

　　同样地，分别对异重流头部速度、头部高度和头部角度进行上述分析，发现其在所研究时刻及盐度条件下均属于正态分布。

第 3 章　层结水体环境中异重流沿斜坡运动特性的研究

3.1　实验工况和参数

两种流体之间的密度差异是导致产生异重流的根本原因。本书与 Baines[9]的研究相同，采用斜坡初始约化重力加速度 g_0' 来描述密度差异以及建立后续特征参数，其定义为

$$g_0' = g \frac{\rho_{c0} - \rho_{h0}}{\rho_{c0}} \tag{3.1}$$

式中，g 为重力加速度；ρ_{c0} 为闸室内重流体的初始密度；ρ_{h0} 为斜坡顶端处环境水体的密度。

浮力频率 N 表征实验水槽中环境水体的层结性，定义如下：

$$N = \sqrt{-\frac{g}{\bar{\rho}_0} \frac{\mathrm{d}\rho_0(z)}{\mathrm{d}z}} \approx \sqrt{\frac{g_0'}{D}} \tag{3.2}$$

式中，$\bar{\rho}_0 = (\rho_{c0} + \rho_{h0}) / 2$；$D$ 表示从斜坡顶端到与水槽初始异重流密度相同处的垂直深度[9]。

由于系列实验工况条件各异，因此采用整体参数来描述异重流的流动状态，包括整体弗劳德数[9]（bulk Froude number）和整体雷诺数（bulk Reynolds number）[10]，分别表示为

$$Fr_B = \frac{U_{av}}{\sqrt{g_0' h_1}} \tag{3.3}$$

$$Re_B = \frac{h_1 \sqrt{g_0' h_1}}{\nu} \tag{3.4}$$

式中，U_{av} 为异重流平均头部速度；h_1 为闸门开度，设置为 4cm；ν 为水体的运动黏滞系数（单位为 m²/s）。

另外一个重要参数为理查森数，其描述了在层结水体中密度梯度与剪切速度之间的相对作用。整体理查森数 Ri_B [9]定义如下：

$$Ri_B = g_0' \frac{d}{U_{av}{}^2} \cos\theta \tag{3.5}$$

式中，d 为异重流头部厚度；θ 为斜坡坡度。实验中异重流头部厚度 d 是沿程变化的，在异重流运动距离（分离情况下为斜坡顶端至分离点，非分离情况下为整个斜坡长度）的三等分点处分别测量其头部厚度，求其平均值作为 d 的取值。

实验初始线性层结水体环境的密度梯度 m 定义如下：

$$m = \frac{(\rho_B - \rho_T)\sin\theta}{\rho_T H_a} \qquad (3.6)$$

式中，ρ_B 为底层环境水体的密度；ρ_T 为表层环境水体的密度；H_a 为斜坡顶端至斜坡底端的垂直距离。

初始异重流和周围环境水体之间的相对层结度 S_r 定义如下[11]：

$$S_r = \frac{\rho_B - \rho_T}{\rho_{c0} - \rho_T} \qquad (3.7)$$

对于在线性层结水体环境中沿有限长度斜坡运动的异重流，相对层结度 S_r 可以用来判断异重流是否从斜坡分离。当 $S_r > 1$ 时，异重流在运动过程中会沿斜坡分离并水平入侵到层结水体中；当 $S_r \leqslant 1$ 时，异重流则会沿斜坡运动至水槽底部[12, 13]。对于 $S_r > 1$ 的工况，即异重流会沿斜坡分离的实验，还测量了其分离深度 H_S。分离深度定义为异重流运动稳定后其最前端距斜坡顶部所在水平面的垂直距离。层结水体环境中异重流沿斜坡运动的实验参数如表 3.1 所示。

表 3.1 层结水体环境中异重流沿斜坡运动的实验参数列表

工况	θ (°)	S_r	ρ_{c0} (kg/m³)	ρ_B (kg/m³)	ρ_T (kg/m³)	m (1/m)	g_0' (m/s²)	H_S (cm)	Re_B
1	6	0	1011.73	997.30	997.30	0	0.141	N.A.	3276
2	6	0.66	1019.57	1014.08	1003.58	0.0044	0.155	N.A.	3515
3	6	1.31	1011.73	1013.98	1004.52	0.0039	0.070	14.00	2311
4	6	2.55	1009.1	1016.09	1004.60	0.0048	0.044	7.10	1828
5	6	3.07	1007.07	1013.61	1003.92	0.0040	0.031	7.70	1530
6	9	0	1011.73	997.30	997.30	0	0.142	N.A.	3287
7	9	0.69	1022.52	1017.45	1005.94	0.0072	0.160	N.A.	2663
8	9	1.13	1013.07	1014.30	1003.66	0.0066	0.091	15.00	2702
9	9	1.36	1014.35	1017.27	1006.18	0.0069	0.079	16.11	1873
10	9	1.37	1012	1014.86	1004.18	0.0067	0.076	13.00	2463
11	9	1.42	1013.07	1017.07	1003.55	0.0084	0.093	15.00	2657
12	9	1.43	1014.51	1018.12	1006.10	0.0075	0.081	13.50	2463
13	9	2.69	1007.93	1015.73	1003.88	0.0074	0.040	7.10	1773
14	9	2.84	1007.07	1013.83	1003.40	0.0065	0.036	6.10	1653
15	12	0	1011.73	997.30	997.30	0	0.140	N.A.	3276
16	12	0.79	1023.05	1019.39	1005.59	0.0114	0.169	N.A.	2517
17	12	1.25	1011.16	1013.49	1001.81	0.0097	0.091	18.20	2756
18	12	2.02	1009.05	1014.08	1004.11	0.0083	0.048	12.20	1960
19	12	3.07	1009.42	1016.12	1006.18	0.0082	0.031	8.40	1180
20	18	1.35	1012	1014.94	1003.58	0.0140	0.082	13.50	2442
21	18	1.91	1008.6	1014.60	1002.01	0.0155	0.064	11.60	2264

续表

工况	θ (°)	S_r	ρ_{c0} (kg/m³)	ρ_B (kg/m³)	ρ_T (kg/m³)	m (1/m)	g_0' (m/s²)	H_S (cm)	Re_B
22	18	3.51	1007.33	1015.84	1003.95	0.0146	0.033	6.00	1622
23	24	1.68	1014.35	1020.00	1006.01	0.0226	0.081	15.10	1842
24	24	2.93	1009.34	1017.34	1005.18	0.0197	0.040	9.10	1355

注："N.A." 表示相应实验工况条件下的参数不存在，下文同

3.2　现象分析

实验结果显示，当异重流在均匀水体环境中运动或相对层结度 $S_r \leqslant 1$ 时，异重流会沿斜坡运动至底部，此过程可大致分为初始的加速阶段和随后的减速阶段（速度略微减小），如图 3.1 所示。一般而言，典型的异重流结构可分为头部、身部及尾部。从外观形态来看，在均匀水体中，异重流头部是典型的半椭圆状，其尾部区域则相对狭窄。

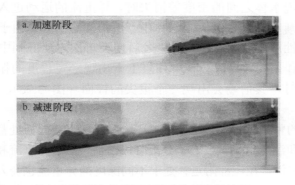

图 3.1　均匀水体环境中开闸式异重流的发展过程（工况 1）

当相对层结度 $S_r > 1$ 时，异重流在沿斜坡运动的过程中会在与周围环境水体密度相等处（即中性层处）离开斜坡，并水平入侵到周围环境中。实验结果显示，当 $S_r > 1$ 时，运动过程可以根据异重流头部速度的不同分为三个阶段，即初始的加速阶段、随后的减速阶段和最后的分离阶段[11, 12]，典型的发展过程如图 3.2 所示。

当闸门开启后，由于密度差异的驱动，初始闸门内部区域密度较大的水体开始沿斜坡向下运动，继而形成一个明显的异重流头部（图 3.2a）。此时，由于异重流与环境水体的交界面存在速度差，因此交界面处出现速度剪切，这一速度剪切是随后的 K-H 不稳定性结构出现的原因。在 K-H 不稳定性结构及交界面湍流结构的作用下，环境水体被卷吸入向下运动的异重流中。在卷吸效应和周围水体密度增加的共同作用下，异重流和周围环境水体之间的密度差会迅速减小，随后异重流会进入减速阶段，并在交界面上出现大量的尺度更大的 K-H 不稳定性结构和湍流结构（图 3.2b）。

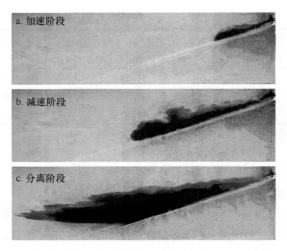

图 3.2　$S_r>1$ 时线性层结水体环境中开闸式异重流的发展过程（工况 21）

当异重流和环境水体之间的密度差消失时，异重流的运动进入分离阶段，此时头部会离开斜坡并逐渐水平入侵至周围水体中。值得注意的是，由于动量的影响，初始的分离深度会比中性层位置略靠下一些，之后便会再次迅速回到中性层附近[14]。由于浮力和层结水体的作用，异重流会在中性层上下出现一定程度的振荡。当异重流水平入侵到均匀水体中时，其前端会出现一个很尖的锋面（图 3.2c），并缓慢沿水平方向运动。

在异重流运动的整个过程中，其与周围环境水体的上交界面处都会出现较为明显的 K-H 不稳定性结构和湍流结构。当处于分离阶段前后，由于异重流和周围环境水体已经进行了较长时间的掺混，在尾部附近，处于不同深度的异重流也会入侵到周围环境水体中，因此异重流的尺寸会明显增大。由于不规则的湍流掺混，这些水平入侵带随机地出现在不同深度处，被称为"手指状"结构体（figure structure）[15]。在运动的后期，由于仍存在较为缓慢的水体掺混交换，异重流的分离深度会比初始时刻稍微提升一些，实验中的分离深度数据即在此时进行采集。在线性层结水体环境中，初始闸门的开启和异重流的运动都会导致内波的产生。但在异重流离开斜坡之前，前人的研究已经证明内波并不会对异重流的运动产生明显影响[15]，因此本书关于异重流沿斜坡运动过程的研究都暂不考虑内波的作用。

对于层结水体环境中异重流分离点以下的水体，目前的研究并没有太多的关注，Guo 等[16]认为分离点所处区域下方的环境水体层结性是不变的，即分离点下方的水体未被扰动。然而，对比本书实验前后环境水体的盐度变化可发现，当异重流在分离稳定后，侵入环境水体的异重流下方的环境水体密度有较显著的降低（图 3.3），这可能是因为一些更轻的环境水体已经被挟带掺混进了该水体区域，在其他实验中也可观测到类似结果。因此，该现象表明分离点下方的环境水体也会受到异重流分离的扰动。

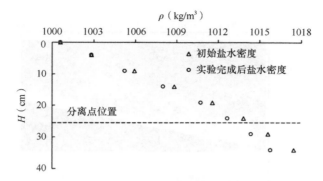

图 3.3　异重流分离点下方环境水体密度前后对比（工况 9）

密度测量位置为水槽左端向内延展 100cm 处

3.3　PIV 结果分析

为更好地分析层结水体环境中异重流的典型流场，基于 PIV 技术，分别分析了均匀水体环境中（减速阶段）和层结水体环境中（减速阶段）开闸式异重流在相同位置处的流场并进行了比较，结果如图 3.4 和图 3.5 所示，其中异重流头部最前端距斜坡顶端的长度为 62cm。

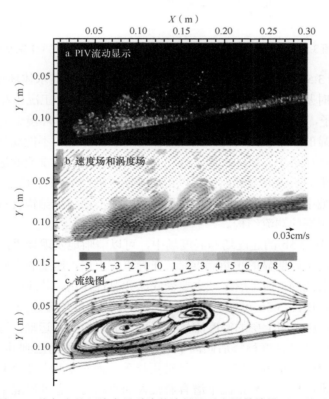

图 3.4　均匀水体环境中异重流的流场显示和测量结果（工况 6）

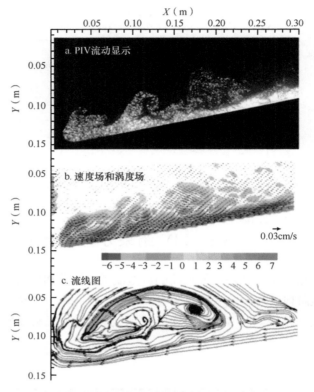

图 3.5　层结水体环境中异重流的流场显示和测量结果（工况 9）

　　图 3.4a 和图 3.5a 分别出了均匀水体环境（工况 6）和层结水体环境（工况 9）中开闸式异重流运动时基于 PIV 实验所得的交界面结构图，两种工况下盐水异重流均挟带 50μm 的示踪粒子，能被激光照亮。二者不同的是，层结水体环境中的异重流会在上交界面出现较为明显的三个较大的涡结构，而在均匀水体环境中不能观察到这一现象。这是由于在层结水体环境中，层结水体对运动具有抑制作用，异重流的运动速度更小，交界面的速度剪切更弱，因此交界面上可以形成不断发展的 K-H 不稳定性结构和涡结构；而在均匀水体环境中，交界面的速度剪切更强，K-H 不稳定性结构会被迅速破坏，从而转化成更小的不规则的湍流结构。

　　在图 3.4b 和图 3.5b 的速度场和涡度场中，可以清晰地发现异重流在层结与均匀水体环境中均存在两个较明显的正负涡度带。在异重流上层，速度的方向和量级由于卷吸掺混作用是较为散乱的，而下层区域主要受底床和黏性作用，其速度方向近似一致并与斜坡平行。另外，由图 3.5b 可知，层结水体环境中的速度场流速矢量整体指向 X 轴方向，即水平方向，这表明上层的密度流体存在更加显著的水平运动，这是由于存在垂向密度梯度，异重流经过密度稀释后倾向于水平侵入环境水体而达到其"中性密度层"，因此层结水体环境中异重流上层的水平运动更显著。而对于均匀水体环境中的异重流，因为不存在垂向密度梯度，异重流下潜有着较大的驱动力，卷吸掺混不足以抵消异重流与环境水体的显著密度差异，所以异重流的整体速度矢量趋势仍然沿斜坡方向。

　　对于流线图而言，流线越密集，速度越大。对比图 3.4c 和图 3.5c，均可以发现异重流存在最大水平速度区域且均位于头部后方，其沿坡垂直高度为 0.8～1cm，这说明层结度对最大水平速度的高度影响不大。Kneller 等[17]用该高度的位置将流动分为具有相反速度梯度的内区和外区。同时，在均匀水体环境中，环境水体由于异重流沿坡下潜较水平地向后运动，流线图中可以看到 Thomas 等[18]在平坡实验中提到的明显的头部上方的环流，上方环流范围、强度均较大，这使得流体不断补充到前缘区域，维持流动的界面。而异重流下方较弱的环流（主要由滞止于底床的环境流体形成）在实验中并没有发现，这应该是因为异重流在斜坡上运动时沿坡速度分量更大，所以几乎不存在滞止于底床的环境流体。在层结水体的流线图中，在异重流头部上方存在一个更大范围的返流。

涡旋是湍流结构的基本表现，为分析异重流与周围环境水体湍流与非湍流交界面的特性，本书基于 PIV 实验计算异重流运动过程中的涡度分布。本实验研究的流动为近似二维流动，涡度 ω 计算公式为

$$\omega = \partial U_x / \partial y - \partial U_y / \partial x \tag{3.8}$$

图 3.6 给出了层结和均匀水体环境中开闸式异重流典型的涡度场及流场图，计算结果使用 0.2s 内采集的数据进行了平均。可以看出，在层结和均匀水体环境中，涡度场和流场都可以大致分为上下两层。在上层，顺时针（正值）的涡度由 K-H 不稳定性结构和流体斜压的作用引起[19]，由于交界面的水体不规则卷吸掺混，流场分布较为散乱；在层结水体环境中由于不同位置处的异重流水平入侵，在流场图中可以明显观察到流场矢量的

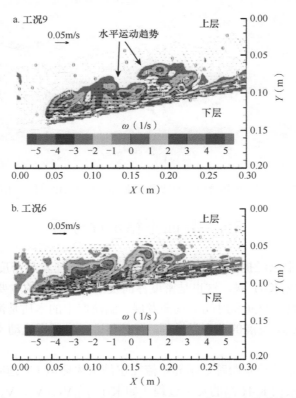

图 3.6　层结水体环境（工况 9）和均匀水体环境（工况 6）中开闸式异重流典型的涡度场及流场图

水平运动趋势。在下层，由于底面的非滑移条件，形成了逆时针（负值）的涡度；此外，由于远离不稳定的交界面，下层区域流场的分布较为均匀，流场方向基本和斜坡平行。

图 3.7 为层结水体环境中开闸式异重流涡度场的演化过程，头部最前端位置距离闸门为 41～58cm，展示的是 24cm×10cm 矩形视窗内的流场，给出了异重流在层结水体环境中随时间发展、涡旋生成及消失等丰富细节。根据流动特性，异重流的头部、身部和尾部可以划分为 5 个具有不同特征的区域：区域 1，头部最前端的剪切层初步形成，涡旋还未发展成熟，所以涡旋宽度较小且强度较小，轮廓较清晰；区域 2，随着异重流下潜，卷吸掺混在剪切层被放大，二维的开尔文-亥姆霍兹涡（K-H 涡）发展并被扭曲、延展，最终失稳导致三维结构出现；区域 3，壁面边界层流动产生涡度带，主要原因是无滑移边界条件和黏滞阻力作用；区域 4，视窗内的流动发展到中后期，异重流尾部形成了涡度正负对比强烈的涡度带，并且随着时间发展，正涡度增大；区域 5，流动发展到中后期，由于区域 2 中头部上方涡旋和区域 3 边界层结构的相互作用，异重流身部区域发展成完全湍流，并伴随涡旋破碎。

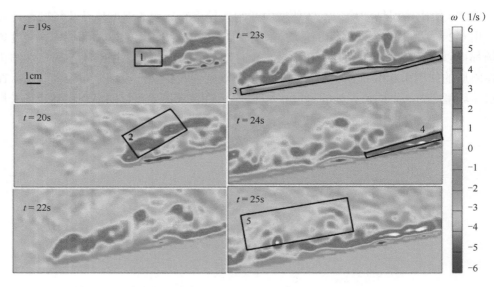

图 3.7　层结水体环境中开闸式异重流涡度场的演化过程（工况 9）

3.4　界面不稳定性分析

绪论文献综述中已经提到高雷诺数异重流的主要特征就是密度不同的流体由于剪切和密度梯度而形成 K-H 涡，这也是密度界面发生卷吸掺混的主要因素之一[20]。随着异重流运动，K-H 涡在空间和时间上逐渐发展。湍流产生的本质是流动不稳定性。为能更好地理解异重流流动发展的动力学过程，有必要进一步分析流动不稳定性在异重流运动过程中的作用。

本书利用 PIV 系统分别跟踪显示异重流在层结水体环境（减速阶段）与均匀水体环境（减速阶段）中系列 K-H 涡的发展过程（如 K-H 涡 V_1、V_2、V_3），并对图片进行反相处理。如图 3.8a 所示，在层结水体环境中异重流具有清晰复杂的湍动形态，并表现了 K-H 涡在不同阶段的发展。当异重流运动到 19.55s 时，其头部整体较为凝聚，尾部后方产生一个明显涡旋 V_1，随着异重流沿坡不断演化，尾部的涡不断发展并与环境水体掺混，失去显著二维性，最终坍塌破碎；当异重流运动到 21.55s 时，身部区域又分化出涡旋 V_2，随着时间推移，涡旋 V_2 被拉伸、旋转，最后卷起形成典型的 K-H 涡结构；当异重流运动到 23.30s 时，异重流头部开始形成涡旋 V_3，在不同时间段内涡旋 V_3、V_3'、V_3'' 的大涡中会形成新剪切层，导致衍生 K-H 涡产生。这些过程使得混合层不断增长并变成更小的尺度涡结构。综上所述，在 K-H 不稳定性结构和密度梯度的作用下，层结水体环境中异重流上交界（包括头部、身部和尾部）存在着充分发展的 K-H 涡，以及二次失稳引起的 K-H 涡破碎。

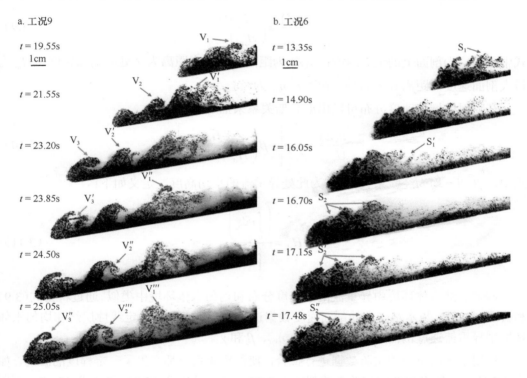

图 3.8 层结水体环境（工况 9）和均匀水体环境（工况 6）中开闸式异重流 K-H 涡沿坡演化过程的流动显示

在图 3.8b 中，均匀水体环境中相同位置处的异重流形态集中于头部区域。随着流动前行，尾部不断卷起涡旋 S_1，尾涡不断增长，被拉伸、扭曲，然后破碎，如 S_1' 所示；涡旋在头部后方发展过程中，存在着较明显的"台阶现象"，如 S_2、S_2'、S_2'' 所示，涡旋不断向后方扩散。一定时间后这一周期过程不断重现，在头部鼻端上方又产生新涡旋。对比分析，层结水体环境中异重流头部后方发展的 K-H 涡存在更明显的阶段性，从 PIV 流动显示和涡度场对比中均能观测到这一点，这表明层结度存在会导致异重流演变为更复杂的流动结构。这是因为均匀水体环境对于异重流涡旋形态的作用是整体性的，而层结水体环境中则可能是局部阶段性的影响。

3.5 剖面速度分析

基于本实验中的 PIV 测量数据,可以获得不同工况下异重流的剖面速度。在均匀水体环境中,异重流身部的剖面速度有与壁射流(wall jet)类似的形状结构[21]。前人的研究表明[21-23],由于受水体交界面、底部切应力和摩擦力的影响,异重流的剖面速度大致分为喷射区域和近壁区域。在两个区域内,剖面速度用不同的公式来表示。在靠近底部的近壁区域,底摩擦力是影响异重流剖面速度的主要因素[23],这一区域的剖面速度分布可以用如下公式来描述:

$$\frac{u(Z)}{U_{\max}} = \left(\frac{Z}{H_{\mathrm{m}}}\right)^{\frac{1}{n_{\mathrm{wr}}}} \tag{3.9}$$

式中,$U_{\max}$ 为剖面上的最大速度;$u(Z)$ 为距离底部垂直距离为 Z 处的剖面速度;H_{m} 为最大剖面速度点距离底床的垂直距离;n_{wr} 为经验系数。

在喷射区域,速度分布可以用准高斯关系来描述[22]:

$$\frac{u(Z)}{U_{\max}} = \exp\left[-\beta\left(\frac{Z - H_{\mathrm{m}}}{H_{\mathrm{d}} - H_{\mathrm{m}}}\right)^{\gamma}\right] \tag{3.10}$$

式中,β 和 γ 均为经验系数;H_{d} 为此处异重流的平均高度,定义如下:

$$H_{\mathrm{d}} = \frac{\left(\int_0^\infty u\,\mathrm{d}z\right)^2}{\int_0^\infty u^2\,\mathrm{d}z} \tag{3.11}$$

假定层结水体环境中异重流剖面速度分布和均匀水体环境中类似。通过将公式(3.9)和公式(3.10)与本实验中的剖面速度数据进行拟合,来分别确定线性层结和均匀水体环境中异重流速度剖面分布的经验系数 n_{wr}、β 和 γ。

使用了 5 组不同的实验数据进行拟合,使得经验系数都产生了一定程度的波动,如表 3.2 所示。所有拟合的相关系数都大于 0.97,这表明公式(3.9)和公式(3.10)可用于描述线性层结水体环境中异重流的剖面速度分布,假定有效,层结水体环境中的异重流剖面速度分布和均匀水体环境中是类似的。

表 3.2 不同研究中的剖面速度公式经验系数对比

	参数名称	n_{wr}	β	γ
	Altinakar 等[22]	6	1.4	2
均匀水体环境	Nourmohammadi 等[23]	5.8	0.6	2.7
	本书数据	5.9 (5.20~6.60)	1.42 (1.38~1.47)	2.34 (2.18~2.50)
层结水体环境	本书数据	6.2 (4.92~7.44)	1.52 (1.43~1.61)	1.51 (1.12~1.89)

注:本书数据分别给出了基于本实验数据拟合的经验系数的波动范围及其平均值

　　为进一步验证公式（3.9）和公式（3.10）的适用性，将均匀水体环境和层结水体环境中异重流在加速阶段的其他剖面速度计算结果与实测数据进行比较，分别如图 3.9 和图 3.10 所示。公式计算结果与实测数据符合良好，这表明基于本实验数据拟合的公式可以用于预测层结和均匀水体环境中异重流的剖面速度分布，唯一区别是层结和均匀水体环境中经验系数的取值不同。

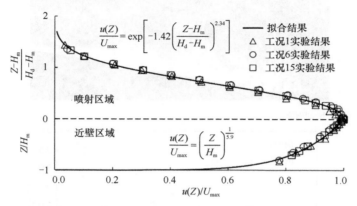

图 3.9　均匀水体环境中剖面速度的公式计算结果与实测数据的比较

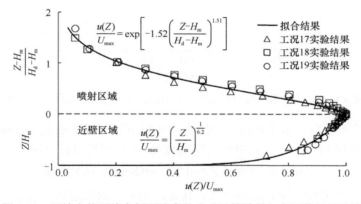

图 3.10　层结水体环境中剖面速度的公式计算结果与实测数据的比较

　　异重流流动的垂向速度和密度梯度效应共同决定湍流结构。图 3.11 给出了层结水体环境中异重流三个剖面位置的速度分布。由于实验室 PIV 系统的分辨率只能达到 2.08mm，目前还不能获取流场黏性底层的速度数据，因此图 3.11 中并没有表现出 $Z = 0$cm 时无滑移边界条件的特点，这里规定剖面图中纵坐标 Z 的方向垂直于斜坡向上，坐标起点设置为 0.2cm。在异重流头部剖面速度中，当 $Z \approx 0.2\,h_1 \approx 0.8$cm 时，剖面速度达到最大值。如果规定喷射区域和近壁区域转换点高度等于 $99\% U_{\mathrm{max}}$，那么近壁区域厚度接近 0.8cm，这也与涡度分析中下层区域的负涡度带宽度相吻合。在异重流剖面速度的喷射区域，速度总体沿斜坡向上减小，同时由于上交界面的掺混卷吸作用剖面速度会发生波动。在 $Z < 0.2\,h_1$ 的区域，因为高密度流体远离了上层的掺混区域，湍动作用影响相对较小，近底坡流速的减小主要取决于黏滞效应。对比不同位置（图 3.11a 中的三个剖面）的剖面速

度可发现，当剖面离头部较远时，$Z \leqslant 0.2 h_1$ 区域内的速度也相应变小（三个剖面的平均速度分别为 0.0339m/s、0.0253m/s 和 0.0248m/s），而 $Z > 0.2 h_1$ 区域内的剖面速度由于湍动和掺混会发生波动或缠绕。

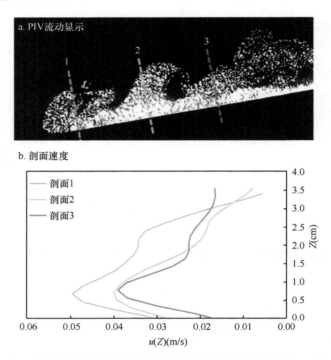

图 3.11　层结水体环境中异重流三个剖面位置的速度分布图（工况 9）

图 3.12 给出了均匀水体环境和层结水体环境中开闸式异重流头部核心区同一位置处前后三个不同时刻（$t_1 < t_2 < t_3$，时间间隔为 0.3s）的剖面速度随时间的变化。由图 3.12a 可知，均匀水体环境中异重流速度在 $Z \approx 0.2 h_1 \approx 0.8\text{cm}$ 处达到峰值，且不同时刻剖面之间的速度大小层次分明，没有互相交叉，其随时间增加依次递增，这表明异重流头部内区存在最大水平速度层，验证了图 3.4 头部后方流线密集处所对应的高流速区。由图 3.12b 可知，在层结水体环境中异重流头部核心区及交界面上的流体运动结构比均匀水体环境中更复杂，在 $Z \approx 0.2 h_1 \approx 0.8\text{cm}$ 处，异重流头部速度也达到峰值，但该值随时间增加而递减，这表明该阶段异重流整体呈现减速趋势。一方面，在喷射区域，由于异重流与环境水体不断发生掺混作用，剖面速度会出现多次较小的突变，但密度差减小致使异重流总体速度逐渐减小。自由交界面以下为异重流主体，由于距掺混区域较远，其受湍动不稳定性的影响较小，在底床边界层内黏性力的作用下，速度不断减小。在层结水体环境中，由于在不同深度出现持续的水平入侵趋势，异重流运动是多种不同方向上流体运动叠加的结果，因而会出现更为复杂的结构。另一方面，时刻 t_1、t_2 的剖面速度差要大于时刻 t_2、t_3 的剖面速度差，这表明层结水体环境中异重流的减速程度越来越小；在速度最大值以上，由于交界面不规则掺混和涡旋的影响，不同时刻剖面速度之间出现相互交叉，变化较为不规则。

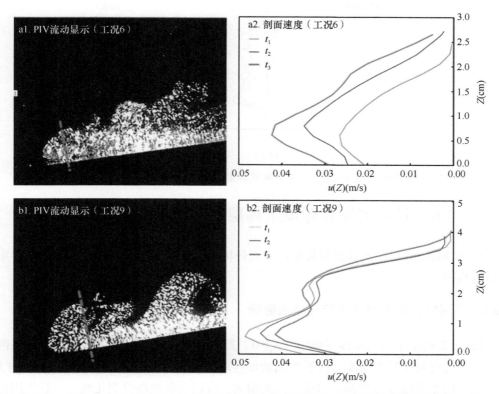

图 3.12　均匀水体环境（工况 6）和层结水体环境（工况 9）中开闸式异重流头部核心区
同一位置处剖面速度随时间的变化（时间：$t_1 < t_2 < t_3$）

　　进一步分析层结水体环境中异重流的涡度剖面，图 3.13 给出了层结水体环境中开闸
式异重流运动过程中三个位置处的涡度剖面。在这三个主涡旋中，其涡度的方向和量级
各有异同。当 $Z \approx 0.2h_1$ 时，涡度为零，上层区涡度为正值，下层区涡度则为负值，这与
图 3.16 中的涡度场较吻合。在上层（$Z > 0.2h_1$），由于受到 K-H 涡破碎、不规则掺混卷
吸的影响较大，三个主涡旋正值涡度强度区别较大，波动且存在若干个转折点。在下层
（$Z < 0.2h_1$），负值涡度相对层次较分明，无明显交叉扰动。

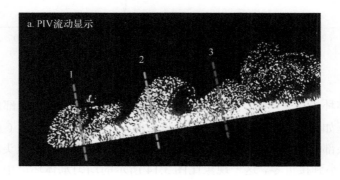

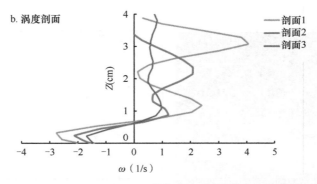

图 3.13　层结水体环境（工况 9）中开闸式异重流运动过程中三个位置处的涡度剖面图

3.6　斜坡坡度和环境水体层结度对头部速度的影响

结合 Matlab 程序处理实验数据，进而分析斜坡坡度和相对层结度对开闸式异重流行进过程的影响。

3.6.1　不同斜坡坡度对异重流运动的影响

图 3.14 揭示了均匀水体环境中（S_r =0）斜坡坡度（6°、9°、12°）对异重流头部位置和头部速度几乎没有影响。虽然当斜坡坡度增大时异重流驱动力（重力分量）增大，但上交界面卷吸过程亦加剧，动量的损失增大。所以当斜坡坡度变化时，二者作用相平衡后使得头部位置和头部速度几乎无变化。先前的研究表明，异重流头部速度随着时间变化出现较明显的波动[10, 15, 24]，突然提拉闸门产生的扰动被证实对此波动几乎没有影响，其主要由异重流前缘形状改变和头部区域的卷吸掺混造成[24]。

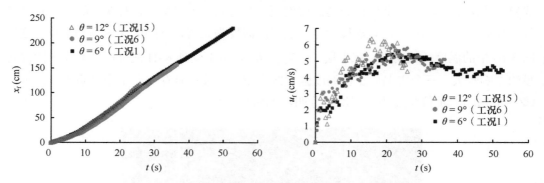

图 3.14　均匀水体环境中异重流的头部位置与头部速度图

强层结水体环境（$S_r \approx 3$）中开闸式异重流沿不同斜坡运动时头部位置和头部速度的时间变化过程如图 3.15 所示。在现行实验条件下相对层结度差异（±5%）可能会导致头部位置和头部速度变化存在一定误差。强层结水体环境中异重流头部速度先快速增大，然后迅速减小到接近零，这一现象比图 3.14 所示的均匀水体环境中异重流头部速度的减小现象更加突出。图 3.15 同样反映出不同斜坡坡度对于头部位置、头部速度和加速阶段最大速度的影响甚微。类似地，头部速度波动也有出现，原因如下：①异重流头部的掺混和卷吸过程；②异重流沿坡下潜时造成内波。虽然内波可能在异重流分离后影响头部在斜坡上的演化，但因为内波在分离发生之前并不显著，所以本书认为在确定下潜流的速度和分离深度的过程中可暂不考虑内波[15]。相似结论在其他相同的相对层结度实验组中也可以得出，如图 3.16、图 3.17 所示。

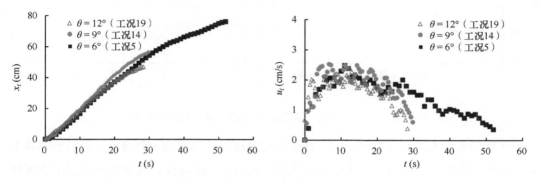

图 3.15　强层结水体环境中开闸式异重流的头部位置与头部速度图

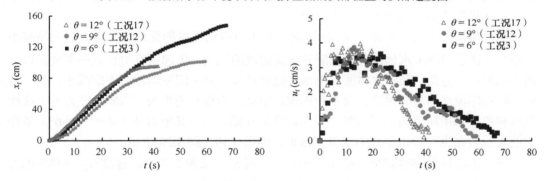

图 3.16　中层结水体环境中开闸式异重流的头部位置与头部速度图

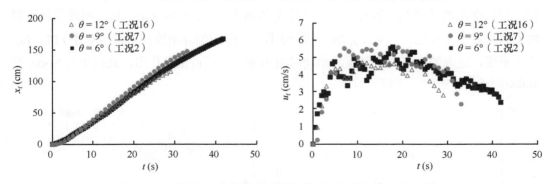

图 3.17　弱层结水体环境中异重流的头部位置与头部速度图

3.6.2　不同环境水体层结度对异重流运动的影响

图 3.18 展示了异重流沿 12°斜坡运动的头部位置和头部速度变化。对于 $S_r > 1$，异重流从斜坡分离并水平侵入环境水体。对于这些实验，记录的数据为从斜坡顶端到异重

流开始水平侵入处的深度点。

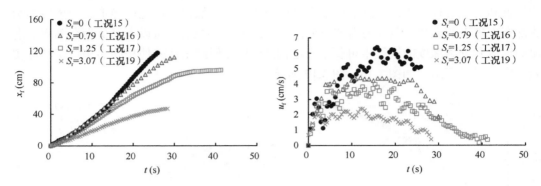

图 3.18　异重流沿 12°斜坡运动的头部位置和头部速度变化

在环境水体为清水（$S_r = 0$）时，异重流运动速度先迅速增大到峰值，而后小幅减小直至坡底。这是由于在均匀水体环境中异重流驱动浮力随深度的改变远小于层结水体环境中的改变。同时，均匀水体环境中异重流运动速度较大，致使其在斜坡上停留时间较短，头部掺混造成的密度改变并不明显。

在环境水体为层结水体（$S_r > 0$）时，异重流运动速度的变化呈先增大后明显减小的趋势，这说明环境水体层结会抑制异重流沿坡的运动。头部速度明显减小主要是以下两个原因：一方面，层结水体密度沿水深逐渐增大，异重流驱动浮力不断减小；另一方面，随着环境水体与异重流头部不断掺混，驱动浮力也有所损失。当驱动浮力小于底床摩擦和掺混作用所造成的阻力时，头部速度就开始减小。其他斜坡（$\theta=9°$、$\theta=6°$）条件下的实验数据也可得出相似的现象和结论，如图 3.19、图 3.20 所示。

异重流沿坡运动时斜坡坡度 θ、相对层结度 S_r、实测头部平均速度 U_{av} 和整体弗劳德数 Fr_B 等流动参数如表 3.3 所示。图 3.21 为异重流沿斜坡运动时整体弗劳德数 Fr_B 与相对层结度 S_r 的关系图，随着相对层结度 S_r 的增大，Fr_B 明显变小，这说明此条件下惯性力改变处于主导地位；而当 S_r 增大到一定程度（即初始异重流相对密度更小）时，Fr_B 趋于平缓，这表明此条件下异重流运动时重力分量降低占主导作用。此结果与 Snow 和 Sutherland[15]的实验结果较一致。

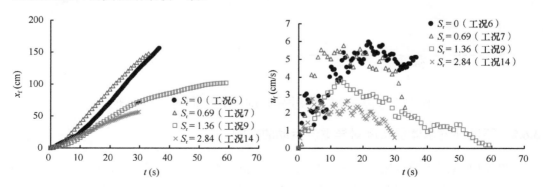

图 3.19　异重流沿 9°斜坡运动的头部位置和头部速度变化

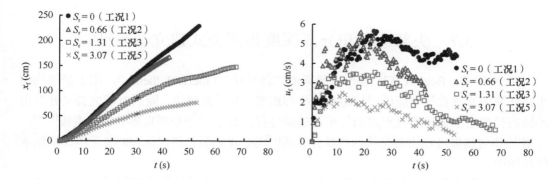

图 3.20　异重流沿 6°斜坡运动的头部位置和头部速度变化

表 3.3　异重流流动参数列表

工况	θ（°）	S_r	U_{av}（cm/s）	Fr_B
1	6	0	4.29	0.57
2	6	0.66	3.95	0.5
3	6	1.31	2.16	0.41
5	6	3.07	1.41	0.4
6	9	0	4.37	0.58
7	9	0.69	4.06	0.51
9	9	1.36	1.92	0.34
14	9	2.84	1.84	0.49
15	12	0	4.53	0.6
16	12	0.79	3.95	0.48
17	12	1.25	2.28	0.38
18	12	2.02	1.7	0.39
19	12	3.07	1.62	0.46
20	18	1.35	2.57	0.45
21	18	1.91	1.67	0.33
22	18	3.51	1.57	0.43

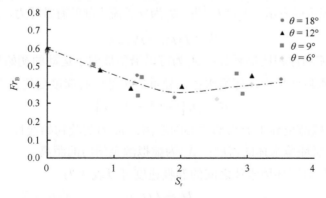

图 3.21　异重流沿斜坡运动时整体弗劳德数 Fr_B 与相对层结度 S_r 的关系图

3.7 头部速度和分离深度预测公式建立与验证

30 余年前，Beghin 等[24]提出了经典的"热理论"（thermal theory），用于描述均匀水体环境中开闸式异重流沿斜坡运动的头部速度。基于此理论，随后有研究者又开发出不同的模型用于描述不同形式的异重流运动过程，如非布辛奈斯克形式的异重流[9, 10]、雪崩[11]和与底坡进行物质交换的颗粒异重流[12]等。本书将"热理论"扩展至线性层结水体环境中。

在"热理论"中，有两个主要的假设：①假定异重流是从位于闸门后方的一个"虚拟源"（virtual origin）开始运动的，其中虚拟源的位置由异重流头部增长角的延长线和斜坡所在直线的交点决定（图 3.22）；②假定异重流的头部形状始终保持为椭圆形，且头部椭圆的高度 H_1 与头部椭圆的长度 L_1 的比值保持不变。本节的推导过程也采用了这两个假定。

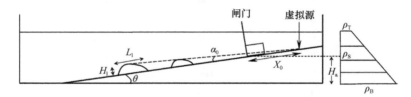

图 3.22　基于"热理论"的开闸式异重流在线性层结水体环境中的运动示意图

ρ_T -周围环境水体表层的密度；ρ_B -周围环境水体底层的密度；ρ_S -斜坡顶端环境水体的密度；H_a-斜坡顶端至斜坡底端的垂直距离；X_0-虚拟源至闸门的距离；α_0-异重流头部增长角

忽略底部摩擦的异重流头部运动的动量方程[24]为

$$\frac{\mathrm{d}(\rho_a + k_v \rho_a)S_1 H_1 L_1 U_m}{\mathrm{d}t} = B_c \sin\theta \tag{3.12}$$

式中，U_m 为异重流头部的质心速度；ρ_a 是周围环境水体在异重流头部质心深度处的密度；$k_v = 2H_1/L_1 = 2k$ 为头部质量增大系数[13]；$S_1 = \pi/4$ 是异重流头部形状系数，基于 S_1，异重流头部截面积可以表示为 $S_1 H_1 L_1$ [14]；B_c 为异重流头部的有效浮力，其值[14]为

$$B_c = f(\rho_{c0} - \rho_a)gA_0 \tag{3.13}$$

式中，f 为异重流的体积比例系数；A_0 为可以沿斜坡向下运动的初始异重流的体积。

在线性层结水体环境中，环境水体在异重流头部质心深度处的密度 ρ_a 可以表示为

$$\rho_a = \rho_T[1 + (X - X_0)m] \tag{3.14}$$

式中，X 为从虚拟源至异重流头部质心的距离；m 为实验初始线性层结环境水体的密度梯度；ρ_T 为表层环境水体的密度；X_0 为虚拟源至闸门的距离。

异重流头部与周围环境水体之间的卷吸速度可以表达为

$$U_e = EU_m \tag{3.15}$$

异重流运动的质量守恒方程[24]为

$$\frac{\mathrm{d}}{\mathrm{d}t}(S_1 H_1 L_1) = S_2 (H_1 L_1)^{0.5} U_e \tag{3.16}$$

式中，$S_2 = (\pi / 2^{1.5})(4k^2 + 1)^{0.5} / k^{0.5}$ 为另一个形状系数，基于此系数，近似椭圆的异重流头部的周长可以表示为 $S_2 (H_1 L_1)^{0.5}$ [14]。卷吸系数 E 和异重流头部增长角 α_0 之间的关系可以表达为 $E = 2\alpha_0 S_1 / (k^{0.5} S_2)$ [14]。

将方程（3.15）代入方程（3.16）并进行积分，可得以下关系式：

$$H_1 = \frac{1}{2}\frac{S_2}{S_1} k^{0.5} EX \tag{3.17}$$

$$L_1 = \frac{1}{2}\frac{S_2}{S_1} k^{-0.5} EX \tag{3.18}$$

将方程（3.13）、方程（3.14）、方程（3.17）和方程（3.18）代入方程（3.12）并进行整理，可得如下形式的动量方程：

$$(1 - X_0 m)\frac{U_m \mathrm{d}(U_m X^2)}{\mathrm{d}X} + m\frac{U_m \mathrm{d}(U_m X^3)}{\mathrm{d}X} = R(\rho_{c0} - \rho_s + X_0 m) - RmX \tag{3.19}$$

式中，$R = \dfrac{4 S_1 \sin\theta\, fg A_0}{(1 + k_v) E^2 S_2^2 \rho_s}$。将上式进行积分，可得异重流头部质心的速度公式：

$$
\begin{aligned}
U_m^2 =\ & \frac{X_0^4 U_{f0}^2}{X^4 (1 - mX_0 + mX)^2} - \frac{2X_0^3 R(1 - mX_0)(\rho_{c0} - \rho_s + \rho_s mX_0)}{3X^4 (1 - mX_0 + mX)^2} \\
& + \frac{2R(1 - mX_0)(\rho_{c0} - \rho_s + \rho_s mX_0)}{3X(1 - mX_0 + mX)^2} + \frac{mR(\rho_{c0} - \rho_s + 2\rho_s mX_0)}{2(1 - mX_0 + mX)^2} \\
& - \frac{X_0^4 mR(\rho_{c0} - \rho_s + 2\rho_s mX_0)}{2X^4 (1 - mX_0 + mX)}
\end{aligned} \tag{3.20}
$$

式中，U_{f0} 为异重流初始质心速度。

当异重流在均匀水体环境中运动，即 $m = 0$ 时，公式（3.20）可简化为

$$U_m^2 = U_{f0}\left(\frac{X_0}{X}\right)^4 + \frac{8 S_1 \sin\theta B_c}{3X(1 + k_v) E^2 S_2^2 \rho_s}\left[1 - \left(\frac{X_0}{X}\right)^3\right] \tag{3.21}$$

公式（3.21）和 Beghin 等[24]在 1981 年提出的描述异重流在均匀水体环境中沿斜坡运动的公式的形式一样，这也直接证明了以上推导过程的正确性。当异重流从静止开始运动时，有 $U_{f0} = 0$ [14]，将关系式 $u_f = (1 + \alpha_0 / 2k) U_m$ [24]代入公式（3.21），可得开闸式异重流在均匀水体环境中沿斜坡运动的头部速度公式：

$$u_f = \left(1 + \frac{\alpha_0}{2k}\right)\sqrt{\left[1 - \left(\frac{X_0}{X}\right)^3\right]\frac{1}{3X}}\sqrt{\frac{8\sin\theta S_1 (\rho_{c0} - \rho_a) g f A_0}{(1 + k_v) E^2 S_2^2 \rho_a}} \tag{3.22}$$

在公式（3.20）和公式（3.22）中，有以下参数需要确定：m、ρ_{c0}、ρ_s、S_1 等与实验设置相关，可以从相应的实验中直接进行测量；α_0、$k = H_1 / L_1$、X_0 和 U_{f0} 可以根

据异重流的运动状态进行测量；$k_v = 2k$ 和 $E = 2\alpha_0 S_1 / (k^{0.5} S_2)$ 与其他参数相关，可以通过其他参数计算得到。

实验中异重流运动的头部速度 u_f 和头部位置 X_f 之间的关系可表示为

$$u_f = \frac{dx_f}{dt} \qquad (3.23)$$

式中，头部位置 X_f 定义为从斜坡顶端到异重流头部最前端之间的距离。实验中，先通过 Matlab 软件分析实验影像资料确定头部位置，再通过式（3.23）计算头部速度。

线性层结水体环境中开闸式异重流头部速度的发展过程如图 3.23 所示。闸门开启后，由于异重流的密度比周围环境水体的密度大，异重流会经历一个较快的加速过程。随后，在卷吸效应作用下，异重流和环境水体之间的密度差会迅速减小，此后运动进入减速阶段。在减速阶段，实验数据显示头部速度出现了较为明显的波动（20s<t<30s，35s<t<47s），这种头部速度的波动效应已被证明是异重流的三维结构以及不规则水体卷吸引起的[15]。在前人的研究中，头部速度的波动现象也广泛出现[14, 16]。当异重流和环境水体之间的密度差消失后，异重流的运动进入分离阶段，沿斜坡向下的速度减小为零。

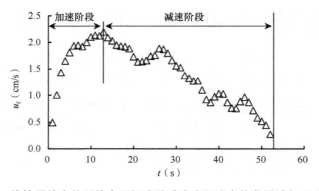

图 3.23　线性层结水体环境中开闸式异重流头部速度的发展过程（工况 5）

基于此，另外一个重要参数是沿斜坡向下流动的水体中异重流占初始异重流的体积比例系数 f，实验中很难直接进行测量。但是，系数 f 对于计算有效浮力项 B_e 非常重要。由于 f 的值在异重流加速阶段和减速阶段不同，并且异重流运动过程中伴随着水体掺混交换，以及在减速阶段不同深度处开始水平入侵周围水体，因此 f 的值更加复杂。综上，有必要将公式（3.20）和公式（3.22）按加速阶段和减速阶段进行简化，从而得到更加易用形式的头部速度预测公式。

3.7.1　沿坡异重流加速阶段的运动预测公式建立

如上所示，公式（3.20）和公式（3.22）的形式都比较复杂，由此带来了应用上的困难，必须将其加以适当的简化。当开闸式异重流处于加速阶段时，实验和理论分析结果都显示其运动距离和运动时间均很短，这表明异重流在深度方向上只移动了很短的距离；同时，在加速阶段异重流的头部形状并未充分发展，其头部尺寸相对较小；此外，异重流从静止状态开始运动。因此，在加速阶段可以应用以下假设。

（1）异重流从准静止状态开始运动，故初始速度等于 0，即 $U_{f0} = 0$[14]。

（2）mX_0 $\left[\text{即} \dfrac{(\rho_B - \rho_s)}{\rho_s} \dfrac{X_0 \sin\theta}{H_a}\right]$ 的量级，要远比 $\rho_{c0} - \rho_s$ 的量级小，故 $\rho_{c0} - \rho_s + mX_0$ 可近似写为 $\rho_{c0} - \rho_s$。

（3）在加速阶段，异重流头部尺寸相对较小，故可以假定 $x_f \approx X - X_0$。

（4）和深度尺度 H_a 相比，加速阶段异重流在深度方向上的运动距离 $x_f \sin\theta$ 要小很多，即有 $\dfrac{x_f \sin\theta}{H_a} \ll 1$。

将以上简化以及关系式应用到公式（3.20），可得加速阶段开闸式组分异重流在线性层结水体环境中沿斜坡运动的质心速度公式：

$$U_m^2 = 2R(1 - mX_0)(\rho_{c0} - \rho_s)\frac{x_f}{(x_f + X_0)^2}$$
$$+ \frac{mR(\rho_{c0} - \rho_s)}{2}\left[1 - \left(\frac{X_0}{x_f + X_0}\right)^4\right] \quad (3.24)$$

在这一步的推导中，借鉴了 Beghin 等[24]的研究结果，将与头部位置相关的表达式 $\left\{1 - \left[X_0/(x_f + X_0)\right]^3\right\}\big/3X$ 用 $x_f/(x_f + X_0)^2$ 代替。同理，通过将 $\left\{1 - \left[X_0/(x_f + X_0)\right]^4\right\}\big/2$ 用 $2x_f^2/(x_f + X_0)^2$ 代替，可将公式（3.24）进一步简化：

$$U_m^2 \approx \frac{2Rx_f}{(x_f + X_0)^2}(\rho_{c0} - \rho_s)\left(1 - mx_f\frac{\rho_s}{\rho_{c0} - \rho_s}\right) \quad (3.25)$$

由于头部速度 u_f 相对于质心速度 U_m 更加容易测量，在公式（3.25）中，将 U_m 用 u_f 代替，可以得到开闸式组分异重流在线性层结水体环境中沿斜坡运动的加速阶段的头部速度公式：

$$u_f^2 = \left(1 + \frac{\alpha_0}{2k}\right)^2 \frac{x_f}{(x_f + X_0)^2} 2R(\rho_{c0} - \rho_s)\alpha_s \quad (3.26)$$

式中，新引进的参数 α_s 为层结系数，表达式如下：

$$\alpha_s = 1 - mx_f\frac{\rho_s}{\rho_{c0} - \rho_s} = \frac{g_2'}{g_1'} \quad (3.27)$$

式中，$g_1' = g(\rho_{c0} - \rho_s)/\rho_{c0}$，$g_2' = g(\rho_{c0} - \bar{\rho}_a)/\rho_{c0}$，其中 $\bar{\rho}_a$ 为层结环境流体的平均密度。层结系数 α_s 考虑了周围线性层结水体在加速阶段对异重流运动过程的影响。

公式（3.22）中的体积比例系数 f 很难确定。前人的研究中对于此系数采用了多种不同的处理方法，如 Beghin 等[24]将此系数假定为 1，Dai[10]通过与实验数据进行拟合得到 f 的值。大部分基于"热理论"的异重流研究中[3, 8, 11, 14, 17]，实验设置几乎是一样的，即初始水闸与斜坡是垂直的。然而，本书的实验是在线性层结水体环境中进行的，采用了和 Baines[9] 的实验类似的装置，即初始高位槽是水平放置的，实验结果显示，初始异重流中只有较小一部分的异重流沿斜坡向下运动，使得异重流体积比例系数 f 和初始有效异重流的体积 A_0 都和前人的研究有所不同，而这两个系数是无法同时决定的。为了避免这个问题，我们引入了一个新的参数，即几何形状系数 c_a，从而可以将公式（3.26）重新改写为

$$U_f = \frac{P\sqrt{x_f(1-Wx_f)}}{x_f + X_0} \tag{3.28}$$

式中，

$$P = \left(1 + \frac{\alpha_0}{2k}\right)\sqrt{\frac{8\sin\theta S_1(\rho_{c0} - \rho_s)g(c_a f A_0)}{(1+k_v)E^2 S_2^2 \rho_s}} \tag{3.29}$$

$$W = \frac{m\rho_s}{\rho_{c0} - \rho_s} \tag{3.30}$$

通过这种方式，采用和前人研究中类似的做法[24]，我们也将体积比例系数 f 假定为 1，将 A_0 假定为初始异重流的体积。几何形状系数 c_a 可视为实验装置对异重流体积比例系数和初始异重流体积的综合作用影响。

假定异重流在加速阶段达到最大速度之后即转入减速阶段，将公式（3.28）进行求导并计算出导数值为 0 时的相应头部位置，这一位置即为异重流加速阶段和减速阶段之间的转折点 $X_{f,p}$：

$$X_{f,p} = \frac{X_0}{1 + 2X_0 W} \tag{3.31}$$

将公式（3.31）代入公式（3.28），即得异重流最大头部速度 $U_{f,max}$：

$$U_{f,max} = \frac{P\sqrt{X_0(1+WX_0)}}{2X_0(1+WX_0)} \tag{3.32}$$

将 $u_f = \frac{dx_f}{dt}$ 代入公式（3.28），可得头部位置和时间之间的关系：

$$\frac{dx_f}{dt} = \frac{P\sqrt{x_f(1-Wx_f)}}{x_f + X_0} \tag{3.33}$$

公式（3.28）、公式（3.29）、公式（3.30）和公式（3.33）即为线性层结水体环境中闸式异重流沿斜坡运动加速阶段的头部位置和头部速度计算公式。

3.7.2 沿坡异重流减速阶段的运动预测公式建立

当异重流进入充分发展的减速阶段后，它的运动距离变得更长。除了利用上文提到的假设（1）和假设（2），还使用以下简化[14]：

$$\frac{X}{X_0} \gg 1 \tag{3.34}$$

同时，根据定义，x_f 和 X 之间有如下关系：

$$x_f + X_0 = \left(1 + \frac{\alpha_0}{2k}\right)X \tag{3.35}$$

将式（3.34）、式（3.35）代入公式（3.21），可得线性层结水体环境中开闸式异重流在减速阶段的头部速度公式：

$$u_f = \frac{\sqrt{I/(x_f + X_0) + J}}{M + G(x_f + X_0)} \tag{3.36}$$

式中，I 和 G 的值分别为

$$I = \frac{8S_1 \sin\theta g(c_d A_0 f)}{3(1+k_v)E^2 S_2 \rho_s}\left(1 + \frac{\alpha_0}{2k}\right)\left(\rho_{c0} - \rho_s - \rho_s m^2 X_0^2\right) \tag{3.37}$$

$$G = \frac{m}{\left(1 + \alpha_0/2k\right)^2} \tag{3.38}$$

J 和 M 的值分别为

$$J = \frac{2mS_1 \sin\theta g(c_d A_0 f)}{(1+k_v)E^2 S_2 \rho_s}\left(\rho_{c0} - \rho_s + 2mX_0\right) \tag{339}$$

$$M = \frac{1}{1 + \alpha_0/2k} \tag{3.40}$$

同样，在 I 和 J 中也加入了减速阶段的几何形状系数 c_d。

将 $u_f = \dfrac{\mathrm{d}x_f}{\mathrm{d}t}$ 代入公式（3.36），则减速阶段的头部位置和时间的关系如下：

$$\frac{\mathrm{d}x_f}{\mathrm{d}t} = \frac{\sqrt{I/(x_f + X_0) + J}}{M + G(x_f + X_0)} \tag{3.41}$$

公式（3.36）和公式（3.41）即为线性层结水体环境中开闸式异重流沿斜坡运动减速阶段的头部位置和头部速度计算公式。

3.7.3 沿坡异重流的运动预测公式验证

在本小节，利用实验测量的异重流头部速度 u_f 和头部位置 x_f 数据来验证前文所推导的头部速度预测公式。对于每组实验数据，在加速阶段和减速阶段先通过拟合方式来确定几何形状系数 c_a 和 c_d。随后，利用公式（3.33）和公式（3.41）求解，将求解结果与实验数据进行对比，从而验证公式的适用性。同时，基于拟合的几何形状系数 c_a 和 c_d，对原始未简化公式（3.20）的正确性也进行检验，并将基于原始未简化方程的计算结果和实验结果作比较。

表 3.4 列出了其中用于验证的 16 组实验中基于头部速度和头部位置公式的相应参

数。本小节给出了其中 8 组验证结果图。图 3.24～图 3.27 分别给出了弱层结环境、中等弱层结环境、中等强层结环境、强层结环境条件下对简化公式（3.33）和公式（3.41）以及原始未简化公式（3.20）的验证，五角星为计算所得加速阶段和减速阶段之间转折点位置及相应的最大速度。

表 3.4　16 组实验中基于头部速度和头部位置公式的相应参数

工况	α_0	k	E	X_0 (m)	c_d	c_a	I (m^3/s^2)	G (1/m)	M	J (m^2/s^2)	P ($m^{1.5}/s$)	W (1/m)
2	0.044	0.28	0.054	0.30	0.022	0.035	0.001 7	0.003 8	0.93	0.000 004 8	0.060	0.27
3	0.051	0.37	0.059	0.32	0.025	0.045	0.000 7	0.003 4	0.93	0.000 001 6	0.042	0.55
4	0.053	0.28	0.064	0.35	0.017	0.045	0.000 3	0.004 0	0.92	0.000 000 7	0.031	1.07
5	0.050	0.28	0.064	0.24	0.016	0.040	0.000 2	0.003 4	0.92	0.000 000 3	0.024	1.29
7	0.052	0.32	0.104	0.21	0.024	0.039	0.002 3	0.006 1	0.92	0.000 001 1	0.030	0.43
9	0.044	0.33	0.052	0.30	0.010	0.022	0.000 6	0.006 1	0.94	0.000 002 6	0.043	0.85
11	0.059	0.31	0.071	0.47	0.024	0.071	0.000 9	0.007 0	0.91	0.000 004 8	0.062	0.89
13	0.060	0.40	0.066	0.41	0.009	0.040	0.000 2	0.006 4	0.93	0.000 006	0.032	1.83
14	0.066	0.24	0.084	0.28	0.014	0.065	0.000 2	0.005 0	0.88	0.000 000 6	0.034	1.52
16	0.079	0.29	0.096	0.22	0.021	0.034	0.001 1	0.008 9	0.88	0.000 008 1	0.051	0.66
17	0.096	0.40	0.106	0.25	0.021	0.051	0.000 4	0.007 7	0.89	0.000 002 6	0.041	1.04
18	0.070	0.26	0.088	0.37	0.012	0.054	0.000 4	0.006 4	0.88	0.000 001 0	0.037	1.68
19	0.084	0.37	0.095	0.25	0.015	0.051	0.000 1	0.006 6	0.90	0.000 000 6	0.027	2.55
20	0.113	0.35	0.132	0.26	0.016	0.057	0.000 3	0.010 4	0.86	0.000 002 6	0.042	1.67
21	0.113	0.32	0.135	0.25	0.010	0.046	0.000 2	0.011 2	0.85	0.000 001 3	0.033	2.36
22	0.131	0.45	0.137	0.27	0.017	0.105	0.000 1	0.011 2	0.87	0.000 000 8	0.033	4.35

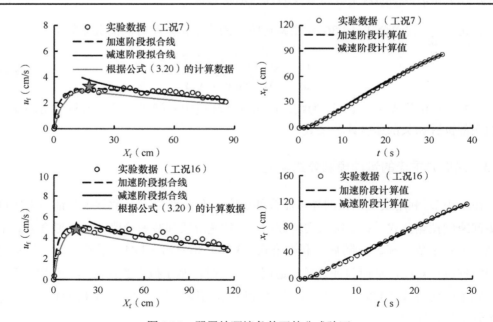

图 3.24　弱层结环境条件下的公式验证

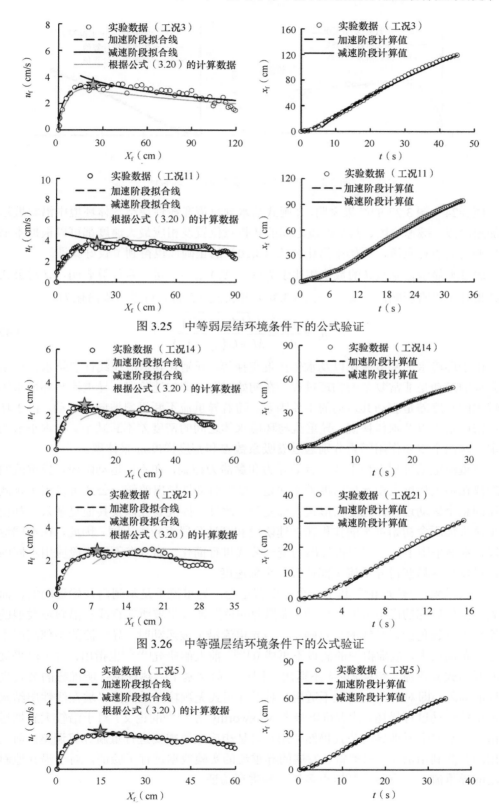

图 3.25　中等弱层结环境条件下的公式验证

图 3.26　中等强层结环境条件下的公式验证

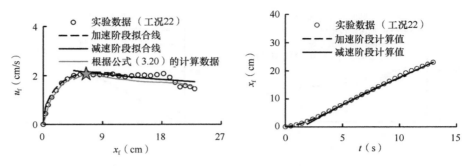

图 3.27　强层结环境条件下的公式验证

图 3.24～图 3.27 的结果表明,开闸式盐水异重流在线性层结水体环境中沿斜坡运动的加速阶段、减速阶段、两个阶段之间的转折点位置及相应最大速度都可以根据本书所推导的公式进行预测,原始未简化公式(3.20)的正确性也得到了较好验证。

表 3.4 显示,参数 J 的数值相比于 $I/(x_f + X_0)$ 很小,进一步计算表明, J 对公式计算结果几乎没有影响。因此,公式(3.36)和公式(3.41)可进一步简化为

$$u_f = \frac{dx_f}{dt} = \frac{\sqrt{I/(x_f + X_0)}}{M + G(x_f + X_0)} \tag{3.42}$$

由于环境水体密度变化以及水体掺混交换等,开闸式异重流在线性层结水体环境中沿斜坡的运动是非常复杂的物理过程。在初始时刻,即加速阶段,异重流与环境水体之间较大的密度差是驱动其运动的主要因素。随着异重流不断沿斜坡向下运动,由于环境水体密度增大以及水体掺混,异重流与环境水体之间的密度差不断减小。在本小节的公式中,这两个重要作用因素分别通过卷吸系数 E 和密度梯度 m 来体现。

异重流运动过程先后主要由有效浮力和黏滞力控制,在不同运动阶段,异重流的运动距离在很大程度上由水体密度差来决定。尽管前文推导出的统一公式可以用来预测异重流的整个运动过程,但是它形式太过复杂。此外,掺混卷吸以及其他复杂效应都使得异重流头部所含初始重水的体积在加速阶段和减速阶段有较大不同。因此,在不同运动阶段,本书采用不同方式对推导出的统一公式进行简化。通过在不同阶段应用不同的公式,可以很容易获得异重流头部位置及头部速度。

长久以来,"热理论"其中一个主要假定为:异重流不是从闸门开始运动的,而是从处于闸门后部的虚拟源开始运动,虚拟源的位置通过斜坡所在直线和沿斜坡发展的异重流头部增长角的延长线的交点确定。当异重流沿平坡运动时,异重流的头部高度不再随运动距离增大,故虚拟源的假设不再成立[10]。前人的研究[10, 25]也指出,对于沿平坡发展的开闸式异重流,"热理论"不适用。同样,前文基于"热理论"所推导的公式也有同样的局限,即对于平坡情况不适用。对于开闸式无颗粒异重流沿平坡在线性层结水体环境中的运动过程描述,读者可以参考 Maxworthy 等[25, 26]的论文。对于沿较大斜坡运动的情况,本书中所推导的公式仍然适用,只是相应系数需要进行重新计算调整。前文推导出的公式利用沿 6°～18°斜坡发展的异重流的实验数据进行了验证,对于沿其他斜坡运动的异重流,还有待于开展更多的实验进行验证。

3.7.4　沿坡异重流的分离深度预测公式建立

异重流在水库、湖泊、海洋等层结水体环境中运动时，与周围层结水体之间不断发生掺混，其密度逐渐减小，在到达斜坡"中性密度层"[18, 20]的位置时，会从斜坡发生分离并水平侵入环境水体中[19, 21, 22]。异重流从底坡分离的位置可用于判定异重流对海底构筑物的最大破坏深度[16, 23]，还可用于寻找病原体的聚集区[24]、生物热源位置[25]、判定径流挟带营养物质的停滞位置[26]。因此，分离深度是一个描述层结水体环境中异重流动力学特性的重要参数。

关于异重流分离深度的研究，Nourmohammadi 等[23]开展了系列连续入流式异重流实验，并基于量纲分析法提出了连续入流式异重流在层结水体环境中分离深度 H_S 的表达式：

$$H_S \propto E_{eq}^{-1/3} B^{1/3} / N \tag{3.43}$$

式中，N 为浮力频率[27]，表征环境水体的层结特性，定义为

$$N = \sqrt{-\frac{g}{\bar{\rho}_a} \frac{d\rho_a(h_a)}{dh_a}} \tag{3.44}$$

式中，$\bar{\rho}_a$ 为环境水体的平均密度；h_a 为环境水体水深。E_{eq} 为沿水平方向的卷吸系数[28]，其与沿斜坡长度方向上的卷吸系数 E 的关系[8]为 $E_{eq} = E / \sin\theta$。B 为入流单宽浮力通量，定义为

$$B = g_0' U_0 h_1 \tag{3.45}$$

式中，h_1 为闸门开度；U_0 为闸室内异重流最初形成时的速度，定义如下[16]：

$$U_0 = Fr_s \sqrt{g_0' h_1} \tag{3.46}$$

式中，Fr_s 是随着相对层结因子 S_r 变化的弗劳德数，定义如下[4]：

$$Fr_s = Fr_0 (1 - 2S_r / 3)^{1/2} \tag{3.47}$$

式中，$Fr_0 = 0.5$[4]；相对层结因子 S_r 定义如下[27]：

$$S_r = \frac{\rho_{h0} - \rho_s}{\rho_{c0} - \rho_s} \tag{3.48}$$

式中，ρ_{h0} 为闸室底板水深处环境水体的密度。

Nourmohammadi 等[23]进一步研究发现，卷吸系数 $E_{eq} = 0.08$ 是与斜坡坡度（10°～90°）无关的变量，并利用式（3.43），得到了连续入流式异重流在层结水体环境中运动的分离深度计算公式：

$$H_S = (3 \pm 1) B^{1/3} / N \tag{3.49}$$

关于开闸式异重流分离深度的研究，Snow 和 Sutherland[15]基于箱式模型理论提出了预测异重流分离深度的计算公式：

$$\left[1 + \frac{E}{2\theta}\left(\frac{H_S^2}{h_0^2} - 1\right)\right]^{-\gamma-1} = S\frac{H_S}{h_0} \tag{3.50}$$

式中，γ 为颗粒沉降速度；S 为环境水体的相对层结度，主要用于判定分层环境中异重流是否发生水平分离，最早由 Samothrakis 和 Cotel[19]定义，表达式为

$$S = \frac{\rho_B - \rho_{h0}}{\rho_{c0} - \rho_{h0}} \tag{3.51}$$

因 $\rho_{h0} = \rho_s$，可得 $S = S_r$。

根据斜坡的相对长短可以通过公式（3.50）得到分离深度的显式表达式[16]，当斜坡较长时，$H_S^2/h_0^2 - 1 \gg 2\theta/E$，则公式（3.50）可写为

$$\frac{\Delta H_S}{h_0} = \left[\left(\frac{2\theta}{E}\right)^{\gamma+1}\frac{1}{S}\right]^{1/(2\gamma+3)} \tag{3.52}$$

式中，$\Delta H_S = H_S - h_0$。

当斜坡较短时，$H_S^2/h_0^2 - 1 \ll 2\theta/E$，则公式（3.50）可写为

$$\frac{\Delta H_S}{h_0} = \frac{1}{S} \tag{3.53}$$

基于量纲分析[23]，线性层结水体环境中开闸式异重流沿斜坡运动的分离深度 H_S 可以通过以下关系式计算：

$$H_S = C(\sin\theta/E_B)^{1/3}B^{1/3}/N \tag{3.54}$$

式中，C 为无量纲经验系数；E_B 为异重流从闸门运动至中性层处的空间平均卷吸系数[18]。

Beghin 等[24]的实验和推导结果表明，异重流在均匀水体环境中沿斜坡运动时空间平均卷吸系数 E_B' 和坡度 θ 之间呈线性关系：

$$E_B' = 0.0055\theta + E_{B,\theta=0°}' \tag{3.55}$$

式中，$E_{B,\theta=0°}'$ 为坡度为 0° 时 E_B' 的值。Ieong 等[27]测得 $E_{B,\theta=0°}'$ 的值约为 0.063。

正如绪论中所总结的，关于开闸式异重流在线性层结水体环境中沿斜坡运动时和环境水体之间的卷吸系数，目前还没有准确的研究结论。本书采用如下假定：

$$E_B = \alpha_B E_B' = \alpha_B(0.0055\theta + 0.063) \tag{3.56}$$

式中，α_B 为层结水体环境中异重流空间平均卷吸系数修正参数。当 $\theta = 90°$ 时，可以等效为层结水体环境中二维平面垂直入射羽流过程。Maxworthy 等[26]的实验表明，层结水体环境中二维平面垂直入射羽流和环境水体的平均卷吸系数约为 0.178，由此可得修正参数 $\alpha_B = 0.32$。将式（3.56）代入式（3.54），可得开闸式异重流在层结水体环境中沿斜坡运动的分离深度预测公式：

$$H_S = C\alpha_B^{-1/3}\left(\frac{\sin\theta}{0.0055\theta + 0.063}\right)^{1/3}B^{1/3}/N \tag{3.57}$$

式中，C 为经验系数。

图 3.28 给出了通过公式（3.57）计算的分离深度和公式中长度尺度的关系。由于实验测量存在一定的误差，遵循 Nourmohammadi 等[23]的做法，图中加入了误差线以反映异重流头部厚度对分离深度测量结果的影响。通过与实验数据进行拟合，经验系数 C 的值确定为 1.28。公式计算数据和实验数据之间符合较好，最终得到的有效预测开闸式异重流在线性层结水体环境中沿斜坡运动的分离深度计算公式如下：

$$H_S = 1.87\left(\frac{\sin\theta}{0.0055\theta + 0.063}\right)^{1/3} B^{1/3} / N \qquad (3.58)$$

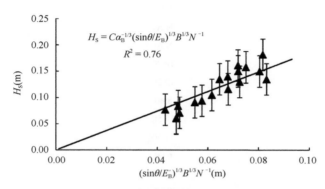

图 3.28 基于分离深度实验测量值的公式拟合结果

公式（3.58）表明，相比于坡度和入流浮力通量，环境水体的层结对分离深度的影响更大。例如，当坡度从 10° 增大到 20°（即增大一倍）而其他参数保持不变时，分离深度只增加了 10%；入流浮力通量增大一倍可以使分离深度增大约 26%；然而，当环境水体的层结度增大一倍时，分离深度显著减小约 50%。

3.7.5 沿坡异重流的分离深度预测公式验证

本书利用之前完成的层结水体环境中异重流运动的实验，并补充相关实验得到更多分离深度（表 3.5，图 3.29）数据。在先前的研究中发现，分离深度 H_S 会略小于参数 D_S（从斜坡顶端到与水槽初始异重流密度相同处的垂直深度）[9]，本书的实验数据也证实了这一点，这说明下潜过程中异重流流体已经开始和环境水体进行掺混，然后在略高于其初始密度相同的水槽相应深度处找到 "中性密度层"。

表 3.5 异重流分离深度

工况	H_S	D_S
1	N.A.	N.A.
2	N.A.	N.A.
3	14.00	14.20
4	7.10	7.40
5	7.70	7.90
6	N.A.	N.A.
7	N.A.	N.A.

续表

工况	H_S	D
8	15.00	15.20
9	16.11	16.50
10	13.00	13.30
11	15.00	15.25
12	13.50	13.60
13	7.10	7.50
14	6.10	6.35
15	N.A.	N.A.
16	N.A.	N.A.
17	18.20	18.30
18	12.20	12.50
19	8.40	8.70
20	13.50	13.80
21	11.60	11.80
22	6.00	6.50
23	15.10	15.30
24	9.10	9.50

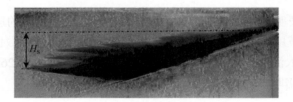

图 3.29　异重流分离深度示意图（工况 20）

　　开闸式异重流沿坡运动分离深度预测公式与实验结果的对比见图 3.28，拟合结果呈现良好一致性，说明了公式（3.58）的可信性。

第4章 层结水体环境中异重流越障特性的研究

4.1 实验工况与参数

表 4.1 给出了层结水体环境中异重流越障特性的实验研究中坡度、障碍物断面形态与高度、环境水体层结度等主要参数的详细设置情况。

表 4.1 总体实验工况信息表

控制变量	系列 1	系列 2	系列 3	系列 4
实验分组	影像	PIV	N.A.	N.A.
坡型	平坡	斜坡	N.A.	N.A.
坡度（°）	6	9	12	24
障碍物断面形态	△	□	N.A.	N.A.
障碍物高度（cm）	0	3	5	8
环境水体层结度	$S_r=0$	$0<S_r<1$	$1<S_r<2$	$S_r>3$

在平坡水槽中，通过控制障碍物断面形态、障碍物高度、初始异重流浓度等变量，共计开展了 16 组不同工况实验，如表 4.2 所示。其中，b_c 表示障碍物断面形态，h_{ob} 表示障碍物高度，Re_T、Fr_T 分别是用异重流头部平均厚度 h_T 表示的雷诺数和弗劳德数。实验中各组次的雷诺数均大于 1600，可认为是充分湍流，黏性的作用可以忽略[10, 28]。需要说明的是，平坡水槽槽深较小，生成层结水体的垂向密度梯度 m 很小。因此，在平坡水槽实验中只进行了均匀水体环境实验。

表 4.2 平坡异重流实验工况及相关参数（均匀水体环境+障碍物）

工况	b_c	h_{ob} (cm)	ρ_{c0} (kg/m³)	g'_0 (m/s²)	h_I (cm)	h_T (cm)	U_{av} (cm/s)	Fr_B	Fr_T	Re_B	Re_T
1	N.A.	0	1 011.4	0.112	19	5.64	5.56	0.38	0.70	10 564	3 136
2	N.A.	0	1 012.8	0.125	19	6.40	6.37	0.41	0.71	12 103	4 077
3	N.A.	0	1 022.7	0.222	19	5.26	7.90	0.39	0.73	15 010	4 155
4	N.A.	0	1 023.9	0.234	19	6.21	8.28	0.39	0.69	15 732	5 142
5	△	3	1 012.8	0.125	19	6.34	5.88	0.38	0.66	11 172	3 725
6	△	3	1 023.9	0.234	19	5.97	7.75	0.37	0.65	14 725	4 627
7	△	5	1 012.8	0.125	19	6.07	5.44	0.35	0.63	10 336	3 299
8	△	5	1 023.9	0.234	19	5.86	6.66	0.32	0.57	12 654	3 899
9	△	8	1 012.8	0.125	19	5.45	4.38	0.28	0.53	8 322	2 385
10	△	8	1 023.9	0.234	19	5.60	5.99	0.29	0.52	11 381	3 351
11	□	3	1 011.4	0.112	19	5.20	5.62	0.39	0.74	10 678	2 922
12	□	3	1 022.7	0.222	19	5.42	6.71	0.33	0.61	12 749	3 637

续表

工况	b_c	h_{ob} （cm）	ρ_{c0} （kg/m³）	g'_0 （m/s²）	h_l （cm）	h_T （cm）	U_{av} （cm/s）	Fr_B	Fr_T	Re_B	Re_T
13	□	5	1 011.4	0.112	19	5.90	5.25	0.36	0.68	9 975	2 775
14	□	5	1 022.7	0.222	19	4.65	6.39	0.31	0.63	12 141	2 971
15	□	8	1 011.4	0.112	19	4.57	3.67	0.25	0.51	6 973	1 677
16	□	8	1 022.7	0.222	19	4.30	4.94	0.24	0.51	9 386	2 122

在斜坡水槽中，增添层结水体相对层结度 S_r（$S_r<1$，$1<S_r<2$ 和 $S_r>3$）、斜坡坡度 θ（6°～24°）两个控制变量，共计开展了 33 组不同工况实验。其中，无障碍物时，均匀水体和层结水体中开展了 12 组实验，如表 4.3 所示；有障碍物时，均匀水体中开展了 12 组实验，如表 4.4 所示，层结水体中开展了 9 组实验，如表 4.5 所示。

表 4.3　斜坡异重流实验工况及相关参数（均匀/层结水体环境+无障碍物）

参数	a1	a2	a3	a4	b5	b6	b7	b8	c9	c10	c11	c12
θ（°）	6	6	6	6	9	9	9	9	12	12	12	12
S_r	0	0.660	1.310	3.070	0	0.690	1.360	3.080	0	0.790	1.250	3.070
α_0（rad）	0.044	0.047	0.048	0.051	0.048	0.052	0.060	0.069	0.067	0.079	0.096	0.108
k	0.278	0.309	0.377	0.383	0.289	0.318	0.388	0.398	0.288	0.293	0.396	0.402
g'_0（m/s²）	14.76	15.65	6.83	2.930	22.63	15.60	7.800	3.900	14.76	16.58	8.810	2.930
B（g·cm/s）	3311	3532	1545	662	5077	3532	1766	883	3311	3572	1987	662
$\bar{\rho}_a$（kg/m³）	0.997	1.009	1.010	1.009	0.997	1.011	1.012	1.012	0.997	1.013	1.008	1.011
ρ_{c0}（kg/m³）	1.012	1.019	1.012	1.007	1.020	1.022	1.014	1.007	1.012	1.023	1.011	1.009
ρ_{h0}（kg/m³）	0.997	1.003	1.005	1.004	0.997	1.006	1.006	1.003	0.997	1.006	1.002	1.006
ρ_B（kg/m³）	0.997	1.014	1.014	1.014	0.997	1.017	1.017	1.017	0.997	1.019	1.014	1.016
X_0（cm）	135	100	90	80	110	85	75	60	90	100	75	65
Re_B	3276	3515	2311	1530	2663	1873	1653	2517	2756	1180	3287	3276
Fr_B	0.57	0.5	0.41	0.4	0.32	0.34	0.49	0.48	0.38	0.46	0.58	0.6

表 4.4　斜坡异重流实验工况及相关参数（均匀水体环境+障碍物）

参数	a-1	a-2	a-3	a-4	b-5	b-6	b-7	b-8	c-9	c-10	c-11	c-12
θ（°）	9	9	9	9	12	12	12	12	24	24	24	24
S_r	0	0	0	0	0	0	0	0	0	0	0	0
α_0（rad）	0.048	0.046	0.049	0.045	0.067	0.065	0.068	0.064	0.087	0.089	0.086	0.083
k	0.289	0.288	0.290	0.286	0.288	0.287	0.289	0.286	0.320	0.322	0.321	0.316
g'_0（m/s²）	17.40	17.40	17.40	17.40	17.40	17.40	17.40	17.40	17.40	17.40	17.40	17.40
h_{ob}（cm）	5	5	8	8	5	5	8	8	5	5	8	8
b_c	△	□	△	□	△	□	△	□	△	□	△	□
$\bar{\rho}_a$（kg/m³）	0.997	0.997	0.997	0.997	0.997	0.997	0.997	0.997	0.997	0.997	0.997	0.997
ρ_{c0}（kg/m³）	1.105	1.105	1.105	1.105	1.105	1.105	1.105	1.105	1.105	1.105	1.105	1.105
ρ_{h0}（kg/m³）	0.997	0.997	0.997	0.997	0.997	0.997	0.997	0.997	0.997	0.997	0.997	0.997
X_0（cm）	110	105	106	110	90	92	94	88	80	75	80	85

表 4.5　斜坡异重流实验工况及相关参数（层结水体环境+障碍物）

参数	A1	A2	A3	B1	B2	B3	C1	C2	C3
θ （°）	6	6	6	9	9	9	12	12	12
S_r	1.31	1.68	1.58	1.36	1.49	1.39	1.25	1.37	1.71
g_0' （m/s²）	7.03	6.35	5.76	8.04	7.89	7.23	9.20	7.03	6.64
b_c	N.A.	△	□	N.A.	△	□	N.A.	△	□
h_{ob} （cm）	0	5	5	0	5	5	0	5	5
ρ_{c0} （kg/m³）	1.012	1.011	1.011	1.014	1.014	1.011	1.011	1.011	1.023
ρ_{h0} （kg/m³）	1.005	1.004	1.005	1.006	1.006	1.004	1.002	1.004	1.004
ρ_B （kg/m³）	1.014	1.015	1.014	1.017	1.018	1.014	1.014	1.014	1.016
ρ_T （kg/m³）	1	1	1	1	1	1	1	1	1

　　本书实验中异重流的驱动力来源于重水与环境水体的密度差，但温差也是导致异重流运动的重要驱动力。为了排除温差对异重流运动的干扰，实验在浙江大学舟山校区近海馆泥沙与环境流体力学恒温实验室内进行。在实验开始前和结束后，用电子温度计对环境水体和闸室内的重水温度进行测试，结果如表 4.6 所示。可以直观地看出，闸室内重水与环境水体的最大温差为 0.018℃，说明可以排除温差对异重流驱动力的影响。

表 4.6　重水与环境水体水温测试结果

工况	温差（℃）	工况	温差（℃）
1	0.002	c10	0.005
2	0.002	c11	0.006
3	0.004	c12	0.004
4	0.002	a-1	0.002
5	0.003	a-2	0.003
6	0.001	a-3	0.009
7	0.002	a-4	0.011
8	0.005	b-5	0.012
9	0.007	b-6	0.007
10	0.002	b-7	0.004
11	0.002	b-8	0.002
12	0.003	c-9	0.002
13	0.005	c-10	0.006
14	0.006	c-11	0.005
15	0.018	c-12	0.003
16	0.006	A1	0.002
a1	0.002	A2	0.002
a2	0.006	A3	0.004
a3	0.004	B1	0.002
a4	0.002	B2	0.003
b5	0.003	B3	0.001
b6	0.001	C1	0.002
b7	0.007	C2	0.005
b8	0.005	C3	0.007
c9	0.006		

　　利用状态方程（1.10）计算出各工况下层结水体的垂向密度分布，并进行线性回归分析。图 4.1 给出了部分实验工况下环境层结水体线性相关性测定的详细结果。表 4.7 给出了线性回归分析结果。可以看出，不同工况下层结水体的垂向密度分布与拟合直线的线性相关性均在 0.99 以上，这说明水槽中层结水体密度沿水深方向呈线性分布。

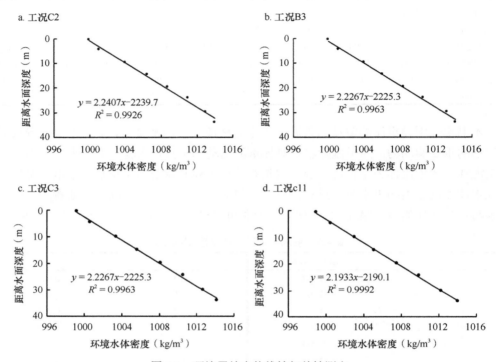

图 4.1　环境层结水体线性相关性测定

表 4.7　层结水体环境中异重流实验工况密度梯度线性拟合结果

工况	密度梯度（kg/m⁴）	密度梯度拟合相关性	工况	密度梯度（kg/m⁴）	密度梯度拟合相关性
a2	44	0.9941	A1	41	0.9916
a3	36	0.9939	A2	44	0.9937
a4	40	0.9994	A3	41	0.9929
b6	44	0.9956	B1	50	0.9947
b7	44	0.9922	B2	52	0.9958
b8	56	0.9933	B3	41	0.9963
c10	52	0.9948	C1	41	0.9973
c11	48	0.9992	C2	41	0.9926
c12	40	0.9987	C3	47	0.9963

4.2　平坡实验

　　本章给出了异重流在均匀水体环境和层结水体环境中遇到障碍物时演变发展过程的实验结果。通过高锰酸钾染色剂实现异重流的可视化，对异重流越障前后的形态、对环境水体的最大影响高度、头部位置和速度等流动特性进行研究；通过 PIV 技术对障碍物附近特征断面处异重流的速度场、涡度场、流线、能量和速度分布等流场特性进行研究。

4.2.1　发展过程分析

图 4.2 给出了有障碍物和无障碍物时平坡异重流的行进过程，时间从闸门开启的瞬间起算。可以发现，闸门开启后，异重流前方会形成一个典型的半椭圆形头部，头部以后是身部和较薄的尾部两个部分[10, 28]。无障碍物时，异重流会保持头部形态运动至水槽的另一端。有障碍物时，在遇障碍物前异重流会保持典型的头部形态；越障过程中异重流半椭圆形头部被破坏、厚度明显增大，同时，在上游来流方向会形成反射水跃（图4.2b4）；越障后异重流会再次形成半椭圆形头部。

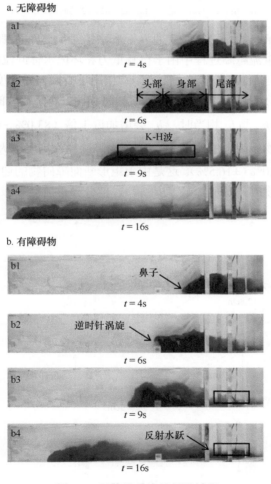

图 4.2　平坡异重流的行进过程

图 4.3 给出了基于 PIV 获取的同一时刻不同断面形态障碍物附近的异重流瞬时形

态。可以看出，异重流头部有一个微微抬起的"鼻子"[7, 29]，其头部伴随有逆时针涡旋产生，如图 4.3b2 所示。异重流与环境水体交界面上会产生 K-H 涡，该涡结构形成后，在时空上不断增长，并被拉伸、扭曲，直至坍塌破碎、消失[7]。

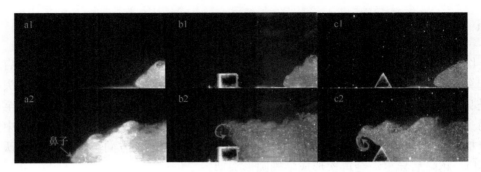

图 4.3　基于 PIV 获取的同一时刻不同断面形态障碍物附近的异重流瞬时形态
a1、b1、c1 的时刻是 t=2.1s；a2、b2、c2 的时刻是 t=4.7s

异重流头部微微抬起的"鼻子"是底边界无滑移条件和交界面摩阻力共同作用的结果。头部逆时针涡旋是异重流越障过程中由于自身重力和环境水体回流的共同作用而形成。

图 4.4 给出了不同断面形态、高度的障碍物作用下不同初始密度的异重流对环境水体的最大影响高度（h_{oe}）。可以看到，与无障碍物时相比，有障碍物时 h_{oe} 明显变大，且 h_{ob} 越大，h_{oe} 也越大。当 h_{ob} 与 h_T 相当时，h_{oe} 会增加近 1 倍（83.0%～103.5%）。同等工况条件下，矩形断面障碍物作用下的 h_{oe} 比三角形断面障碍物作用下更大一些，图 4.4 所示的各工况下，增大了约 20%（±16.5%）。这是由于矩形断面障碍物的迎流面垂直于来流方向，异重流最初抵达障碍物时，水平方向的动量骤减，部分异重流会在障碍物上游侧短暂驻留。

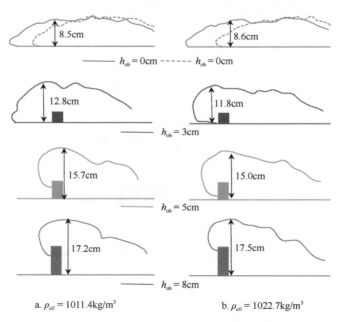

a. ρ_{c0} = 1011.4kg/m³　　　　　　b. ρ_{c0} = 1022.7kg/m³

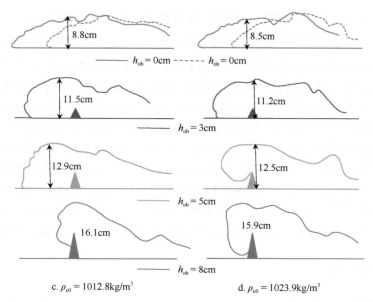

c. $\rho_{e0} = 1012.8 \text{kg/m}^3$　　　　　d. $\rho_{e0} = 1023.9 \text{kg/m}^3$

图 4.4　不同断面形态、高度的障碍物作用下不同初始密度的异重流对环境水体的最大影响高度
实线与虚线对应的异重流动动时间相差 1s

图 4.5 给出了不同障碍物高度、断面形态下异重流头部速度（$u_f^* = u_f / \sqrt{g_0' h_1}$）和头部位置（$x_f^* = x_f / l_0$）的关系。可以看到，异重流从闸门释放后首先会经历 $2l_0 \sim 4l_0$ 的加速阶段（Sn1、So1）。然后，无障碍物时，异重流会以定常速度运动至 $8l_0 \sim 10l_0$（Sn2），最后进入减速阶段（Sn3）；有障碍物时，在遇障碍物前，异重流会减速（So2），越障后，

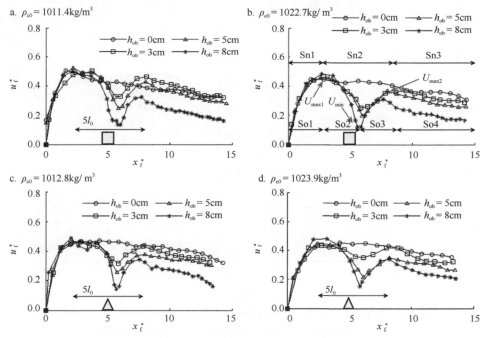

图 4.5　不同障碍物高度、断面形态下异重流头部速度和头部位置的关系

会经历 $2l_0 \sim 3l_0$ 的二次加速阶段（So3），而后再次进入减速阶段（So4）。实验中障碍物对异重流运动过程的作用范围约为 $5l_0$，障碍物断面形态和高度对该范围的影响不大。

图 4.5a 和图 4.5c 中异重流密度差仅为 1.4‰，图 4.5b 和图 4.5d 中异重流密度差仅为 1.2‰，可近似认为异重流初始密度只有两种。对比图 4.5 中各图，可以发现，障碍物的断面形态对异重流头部速度的发展过程影响不大。这与 Prinos[30]关于平坡上障碍物对异重流影响研究的结论一致。图 4.5 中有障碍物时，So1 阶段异重流速度最大值与无障碍物时相比，最大减幅分别为 0.14%、–3.3%、1.10%、1.56%。这说明障碍物的存在对 So1 阶段异重流的运动影响可以忽略不计。障碍物高度为 3cm、5cm、8cm 时，在越障后的 So4 阶段，异重流头部平均速度的减幅分别为 9%（±4.5%）、15%（±6%）、38%（±1.5%），异重流头部单位质量流体平均动能的减幅分别为 30%（±12.5%）、45%（±14.5%）、85%（±1.5%）。这说明随着障碍物高度的增加，越障后异重流头部速度减小和动能损失会更加显著。

4.2.2　越障特性分析

1. 流场特性分析

图 4.6 给出了基于 PIV 获取的障碍物附近异重流在 0.1s（10 帧平均）内的平均速度场和涡度场。图 4.7 是与图 4.6 同一时刻异重流越过 3cm 不同障碍物后的流线图。

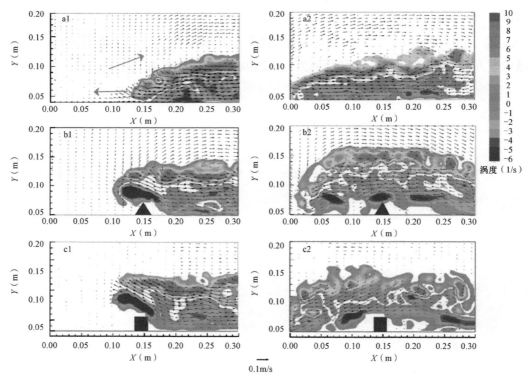

图 4.6　障碍物附近异重流在 0.1s 内的平均速度场和涡度场（h_{ob} =3cm）

涡度以顺时针方向为正，仅显示了涡度绝对值大于 0.5 的等值线云图

a1、b1、c1 的时刻是 t=4.2s；a2、b2、c2 的时刻是 t=6.7s

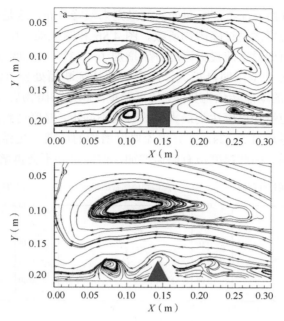

图 4.7　异重流越过 3cm 不同障碍物后的流线图
a 为工况 1；b 为工况 5

从图 4.6 和图 4.7 可以看出，以最大流速层为界，异重流被分为具有相反流速梯度的两个区域，在最大流速层上部涡度是正值，且分布比较散乱，在最大流速层下部涡度为负值。越障时，异重流头部有逆时针涡旋产生。越障后，在障碍物前后有逆时针涡旋形成。对比涡旋的形态和位置发现，矩形断面障碍物前后的涡旋更加规整，且前方的尺度大于后方。而三角形断面障碍物前后的逆时针涡旋分布散乱，前后各有两处逆时针涡旋。

上部涡度正值是由交界面上 K-H 不稳定性结构所致，下部涡度负值是底边界无滑移和密度逆分层而导致的 R-T 不稳定性结构[7]共同作用的结果。上部正值涡度分布很散乱，主要是越障过程中剧烈扰动所致。三角形断面障碍物前后的逆时针涡旋分布散乱，可能是因为倾斜坡面上涡旋生成后可以在水平方向上获得运动的动力，所以脱落后随着异重流继续向下游传播。

2. 湍动能分析

图 4.8 给出了利用 PIV 获得的障碍物前后 3cm 和顶部中心三个特征断面处异重流的厚度（H_c）和能量（E）随时间的变化过程。其中，异重流厚度取 PIV 获取的某一时刻前后各 0.05s（即 0.1s 内取 10 帧平均）内的厚度平均值。能量是某一时刻特征断面上单位质量流体的湍动能之和，单位质量流体的湍动能 K_ε 利用下式来计算[31]：

$$K_\varepsilon = 1/2 \left(\overline{u'^2} + \overline{w'^2} \right) \tag{4.1}$$

式中，u' 和 w' 分别表示某时刻单位质量流体在流向和垂向上的脉动速度。

从图 4.8 可以看出，有障碍物时，障碍物顶部和障碍物后特征断面的异重流厚度变化明显滞后于无障碍物工况。障碍物前、后特征断面处的能量变化近似呈先增大后减小的单峰分布，而障碍物顶部特征断面处的能量则为双峰分布。这是由于以反射水跃形式向上游传播的异重流再次越过障碍物所致。图4.8b和图4.8c中，三角形和矩形断面障碍物前、后特征断面处异重流最大厚度分别增加了45.3%、21.4%和41.3%、32.3%，异重流对环境水体的影响范围明显扩大；障碍物前特征断面处异重流最大能量分别损失44.1%、41.5%，损失的动能转化为势能，使得异重流越过障碍物后可以向下游继续运动。特征断面处异重流能量和厚度达到最大值的时间不同步，厚度达到最大值的时刻比能量达到最大值的时刻滞后1.5～2s。在异重流厚度增加的后期，交界面掺混和回流的双重作用使得能量被损耗，因此厚度虽有略微增加，但能量并不会再增加。

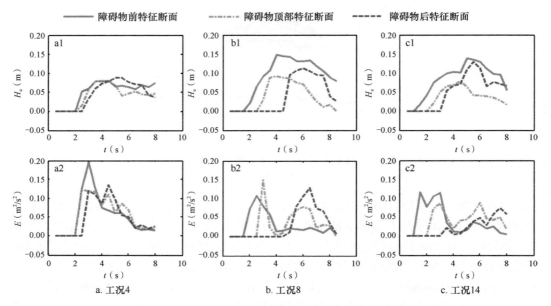

图 4.8　特征断面处异重流的厚度和能量随时间的变化过程

4.3　斜 坡 实 验

4.3.1　发展过程分析

图4.9给出了有、无障碍物时斜坡异重流在均匀水体环境中的行进过程。可以发现，闸门开启后，异重流前方会形成一个典型的半椭圆形头部，头部的前缘有一个稍稍抬起的"鼻子"[7, 29]。无障碍物时，斜坡异重流会保持头部形态运动至斜坡底端。有障碍物时，在遇障碍物前异重流会保持典型的头部形态，越障过程中异重流头部形态被破坏、厚度明显增大，越障后异重流会再次形成半椭圆形的头部沿斜坡向下运动。

图4.10给出了利用高速相机获取的均匀水体环境中有、无障碍物时斜坡异重流头部速度和头部位置的关系。可以发现，无障碍物时，初速度为零的重水从闸门释放形成异重流后，会先经历一个加速阶段，然后是减速阶段，如图4.10a所示。有障碍物时，由于障碍物的阻挡，异重流原来的运动状态被破坏，在原加速阶段后期会经历一个先减速

再加速的阶段，而后再次进入减速阶段沿斜坡向下运动，如图 4.10b 所示。

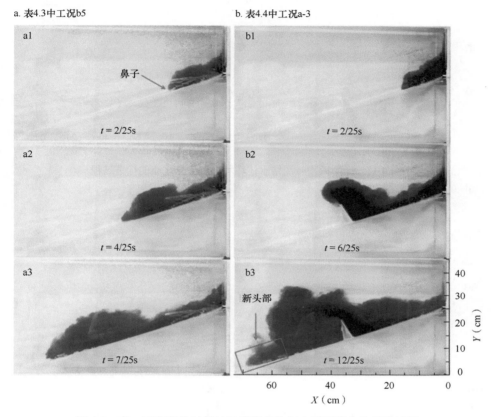

图 4.9　有、无障碍物时斜坡异重流在均匀水体环境中的行进过程

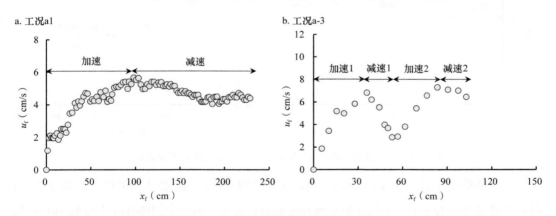

图 4.10　均匀水体环境中有、无障碍物时斜坡异重流头部速度和头部位置的关系

　　图 4.11 和图 4.12 分别给出了无障碍物和有障碍物时斜坡异重流在层结水体环境中的行进过程。图 4.13 给出了利用高速相机获取的层结水体环境中有、无障碍物时斜坡异重流头部速度和头部位置的关系，可以明显看到异重流典型的半椭圆形头部和头部前缘的"鼻子"[29] 及异重流沿斜坡的发展过程。

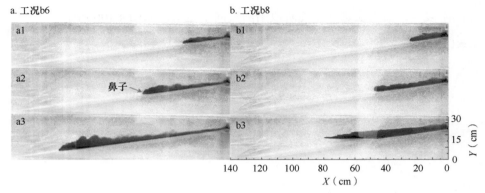

图 4.11　无障碍物时层结水体环境中斜坡异重流的行进过程

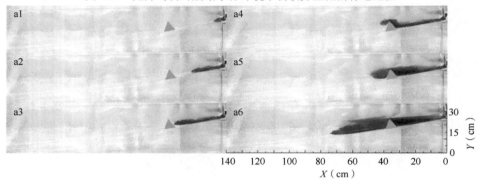

图 4.12　层结水体环境中斜坡异重流遇障碍物时的行进过程（工况 A2）

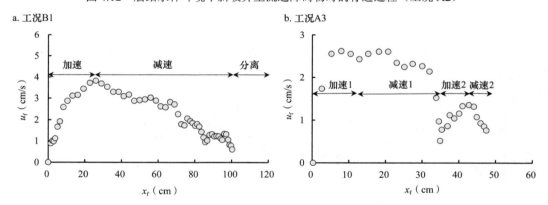

图 4.13　层结水体环境中斜坡异重流头部速度和头部位置的关系

综合分析图 4.11～图 4.13 可以发现：①无障碍物时，当层结水体的相对层结度 $S_r < 1$ 时，初速度为零的重水从闸门释放形成异重流后，会先经历一个加速阶段（图 4.11a1），然后减速运动至斜坡底部（图 4.11a2、图 4.11a3）；当层结水体的相对层结度 $S_r > 1$ 时，异重流形成后先加速（图 4.11b1）运动一段距离，然后作减速运动（图 4.11b2），在速度接近零时，进入分离阶段（图 4.11b3），水平侵入层结环境水体中。②三角形断面障碍物作用时，层结水体（$S_r > 1$）中斜坡异重流形成后，经过短暂的加速阶段后（图 4.12a1），进入减速阶段（图 4.12a2），在减速阶段后期，由于障碍物的阻挡作用，异重流原来的运动状态被破坏，会经历一个加速度增大的减速阶段（图 4.12a3）和短暂的加速阶段（图 4.12a4），而后再次进入减速阶段（图 4.12a5），最后进入分离阶段，水平侵入层结环境水体中（图 4.12a6）。

4.3.2　越障特性分析

1. 越障形态分析

图 4.14a 和图 4.14b 分别给出了均匀水体环境和层结水体环境中异重流越过三角形断面障碍物时的 PIV 影像，图 4.14c 和图 4.14d 分别给出了均匀水体环境和层结水体环境中异重流越过矩形断面障碍物时的 PIV 影像。分析图 4.14 的 PIV 影像数据发现：①遇障碍

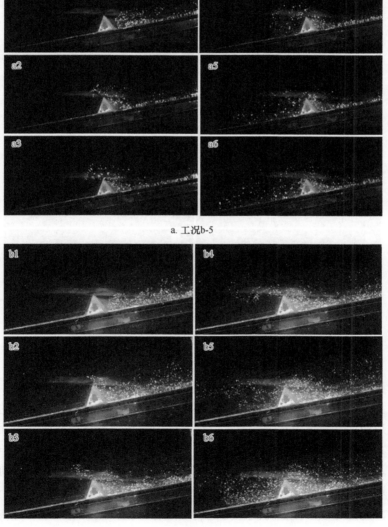

a. 工况b-5

b. 工况C2

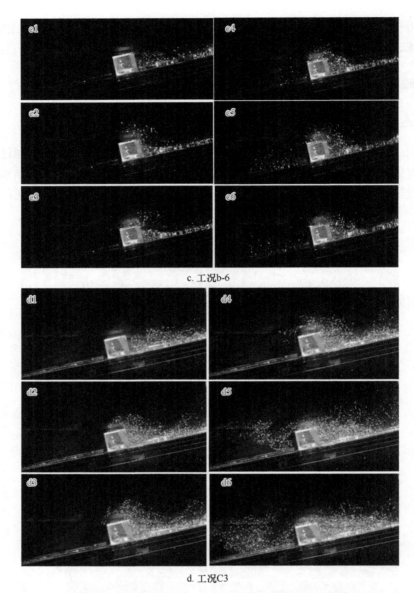

c. 工况b-6

d. 工况C3

图 4.14   均匀水体环境和层结水体环境中异重流越障后的形态

物时，清水和层结水体中，异重流的半椭圆形头部均会被破坏。不同的是，清水中，异重流越障后头部会再次形成，且异重流尾部较薄；而层结水体中，异重流的半椭圆形头部很难再次形成，且异重流尾部较厚。层结水体中异重流与环境水体交界面的卷吸比清水中尺度要大。②越障后，受障碍物断面形态和环境水体相对层结度的影响，层结水体中异重流的运动状态与清水中有很大的不同。清水中，异重流会恢复越障前的形态继续沿斜坡向下运动，直至坡底。而在层结水体中（$S_r > 1$），异重流越障后并不会沿斜坡继续向下运动，而是先以不同的方式在障碍物后进行掺混，然后进入水平分离阶段，最终以水平侵入的方式嵌入层结环境水体中。③不同断面形态的障碍物对异重流越障后的运动状态有很大影响。异重流越过三角形断面的障碍物后，先近似水平运动一段距离，然后回落到斜坡上，最后进入分离阶段，水平嵌入环境水体中；而异重流越过矩形断面的障碍物后，会先跌落至斜坡表面，然后逐渐上浮至"中性密度层"[8]，水平侵入环境水体中。

层结水体中异重流较厚有两个方面的原因。一方面，环境水体密度分层，闸门处异重流最初形成时受到的阻力比相同初始条件下清水中要大。另一方面，清水中环境水体的密度不变，异重流头部受到环境水体的阻力变化不大，头部可以保持较高的速度，而尾部流体也不断补充进头部，维持头部持续运动，因此异重流可以保持较高的速度持续向下游运动；而在层结水体中，由于环境水体具有密度梯度，异重流形成后沿斜坡运动过程中，头部受到环境层结水体的阻力持续增大，速度减小，因此不断流进头部的水体使得异重流的厚度较清水时有所增加。

层结水体中卷吸增大也有两方面原因。一方面，环境水体层结，不同位置处的异重流与存在密度梯度的环境水体不断发生掺混，使得不同深度处的异重流密度接近附近环境水体的密度，呈"手指状"水平侵入环境水体中[12, 15]。另一方面，层结水体中异重流头部速度减小为异重流与环境水体界面卷吸的充分发展提供了充足的时间。

异重流越过障碍物后运动形态不一样的主要原因有：当障碍物断面形态为三角形时，异重流越障后，由于具有水平速度，并没有马上跌落至斜坡表面，而是先近似水平运动一段距离，而后在重力作用下回落到斜坡上，当运动至异重流前缘密度和环境水体密度一致处时，会发生水平分离，水平侵入环境水体中；而矩形断面障碍物作用时，障碍物迎流面和背流面垂直于斜坡坡面，遇障碍物后异重流的水平方向动力为零，自身重力作用占主导地位，因此异重流越障后会先跌落至斜坡表面，在障碍物后会与环境水体之间发生掺混，掺混后的异重流密度会减小，在浮力的作用下，上浮至"中性密度层"[8]处，然后水平侵入环境水体中。

2. 越障历时分析

图 4.15 给出了异重流形成后进入 PIV 系统拍摄区域左侧和抵达拍摄区域右侧的瞬时流态图。同理，借助 PIV 系统可以计算出此间的时间间隔，确定出异重流头部流经拍摄区域所需的时间。具体方法为：实验中 PIV 系统获取影像的帧率为 100fps，即相邻两张数据照片之间的时间间隔是 10ms，利用图 4.15 中两帧特征照片的帧数差，就可以计算出异重流头部的越障历时。

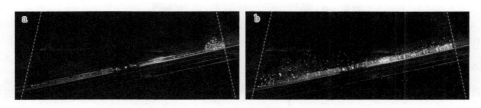

图 4.15 异重流运动过程中 PIV 系统拍摄的瞬时流态图（工况 c9）

表 4.8 给出了考虑了环境水体相对层结度、有无障碍物和障碍物断面形态等因素时，斜坡异重流流经拍摄区域所需的时间。可以发现：①与均匀水体中无障碍物工况相比，

三角形断面障碍物作用时流经时间延长 38.9%，矩形断面障碍物作用时流经时间延长 54.2%；与层结水体中无障碍物工况相比，三角形断面障碍物作用时流经时间延长 20.6%，矩形断面障碍物作用时流经时间延长 100.4%。这说明障碍物及其断面形态都会对异重流的运动产生阻碍作用。②无障碍物时，层结水体中异重流的流经时间更长，与均匀水体中无障碍物工况相比，增幅为 75.7%；与均匀水体中三角形断面障碍物作用工况相比，层结水体中三角形断面障碍物作用工况下流经时间延长 52.6%；与均匀水体中矩形断面障碍物作用工况相比，层结水体中矩形断面障碍物作用工况下流经时间延长 132%。③均匀水体中两种断面障碍物作用下时间增幅差为 15.3%，层结水体中增幅差为 79.8%，矩形断面障碍物的阻碍作用比三角形断面障碍物的阻碍作用更显著。这是因为，相比于矩形断面障碍物，三角形断面障碍物的迎流面和背流面具有坡度，异重流保留了部分沿斜坡方向的水平动量，在越障后可以在自身惯性的作用下继续沿斜坡向下游传播，因此异重流的流经时间就会较短。

表 4.8　异重流跨越捕捉区域历时

工况	进入拍摄区左侧帧数	抵达拍摄区右侧帧数	历时（s）
c9	69	840	7.71
C1	51	1406	13.55
b-6	1	1190	11.89
C3	1	2760	27.59
b-5	1	1071	10.70
C2	1	1635	16.34

　　综上可以得出，障碍物和环境水体层结都会使异重流越障历时增加，但环境水体层结对越障历时增幅的影响要强于障碍物。其中，矩形断面障碍物对越障历时的阻碍作用比三角形断面障碍物的阻碍作用更显著。

3. 流场特性分析

　　图 4.16 给出了基于 PIV 获取的层结水体环境中障碍物附近异重流在 0.1s（10 帧平均）内的平均速度场和涡度场。图 4.17 和图 4.18 是与图 4.16 同一时刻不同形状障碍物附近的流线图和 PIV 影像图。

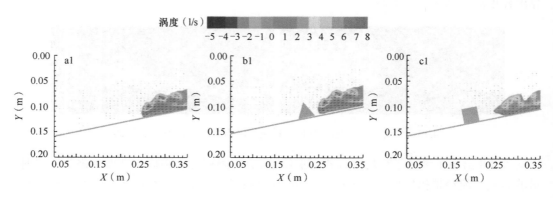

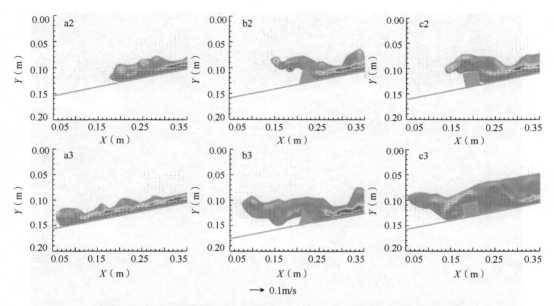

→ 0.1m/s

图 4.16 层结水体环境中障碍物附近异重流在 0.1s 内的平均速度场和涡度场（h_{ob} =5cm）

涡度以顺时针方向为正，仅显示了涡度绝对值大于 0.5 的等值线云图

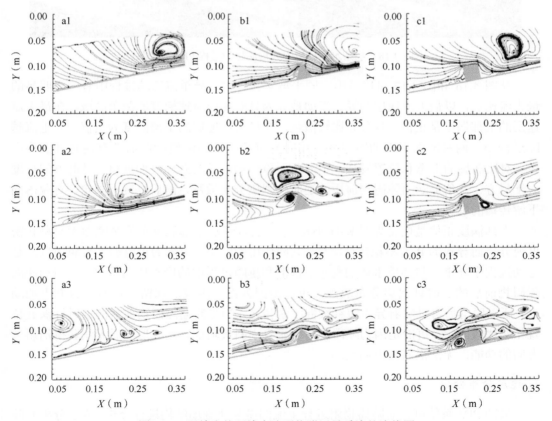

图 4.17 层结水体环境中障碍物附近异重流的流线图

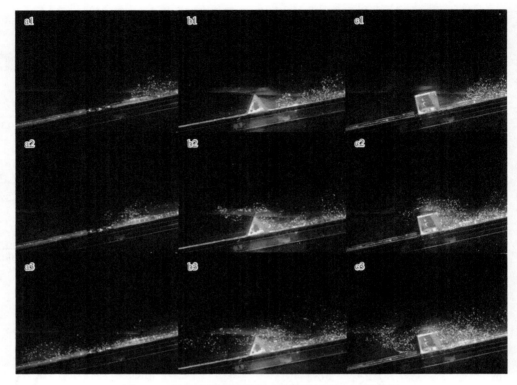

图 4.18　层结水体环境中异重流越障过程 PIV 影像图

从图 4.16 和图 4.17 可以看出，同平坡实验一样，异重流运动过程中有一个明显的最大流速层，以最大流速层为界，流动被分为具有相反流速梯度的两个区域，在最大流速层的上部涡度是正值，且分布比较散乱，在最大流速层的下部涡度为负值。异重流越障过程中，两种断面形态的障碍物作用时异重流头部和障碍物前后都有逆时针涡旋产生。对比涡旋的形态和位置发现，矩形断面障碍物前后的涡旋更加规整，且前方的尺度大于后方；三角形断面障碍物前后的逆时针涡旋分布散乱，前后位置不固定，有脱落向下游传播的趋势。

上部涡度正值是由交界面 K-H 不稳定性结构所致；下部涡度负值是壁面无滑移和密度逆分层而导致的 R-T 不稳定性结构[7]共同作用的结果。上部的正值涡度分布很散乱是运动过程中异重流与环境水体的卷吸、掺混和越障过程中的剧烈扰动所致。三角形断面障碍物前后的逆时针涡旋分布散乱，可能是因为涡旋生成后保留了沿斜坡方向上的动力，所以脱落后可以随着异重流继续向下游传播。矩形断面障碍物前后的逆时针涡旋位置相对比较固定，可能是因为障碍物断面垂直于斜坡坡面，涡旋形成后无法获得沿斜坡方向的动能，无法沿斜坡方向运动。

4. 速度分布分析

借助 PIV 系统可以对障碍物附近异重流的微观速度场结构进行分析。为了分析有障碍物时异重流内部的速度分布情况，在障碍物前部、顶部和后部共计选取了 5 个特征断面，如图 4.19 所示。待异重流运动至相应断面时，取该时刻前后约 0.1s（10 帧图像）的数据，求平均后作为相应断面处的异重流平均速度分布。

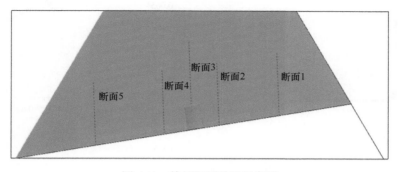

图 4.19　特征断面选取示意图

图 4.20 和图 4.21 分别给出了无障碍物时，均匀水体环境和层结水体环境中异重流内部速度分布与统计。分析图 4.20 和图 4.21 中各特征断面的数据可以发现，均匀水体中，异重流内部各特征断面的速度大小分布有两个峰值，左侧第一个峰附近的数据点很多，速度相对较小，右侧第二个峰附近的速度相对较大。还可以发现，分速度的分布呈明显的条带状。而在层结水体中，各特征断面的速度大小分布只有一个峰值，但峰值左右两侧的变化较为平缓，处于峰值位置的数据点较均匀水体中明显减少。同时还可以得出，其分速度近似呈"点状"分布。

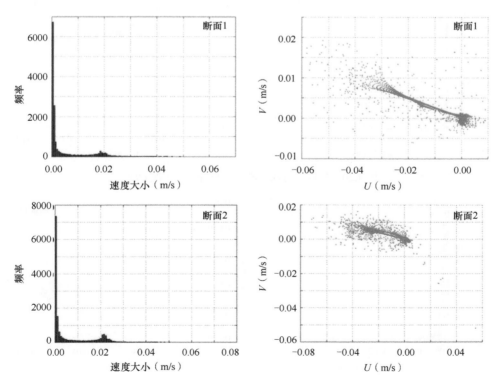

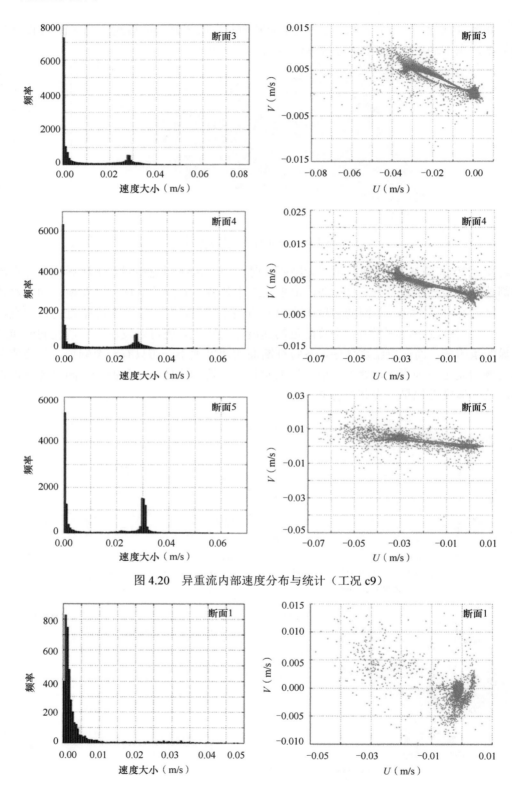

图 4.20 异重流内部速度分布与统计（工况 c9）

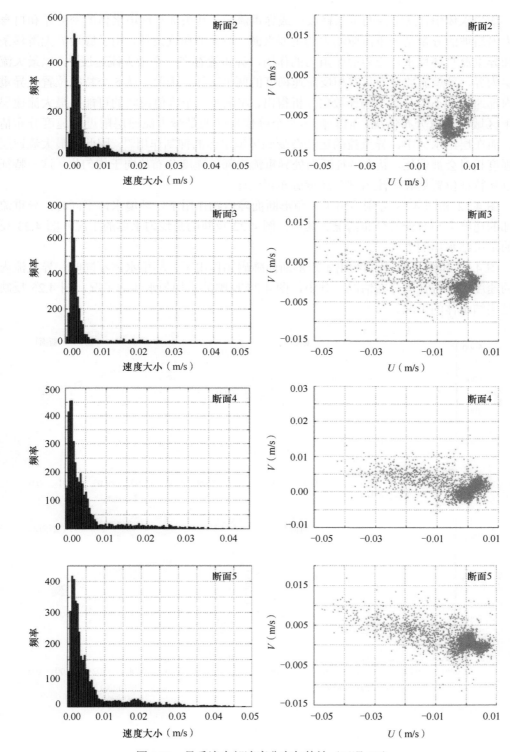

图 4.21　异重流内部速度分布与统计（工况 C1）

均匀水体中，闸室内的重水释放形成异重流后，其头部与环境水体的密度差和自身重力沿斜坡的分量是异重流驱动力的主要来源。前人的研究发现，由于底边界无滑移条件和异重流与环境水体交界面摩阻力的作用，异重流存在一个最大流速层[7]。以最大流速层为界，异重流被分为具有相反流速梯度的两个区域。因此，从 5 个特征位置处异重流内部速度大小的分布与统计数据分析得出，左侧第一个峰值反映的可能是最大流速层上下区域的流速分布情况，而右侧第二个峰值反映的是最大流速层附近的速度分布情况。而在层结水体中，异重流的运动会受到环境水体的抑制作用[9]。因此，最大流速层的强度相对会被弱化，整个特征断面处异重流内部的速度分布趋向于均匀化。这一特征可以从特征位置处异重流内部分速度分布得到印证。

图 4.22 和图 4.23 分别给出了三角形断面障碍物作用下，环境水体不同时，异重流内部的速度大小统计与分布情况。其中，图 4.22 反映的是均匀水体的工况，图 4.23 反映的是层结水体的工况。

图 4.24 和图 4.25 分别给出了矩形断面障碍物作用下，环境水体不同时，异重流内部的速度大小统计与分布情况。其中，图 4.24 反映的是均匀水体的工况，图 4.25 反映的是层结水体的工况。

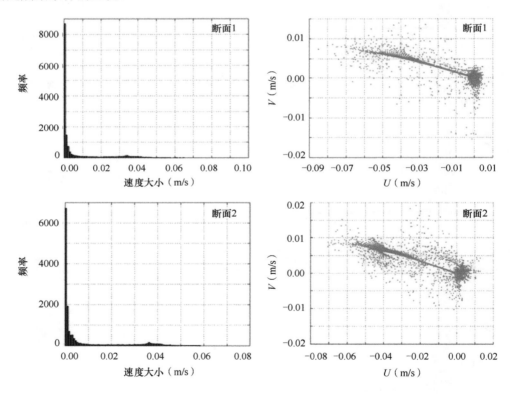

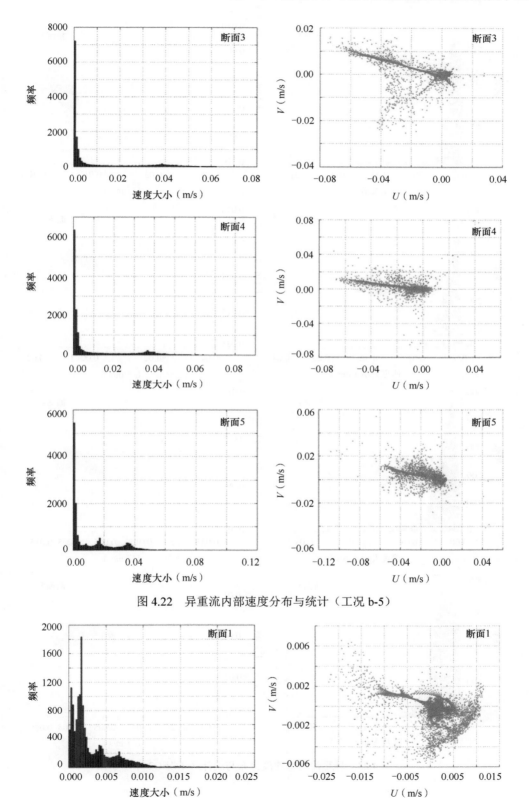

图 4.22　异重流内部速度分布与统计（工况 b-5）

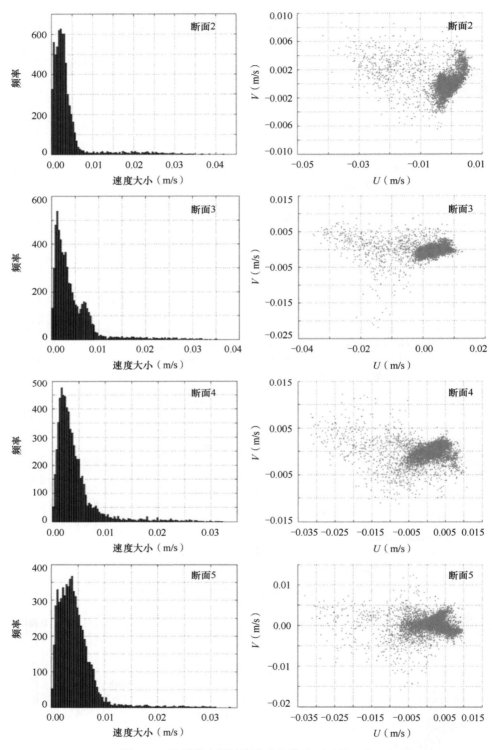

图 4.23　异重流内部速度分布与统计（工况 C2）

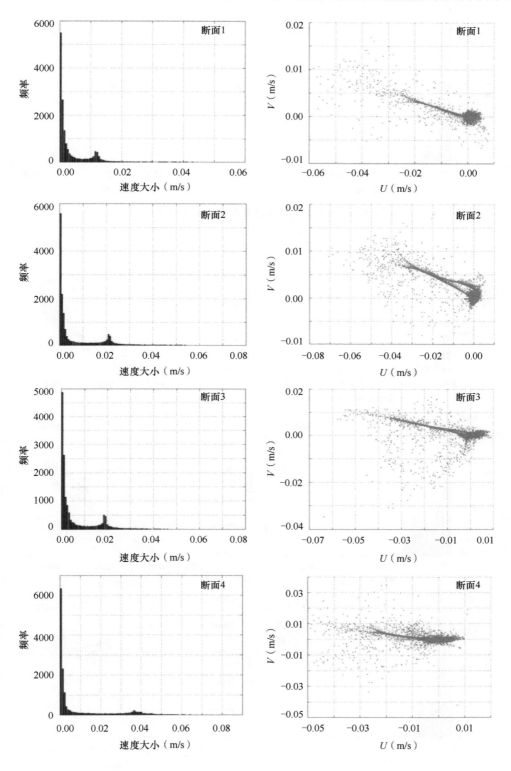

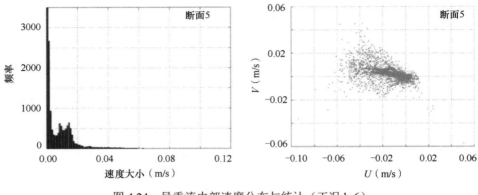

图 4.24　异重流内部速度分布与统计（工况 b-6）

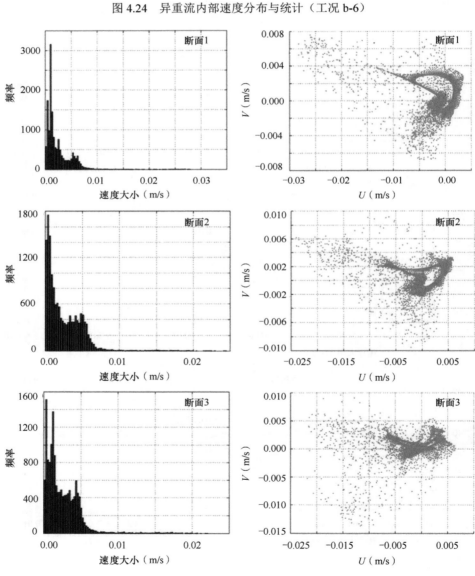

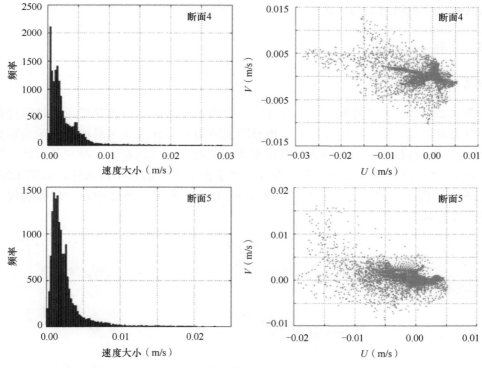

图 4.25　异重流内部速度分布与统计（工况 C3）

分析图 4.20～图 4.25 中各特征断面的数据可以发现，与无障碍物时相比，有障碍物作用时，异重流在遇障碍物前，其内部的速度大小统计结果和分布情况与无障碍物时相近。在均匀水体中，各特征断面的速度大小分布有两个峰值，左侧第一个峰附近的数据点很多，速度相对较小，右侧第二个峰附近的速度相对较大。此外，分速度的分布呈明显的条带状。而在层结水体中，各特征断面的速度大小分布只有一个峰值，峰值两侧变化较为平缓，峰值处的数据点较均匀水体中明显减少。同时还可以得出，其分速度近似呈点状分布。

越过障碍物顶部特征断面后，异重流内部的速度大小统计结果和分布情况与无障碍物时明显不同。从速度分布的散点图可以看出，异重流越障后的速度分布变得更加均匀。对于均匀水体环境，典型的特点是：之前的条带状分布消失，呈散点状集中分布。对于层结水体环境，较为突出的特点是：散点分布较之前更加集中。这是因为，障碍物的存在会对异重流产生阻碍作用，导致异重流的速度减小。而减小或损失（对矩形断面障碍物而言）的动能会蓄积为势能，转化为异重流越障后的动能，因此异重流继续向下游运动。能量之间的相互转化是通过异重流的运动状态改变实现的。在此过程中，异重流内部及环境水体之间会发生剧烈的掺混，使得异重流内部的速度分布趋向于均匀化。异重流内部速度大小的统计结果可以间接印证上述结论。从图 4.22（断面 5）和图 4.23（断面 5）可以发现，两个峰值之间的距离变小，且峰值两侧的变幅减缓，右侧的这一现象更加突出。因此，最大流速层的强度相对会被弱化，整个异重流内部的速度分布趋向于均匀化。

4.3.3 分离特性研究

1. 分离形态分析

图 4.26 给出了三角形和矩形两种断面障碍物作用时，斜坡异重流的越障过程和水平分离发生的形态。分析发现，三角形断面障碍物后异重流在斜坡上的运动距离和"分离点"的位置更远，"分离区"范围更大。同时，还可以看出，在三角形断面障碍物作用下，"分离区"沿水深方向上有许多"手指状"[32]的水平侵入体，如图 4.26a3、图 4.26c2 和图 4.26e2 所示，而图 4.26b3、图 4.26d2 和图 4.26f2 中这一现象的尺度和范围都没有前者大。

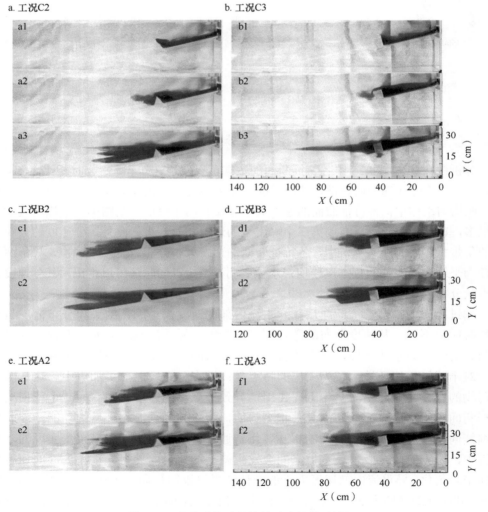

图 4.26　有障碍物时斜坡异重流的发展过程

三角形断面障碍物后异重流在斜坡上的"分离区"范围更大、运动距离和"分离点"位置更远的原因是：相比于矩形断面障碍物，三角形断面障碍物的迎流面和背流面具有坡度，异重流保留了沿斜坡方向的动量，因此在越障后可以在自身惯性的作用下继续沿斜坡向下游传播。

三角形断面障碍物后"手指状"[32]水平侵入体增多的原因是：环境水体为层结水体，使得不同位置处的异重流都有发生水平分离的可能，而三角形断面障碍物后方异重流湍动比较剧烈，与存在密度梯度的环境层结水体不断发生掺混，使得不同深度处异重流的密度接近附近环境水体的密度，进而出现众多"手指状"水平入侵。

2. 分离深度分析

表 4.9 给出了障碍物对异重流分离深度幅度变化的影响。分析表 4.9 中的数据可以发现，同一坡度工况下，6°斜坡时，由于三角形断面障碍物和矩形断面障碍物的阻挡，与无障碍工况相比，分离深度减小，减幅分别为 33.3%和 34.6%；9°斜坡时，减幅分别为 31.7%和 41.0%；12°斜坡时，减幅分别为 36.8%和 48.9%。同时可以发现，同一工况下，相比于三角形断面障碍物，矩形断面障碍物作用时分离深度的减幅更大，6°斜坡增大 1.3 个百分点，9°斜坡增大 9.3 个百分点，12°斜坡增大 12.1 个百分点。

表 4.9　障碍物对异重流分离深度幅度变化的影响（%）

障碍物断面形态	6°	9°	12°
△	−33.3	−31.7	−36.8
□	−34.6	−41.0	−48.9

注：障碍物高度为 5cm

表 4.10 给出了有障碍物作用时斜坡坡度对异重流分离深度幅度变化的影响。分析表 4.10 中的数据可以发现，无障碍物时，相比于 6°斜坡，9°斜坡时分离深度增幅为 7.3%，12°斜坡时分离深度增幅为 21.3%；5cm 三角形断面障碍物作用时，9°斜坡时分离深度增幅为 10%，12°斜坡时分离深度增幅为 15%；5cm 矩形断面障碍物作用时，9°斜坡时分离深度增幅为–3.1%，12°斜坡时分离深度增幅为–5.1%。

表 4.10　有障碍物作用时斜坡坡度对异重流分离深度幅度变化的影响（%）

障碍物断面形态	6°～9°	6°～12°
N.A.	7.3	21.3
△	10	15
□	−3.1	−5.1

注：障碍物高度为 5cm

无障碍物时，斜坡坡度的增大会导致异重流分离深度增大，这与 He 等[12]和林挺[8]的研究结果（当坡度在 6°至 30°变化时，分离深度至多提高 28%）一致。但有障碍物作用时，斜坡坡度的增大对于分离深度的影响并没有明显的规律。对于三角形断面障碍物，斜坡坡度的增大会使得分离深度增大，而对于矩形断面障碍物，随着斜坡坡度的增大，分离深度有减小的趋势。

4.4 头部速度和分离深度预测公式建立与验证

4.4.1 异重流遇障碍物的运动预测公式建立

目前还没有系统的关于有障碍物时沿坡异重流头部速度的研究。由于障碍物等地形突变对异重流的演变过程会产生重要影响，本节将对此开展研究。

有障碍物作用时，异重流原来的运动状态被破坏，在原来加速阶段的中后期会经历一个"先减速再加速"的阶段，而后再次进入减速阶段沿斜坡向下运动。为了便于定性分析和定量计算各阶段异重流头部速度的发展过程，本书将初始加速阶段的头部速度定义为 U_{f1}，将第一减速阶段的头部速度定义为 U_{f2}，将第二加速阶段的头部速度定义为 U_{f3}，将第二减速阶段的头部速度定义为 U_{f4}。

当层结环境水体的相对层结度 $S_r > 1$（强层结，$S_r = \dfrac{\rho_B - \rho_s}{\rho_{c0} - \rho_s}$）时，受斜坡长度限制，闸室内重流体释放后形成的异重流越障后沿斜坡运动的距离很短，半椭圆形头部难以再次形成或形成后不会沿斜坡长距离运动，而以水平入侵方式嵌入环境水体，进入水平分离阶段[19]。当层结环境水体的相对层结度 $0 \leqslant S_r \leqslant 1$ 时，异重流越障后会形成新的头部继续沿斜坡运动。因此，本节给出的有障碍物时异重流头部速度计算公式仅适用于环境水体为弱层结时（$0 \leqslant S_r \leqslant 1$）的工况。

上述"先减速再加速"阶段发生在原来加速阶段的中后期，其中，减速区间和加速区间分别约为 1 个闸室长（l_0）。因此，在前文提出的无障碍物时沿坡异重流头部速度优化公式的基础上，通过考虑有障碍物时异重流头部速度的最大减幅、障碍物高度、环境水体相对层结度、闸室重心降低等因素的影响，得到了预测有障碍物时斜坡异重流在弱层结水体中运动的头部速度公式。

当 $x_f \leqslant 2l_0$ 时，即遇到障碍物之前，异重流的运动状态和无障碍物时相似，可以采用无障碍物时优化的头部速度公式来预测其头部速度 U_{f1} 在初始加速阶段的发展过程：

$$u_{f1} = \frac{\mathrm{d}x_f}{\mathrm{d}t} = \frac{P\sqrt{x_f(1 - Wx_f)}}{x_f + X_0} \tag{4.2}$$

当 $2l_0 < x_f \leqslant 3l_0$ 时，即异重流遇障碍物时，由于障碍物的阻挡作用，其头部速度开始减小，部分减小的动能会转化为越障的势能蓄积。环境水体弱层结时，这一阶段处于初始加速阶段的中后期，本书通过分析大量实验数据，在式（4.2）的基础上得到第一减速阶段头部速度 u_{f2} 的公式：

$$u_{f2} = u_{f20}\left(1 - S_d \frac{x_f - 2l_0}{l_0}\right) \tag{4.3}$$

式中，u_{f20} 是第一加速阶段末和第一减速阶段初转掠点处异重流的头部速度，可以通过式（4.2）计算得出，即 $u_{f20} = u_{f1}(2l_0)$；S_d 反映的是第一减速阶段异重流头部速度减幅（与第一加速阶段末异重流头部速度最大值相比）的系数。本书的实验数据表明，S_d 的取值与障碍物高度相关，当障碍物高度/闸门开度=0 时，取值为 0；当障碍物高度/闸门开度=1.2 时，取值为 0.45；当障碍物高度/闸门开度=2 时，取值为 0.55。

当 $3l_0 < x_f \leqslant 4l_0$ 时，异重流越过障碍物，再次形成新的头部；同时，异重流越障过程中蓄积的势能会再次转化为向下游运动的动能。环境水体弱层结时，这一阶段处于初始加速阶段末期，通过大量实验数据分析，在公式（4.3）的基础上得到第二加速阶段头部速度 U_{f3} 的公式：

$$u_{f3} = u_{f20} \left[(1 - S_d) + \frac{(S_a + S_d)(x_f - 3l_0)}{l_0} \right] \tag{4.4}$$

式中，S_a 反映的是异重流第二加速阶段的加速幅度（与第一加速阶段末异重流头部速度最大值相比）。本书的实验结果表明，S_a 的取值与障碍物高度有关，当障碍物高度/闸门开度=0 时，取值为 0；当障碍物高度/闸门开度=1.2 时，取值为 0.1；当障碍物高度/闸门开度=2 时，取值为 0.05。

$x_f > 4l_0$ 时，异重流头部完全越过障碍物，进入第二减速阶段。由于远离障碍物，这一阶段异重流头部受障碍物的影响很微弱，可以认为异重流进入充分减速阶段，其头部速度变化规律与无障碍物时相似，可通过在无障碍物时优化的头部速度公式中引入系数 η_r 来得到第二减速阶段头部速度 U_{f4} 的计算公式：

$$u_{f4} = \frac{dx_f}{dt} = \eta_r \frac{\sqrt{I/(x_f + X_0) + J}}{M + G(x_f + X_0)} \tag{4.5}$$

式中，η_r 为反映越障过程中异重流头部速度减幅的系数，定义为：有障碍物时第二加速阶段末位置处（$x_f = 4l_0$）用公式（4.4）计算的头部速度与无障碍物时该位置头部速度的比值。

4.4.2 异重流遇障碍物的运动预测公式验证

图 4.27 和图 4.28 给出了有障碍物作用时斜坡异重流头部速度和位置的变化过程。其中，实线是将公式（4.2）～公式（4.5）应用于部分组次实验工况得到的计算值；散点是有障碍物时异重流头部速度和位置的水槽实验实测值。

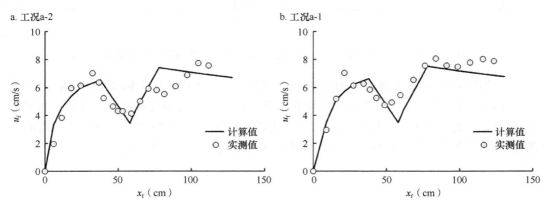

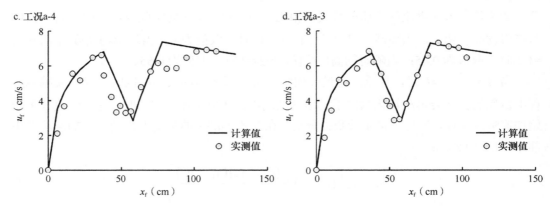

图 4.27　有障碍物作用时斜坡（$\theta=9°$）异重流头部速度和位置的变化过程

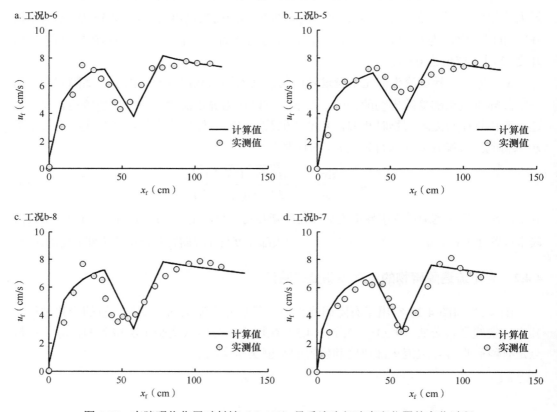

图 4.28　有障碍物作用时斜坡（$\theta=12°$）异重流头部速度和位置的变化过程

对比图 4.27 和图 4.28 中的计算值与实测值，可以发现：由于障碍物的阻挡，异重流原来的运动状态被破坏，在原加速阶段后期会经历一个先减速再加速的阶段。利用公式（4.2）～公式（4.5）得到的计算值与水槽实验实测值较为吻合，说明本节提出的头部速度计算公式，为计算有障碍物时异重流头部速度提供了一种方法。

4.4.3　异重流遇障碍物的分离深度预测公式建立

障碍物的存在对异重流分离深度的影响可以概化为两个方面。一方面，障碍物的阻挡作用使得一部分异重流停滞在障碍物的上游侧，使越过障碍物的异重流体积减小，从而改变异重流头部的驱动力，影响异重流在斜坡上的运动时间和运动距离。另一方面，障碍物等三维地形的存在，对湍动具有强化作用，可以加剧越障过程中异重流内部和与外部环境层结水体之间的掺混，使其密度逐渐减小，从而改变异重流从斜坡上分离的位置。

综上，本节考虑在公式（3.58）中引入障碍物阻挡系数 λ_1 来反映异重流被阻挡部分对其驱动力的影响；同时，考虑用修正的入流单宽浮力通量 B' 来反映障碍物对湍动、掺混的强化作用。因此，有障碍物时分离深度 H_S 的计算公式如下：

$$H_S = 1.87 \left(\frac{\sin\theta}{0.0055\theta + 0.063} \right)^{1/3} B'^{1/3} \Big/ N \tag{4.6}$$

式中，B' 为有障碍物时修正的入流单宽浮力通量，定义式如下：

$$B' = (1 - \lambda_1) U_0 h_1 \frac{(\rho_{cm} - \rho_{h0})}{\rho_{h0}} g \tag{4.7}$$

式中，λ_1 为被障碍物阻挡的异重流体积占初始异重流体积的比重，表达式如式（4.8）所示；U_0 为异重流初始形成时的头部速度，表达式如式（4.9）所示；ρ_{cm} 为障碍物前考虑层结环境水体与异重流掺混后的异重流密度，定义式为式（4.10）。

$$\lambda_1 = \frac{V_b}{V_0} = \frac{h_{ob}^{\ 2}}{6 h_0 l_0 \tan\theta} \tag{4.8}$$

式中，V_b 为被障碍物阻挡的异重流体积；V_0 为初始异重流体积；h_{ob} 为障碍物高度。

$$U_0 = Fr_0 (1 - 2S_0/3)^{0.5} \sqrt{h_1 \frac{\rho_{c0} - \rho_{h0}}{\rho_{h0}} g} \tag{4.9}$$

$$\rho_{cm} = \frac{\rho_{c0} V_0 + \rho_b V_b}{V_0 + V_b} = \frac{\rho_{c0} h_0 l_0 + \rho_b h_{ob}^2 / 6\tan\theta}{h_0 l_0 + h_{ob}^2 / 6\tan\theta} \tag{4.10}$$

式中，ρ_b 为障碍物前被阻挡的层结环境水体的平均密度，定义式如下：

$$\rho_b = \frac{\rho_{bT} + \rho_{bB}}{2} \tag{4.11}$$

式中，ρ_{bT} 和 ρ_{bB} 分别是障碍物底部和顶部中心处层结环境水体的密度，表达式如下：

$$\rho_{bT} = \rho_{h0} + x_f m \sin\theta - h_{ob}^2 m \cos\theta \tag{4.12}$$

$$\rho_{bB} = \rho_{h0} + x_f m \sin\theta \tag{4.13}$$

将式（4.12）、式（4.13）代入式（4.11）中可得

$$\rho_b = \rho_{h0} + m \left(\sin\theta x_f - \frac{1}{2} h_{ob}^2 \cos\theta \right) \tag{4.14}$$

综上，可得有障碍物时层结水体中异重流分离深度的计算公式：

$$H_S = 1.87 \left(\frac{\sin\theta}{0.0055\theta + 0.063} \right)^{1/3} \left[(1-\lambda_1)U_0 h_1 \frac{(\rho_{cm} - \rho_{h0})}{\rho_{h0}} g \right]^{1/3} \Big/ N \qquad (4.15)$$

需要注意的是，当 $h_{ob}=0$ 时，公式（4.15）就转化为无障碍物时的分离深度计算公式（3.58）。

4.4.4 异重流遇障碍物的分离深度预测公式验证

为了验证公式（4.15）的可行性，将公式（4.15）应用于表 4.5 中各工况，求得各工况下分离深度的计算值，并与实测值进行对比，结果如表 4.11 所示。可以看出，有障碍物时，公式（4.15）计算的分离深度值与实测值幅差在 13.6% 以内；无障碍物时，幅差在 5% 左右，这说明本节提出的公式（4.15）可用于层结水体中有障碍物时斜坡异重流分离深度的预测。

表 4.11　异重流从斜坡分离的深度实测值与计算值

参数	A1	A2	A3	B1	B2	B3	C1	C2	C3
H_S 实测值（cm）	15.0	10.0	9.80	16.1	11.0	9.50	18.2	11.5	9.30
H_S 计算值（cm）	14.3	11.3	10.6	15.2	12.1	10.5	19.1	13.1	10.1
幅差（%）	4.67	12.9	8.43	5.64	9.21	10.3	4.60	13.6	8.17

注：表中数据经过数值修约，存在舍入误差

第 5 章　层结水体环境中异重流流经植被群特性的研究

5.1　实验工况与参数

异重流流经刚性植被群的特性研究的系列实验，其相对层结度 S_r 根据坡型不同分别定义为

$$平坡：\quad S_r = \frac{\rho_{aB} - \rho_{aT}}{\rho_{c0} - \rho_{aT}} \tag{5.1}$$

$$斜坡：\quad S_r = \frac{\rho_{aB} - \rho_{h_{s0}}}{\rho_{c0} - \rho_{h_{s0}}} \tag{5.2}$$

式中，ρ_{aB} 为环境水体底层密度；ρ_{aT} 为环境水体顶层密度；ρ_{c0} 为闸室内盐水初始密度；$\rho_{h_{s0}}$ 为斜坡顶端环境水体密度。

异重流形成的初始约化重力加速度 g_0' 根据坡型不同分别定义[33]为

$$平坡：\quad g_0' = \frac{\rho_{c0} - \rho_{aT}}{\rho_{c0}} g \tag{5.3}$$

$$斜坡：\quad g_0' = \frac{\rho_{c0} - \rho_{h_{s0}}}{\rho_{c0}} g \tag{5.4}$$

此外，描述异重流运动特性的参数还包括整体雷诺数 Re_B（bulk Reynolds number）[34] 和整体弗劳德数 Fr_B（bulk Froude number）：

$$Re_B = \frac{Uh_0}{v} \tag{5.5}$$

$$Fr_B = \frac{U}{\sqrt{g_0'h_0}} \tag{5.6}$$

式中，U 为异重流头部平均速度；h_0 表示闸室内初始水深。

植被密度 φ（植被群所占面积与其区域水槽底床面积之比）的计算公式为

$$\varphi = \frac{N\pi D^2}{4L_v W_v} \tag{5.7}$$

式中，N 为植被数目；D 为植被直径；L_v 为植被群长度；W_v 为植被群宽度。其他相关参数为：H_v 为植被高度，a_f 为植被高度与环境水深 H 的比值。

实验采用闸室长度 L_f（平坡）或 L_s（斜坡）对异重流头部位置进行无量纲化，采用重力波特征传播速度 $\sqrt{g_0'h_0}$ 对异重流头部速度进行无量纲化。表 5.1 给出了总体实验变量信息。

表 5.1 总体实验变量信息表

变量	1	2	3	4
实验类型	影像	PIV	N.A.	N.A.
坡度（°）	0	6	9	12
植被高度（cm）	3	6	16（仅平坡）	30（仅斜坡）
植被密度	$\varphi = 0.0\%$	$\varphi = 4.5\%$	$\varphi = 9.0\%$	$\varphi = 18.0\%$
相对层结度	$S_r = 0$	$0 < S_r < 1$	$1 < S_r < 2$	N.A.

系列实验通过控制植被高度、密度、相对层结度等变量，于平坡水槽中开展 30 组不同工况的实验，表 5.2 给出了不同工况的具体参数。

表 5.2 平坡异重流实验工况表

序号	工况	L_v (cm)	H_v (cm)	a_f	φ (%)	g_0' (cm/s²)	S_r	U (cm/s)	Re_B	Fr_B
1	N0-1	0	0	0.00	0.0	0.114	0.000	4.69	6566	0.37
2	N0-2	0	0	0.00	0.0	0.104	0.489	3.84	5376	0.32
3	N0-3	0	0	0.00	0.0	0.062	0.869	2.02	2828	0.22
4	A1-1	80	3	0.21	4.5	0.113	0.000	3.18	4452	0.25
5	A1-2	80	3	0.21	4.5	0.102	0.497	3.14	4396	0.26
6	A1-3	80	3	0.21	4.5	0.062	0.860	1.76	2464	0.19
7	A2-1	80	3	0.21	9.0	0.113	0.000	2.62	3668	0.21
8	A2-2	80	3	0.21	9.0	0.104	0.500	2.76	3864	0.23
9	A2-3	80	3	0.21	9.0	0.061	0.843	1.72	2408	0.19
10	A3-1	80	3	0.21	18.0	0.113	0.000	2.58	3612	0.21
11	A3-2	80	3	0.21	18.0	0.100	0.500	2.84	3976	0.24
12	A3-3	80	3	0.21	18.0	0.062	0.845	1.85	2590	0.20
13	B1-1	80	6	0.43	4.5	0.113	0.000	2.59	3626	0.21
14	B1-2	80	6	0.43	4.5	0.101	0.493	2.34	3276	0.20
15	B1-3	80	6	0.43	4.5	0.060	0.856	1.84	2576	0.20
16	B2-1	80	6	0.43	9.0	0.113	0.000	3.22	4508	0.26
17	B2-2	80	6	0.43	9.0	0.103	0.493	2.13	2982	0.18
18	B2-3	80	6	0.43	9.0	0.060	0.856	1.78	2492	0.19
19	B3-1	80	6	0.43	18.0	0.113	0.000	2.53	3542	0.20
20	B3-2	80	6	0.43	18.0	0.104	0.493	2.08	2912	0.17
21	B3-3	80	6	0.43	18.0	0.060	0.852	1.86	2604	0.20
22	C1-1	80	16	1.00	4.5	0.113	0.000	2.96	4144	0.24
23	C1-2	80	16	1.00	4.5	0.102	0.489	2.37	3318	0.20
24	C1-3	80	16	1.00	4.5	0.060	0.854	1.70	2380	0.19
25	C2-1	80	16	1.00	9.0	0.113	0.000	2.80	3920	0.22
26	C2-2	80	16	1.00	9.0	0.106	0.497	2.64	3696	0.22
27	C2-3	80	16	1.00	9.0	0.064	0.851	1.84	2576	0.19
28	C3-1	80	16	1.00	18.0	0.113	0.000	2.31	3234	0.18

续表

序号	工况	L_v (cm)	H_v (cm)	a_f	φ (%)	g_0' (cm/s²)	S_r	U (cm/s)	Re_B	Fr_B
29	C3-2	80	16	1.00	18.0	0.104	0.493	2.06	2884	0.17
30	C3-3	80	16	1.00	18.0	0.050	0.850	1.89	2646	0.23

注：N 表示无植被工况，A、B、C 表示有植被工况，且植被高度分别为 3cm、6cm、16cm；0-*、1-*、2-*、3-*表示植被密度分别为 0.0%、4.5%、9.0%、18.0%；*-1、*-2、*-3 表示相对层结度分别等于 0.000 和近似于 0.500、0.850

本实验通过控制植被高度、密度、相对层结度、坡度（6°～12°）等变量，于斜坡水槽中开展 90 组不同工况的实验，表 5.3 给出了不同工况的具体参数。

表 5.3　斜坡异重流实验工况表

序号	工况	L_v (cm)	H_v (cm)	a_f	φ (%)	S_r	θ (°)	g_0' (cm/s²)	U (cm/s)	Re_B	Fr_B
1	N0-1-1	0	0	0.00	0.0	0.000	6	0.114	5.20	4680	0.51
2	N0-1-2	0	0	0.00	0.0	0.000	9	0.113	4.53	4077	0.45
3	N0-1-3	0	0	0.00	0.0	0.000	12	0.114	4.58	4122	0.45
4	N0-2-1	0	0	0.00	0.0	0.863	6	0.107	4.63	4167	0.47
5	N0-2-2	0	0	0.00	0.0	0.868	9	0.100	3.29	2961	0.35
6	N0-2-3	0	0	0.00	0.0	0.859	12	0.104	3.65	3285	0.38
7	N0-3-1	0	0	0.00	0.0	1.117	6	0.100	3.71	3339	0.39
8	N0-3-2	0	0	0.00	0.0	1.120	9	0.104	2.88	2592	0.30
9	N0-3-3	0	0	0.00	0.0	1.109	12	0.101	3.15	2835	0.33
10	A1-1-1	30	3	0.33	4.5	0.000	6	0.112	4.53	4077	0.45
11	A1-1-2	30	3	0.33	4.5	0.000	9	0.113	4.26	3834	0.42
12	A1-1-3	30	3	0.33	4.5	0.000	12	0.113	4.35	3915	0.43
13	A1-2-1	30	3	0.33	4.5	0.865	6	0.102	4.02	3618	0.42
14	A1-2-2	30	3	0.33	4.5	0.863	9	0.107	3.18	2862	0.32
15	A1-2-3	30	3	0.33	4.5	0.859	12	0.103	3.44	3096	0.36
16	A1-3-1	30	3	0.33	4.5	1.114	6	0.100	3.51	3159	0.37
17	A1-3-2	30	3	0.33	4.5	1.119	9	0.104	2.74	2466	0.28
18	A1-3-3	30	3	0.33	4.5	1.114	12	0.103	2.98	2682	0.31
19	A2-1-1	30	3	0.33	9.0	0.000	6	0.115	4.34	3906	0.43
20	A2-1-2	30	3	0.33	9.0	0.000	9	0.116	3.84	3456	0.38
21	A2-1-3	30	3	0.33	9.0	0.000	12	0.114	4.03	3627	0.40
22	A2-2-1	30	3	0.33	9.0	0.865	6	0.103	3.65	3285	0.38
23	A2-2-2	30	3	0.33	9.0	0.861	9	0.105	2.76	2484	0.28
24	A2-2-3	30	3	0.33	9.0	0.862	12	0.106	3.12	2808	0.32
25	A2-3-1	30	3	0.33	9.0	1.104	6	0.100	2.83	2547	0.30
26	A2-3-2	30	3	0.33	9.0	1.084	9	0.104	1.96	1764	0.20
27	A2-3-3	30	3	0.33	9.0	1.101	12	0.102	2.37	2133	0.25
28	A3-1-1	30	3	0.33	18.0	0.000	6	0.113	4.11	3699	0.41
29	A3-1-2	30	3	0.33	18.0	0.000	9	0.114	3.68	3312	0.36
30	A3-1-3	30	3	0.33	18.0	0.000	12	0.114	3.87	3483	0.38

续表

序号	工况	L_v (cm)	H_v (cm)	a_f	φ (%)	S_r	θ (°)	g'_0 (cm/s²)	U (cm/s)	Re_B	Fr_B
31	A3-2-1	30	3	0.33	18.0	0.865	6	0.103	3.41	3069	0.35
32	A3-2-2	30	3	0.33	18.0	0.869	9	0.100	2.66	2394	0.28
33	A3-2-3	30	3	0.33	18.0	0.861	12	0.106	2.73	2457	0.28
34	A3-3-1	30	3	0.33	18.0	1.149	6	0.103	2.36	2124	0.25
35	A3-3-2	30	3	0.33	18.0	1.104	9	0.100	1.81	1629	0.19
36	A3-3-3	30	3	0.33	18.0	1.116	12	0.101	2.05	1845	0.22
37	B1-1-1	30	6	0.67	4.5	0.000	6	0.113	4.23	3807	0.42
38	B1-1-2	30	6	0.67	4.5	0.000	9	0.114	4.06	3654	0.40
39	B1-1-3	30	6	0.67	4.5	0.000	12	0.114	4.11	3699	0.41
40	B1-2-1	30	6	0.67	4.5	0.868	6	0.100	3.42	3078	0.36
41	B1-2-2	30	6	0.67	4.5	0.862	9	0.106	2.88	2592	0.29
42	B1-2-3	30	6	0.67	4.5	0.861	12	0.106	3.04	2736	0.31
43	B1-3-1	30	6	0.67	4.5	1.102	6	0.100	2.91	2619	0.31
44	B1-3-2	30	6	0.67	4.5	1.119	9	0.104	2.22	1998	0.23
45	B1-3-3	30	6	0.67	4.5	1.086	12	0.102	2.39	2151	0.25
46	B2-1-1	30	6	0.67	9.0	0.000	6	0.113	4.08	3672	0.40
47	B2-1-2	30	6	0.67	9.0	0.000	9	0.112	3.84	3456	0.38
48	B2-1-3	30	6	0.67	9.0	0.000	12	0.113	3.77	3393	0.37
49	B2-2-1	30	6	0.67	9.0	0.867	6	0.100	3.15	2835	0.33
50	B2-2-2	30	6	0.67	9.0	0.864	9	0.107	2.66	2394	0.27
51	B2-2-3	30	6	0.67	9.0	0.867	12	0.105	2.79	2511	0.29
52	B2-3-1	30	6	0.67	9.0	1.110	6	0.100	2.70	2430	0.28
53	B2-3-2	30	6	0.67	9.0	1.112	9	0.105	1.88	1692	0.19
54	B2-3-3	30	6	0.67	9.0	1.106	12	0.104	1.95	1755	0.20
55	B3-1-1	30	6	0.67	18.0	0.000	6	0.113	3.97	3573	0.39
56	B3-1-2	30	6	0.67	18.0	0.000	9	0.113	3.56	3204	0.35
57	B3-1-3	30	6	0.67	18.0	0.000	12	0.114	3.62	3258	0.36
58	B3-2-1	30	6	0.67	18.0	0.865	6	0.103	3.01	2709	0.31
59	B3-2-2	30	6	0.67	18.0	0.862	9	0.106	2.43	2187	0.25
60	B3-2-3	30	6	0.67	18.0	0.862	12	0.107	2.46	2214	0.25
61	B3-3-1	30	6	0.67	18.0	1.090	6	0.103	2.23	2007	0.23
62	B3-3-2	30	6	0.67	18.0	1.158	9	0.104	1.77	1593	0.18
63	B3-3-3	30	6	0.67	18.0	1.064	12	0.103	1.82	1638	0.19
64	C1-1-1	30	30	1.00	4.5	0.000	6	0.113	3.83	3447	0.38
65	C1-1-2	30	30	1.00	4.5	0.000	9	0.113	3.70	3330	0.37
66	C1-1-3	30	30	1.00	4.5	0.000	12	0.114	3.75	3375	0.37
67	C1-2-1	30	30	1.00	4.5	0.868	6	0.100	3.04	2736	0.32
68	C1-2-2	30	30	1.00	4.5	0.858	9	0.103	2.80	2520	0.29
69	C1-2-3	30	30	1.00	4.5	0.869	12	0.107	2.85	2565	0.29
70	C1-3-1	30	30	1.00	4.5	1.114	6	0.100	2.81	2529	0.30

续表

序号	工况	L_v (cm)	H_v (cm)	a_f	φ (%)	S_r	θ (°)	g_0' (cm/s²)	U (cm/s)	Re_B	Fr_B
71	C1-3-2	30	30	1.00	4.5	1.084	9	0.100	2.13	1917	0.22
72	C1-3-3	30	30	1.00	4.5	1.071	12	0.104	2.16	1944	0.22
73	C2-1-1	30	30	1.00	9.0	0.000	6	0.113	3.77	3393	0.37
74	C2-1-2	30	30	1.00	9.0	0.000	9	0.113	3.65	3285	0.36
75	C2-1-3	30	30	1.00	9.0	0.000	12	0.114	3.70	3330	0.37
76	C2-2-1	30	30	1.00	9.0	0.863	6	0.102	2.95	2655	0.31
77	C2-2-2	30	30	1.00	9.0	0.863	9	0.102	2.60	2340	0.27
78	C2-2-3	30	30	1.00	9.0	0.865	12	0.103	2.61	2349	0.27
79	C2-3-1	30	30	1.00	9.0	1.112	6	0.100	2.23	2007	0.24
80	C2-3-2	30	30	1.00	9.0	1.084	9	0.100	1.90	1710	0.20
81	C2-3-3	30	30	1.00	9.0	1.081	12	0.100	1.91	1719	0.20
82	C3-1-1	30	30	1.00	18.0	0.000	6	0.114	3.54	3186	0.35
83	C3-1-2	30	30	1.00	18.0	0.000	9	0.115	3.47	3123	0.34
84	C3-1-3	30	30	1.00	18.0	0.000	12	0.114	3.50	3150	0.35
85	C3-2-1	30	30	1.00	18.0	0.866	6	0.100	2.61	2349	0.28
86	C3-2-2	30	30	1.00	18.0	0.869	9	0.101	2.40	2160	0.25
87	C3-2-3	30	30	1.00	18.0	0.861	12	0.106	2.39	2151	0.24
88	C3-3-1	30	30	1.00	18.0	1.139	6	0.104	2.06	1854	0.21
89	C3-3-2	30	30	1.00	18.0	1.165	9	0.102	1.72	1548	0.18
90	C3-3-3	30	30	1.00	18.0	1.091	12	0.105	1.74	1566	0.18

注：N 表示无植被工况，A、B、C 表示有植被工况，且植被高度分别为 3cm、6cm、30cm；0-*-*、1-*-*、2-*-*、3-*-* 表示植被密度分别为 0.0%、4.5%、9.0%、18.0%；*-1-*、*-2-*、*-3-* 表示相对层结度分别等于 0.000 和近似于 0.850、1.100；*-*-1、*-*-2、*-*-3 表示斜坡坡度分别为 6°、9°、12°

5.2　平坡实验

5.2.1　发展过程分析

1. 现象分析

图 5.1 为均匀水体环境中平坡异重流的发展过程，取闸门开启瞬间为时间零点。由图 5.1 可知，异重流由半椭圆形头部、身部和较薄的尾部三个部分组成[35]。对于无植被工况（图 5.1a），异重流保持典型的头部形态运动至水槽末端，其间头部厚度逐渐减小；对于有植被工况，如图 5.1b 所示，当异重流到达植被区域时，由于异重流的头部高度远大于植被高度，异重流分为两部分运动，一部分异重流会跃至植被顶端，仍保持典型的头部形态，另一部分异重流受植被的阻滞作用穿过植被间隙缓慢前进，头部呈三角形[36]。由于惯性作用，上方异重流继续前进，而下方异重流在植被间运动，速度较慢，因此上方异重流头部和其下方植被间的环境水体（下方异重流尚未到达）形成密度差，形成瑞利-泰勒（R-T）不稳定性结构，驱动上方异重流下潜，稀释作用增强[37]；由于植被的阻

挡效应，异重流身部和尾部区域厚度增大，一部分异重流形成反向水跃，尾部区域产生较大涡旋促进前方异重流与环境水体掺混[37]。当无量纲植被高度 $a_f \geqslant 0.43$ 时，异重流行进所受阻力增强，头部被植被完全阻挡，其行进情况与图 5.1a 中的下方异重流基本一致，异重流的椭圆形头部结构被破坏，呈三角形形态；此外，异重流将于植被前积聚抬升，与异重流头部存在压力梯度力（图 5.1c、图 5.1d）。

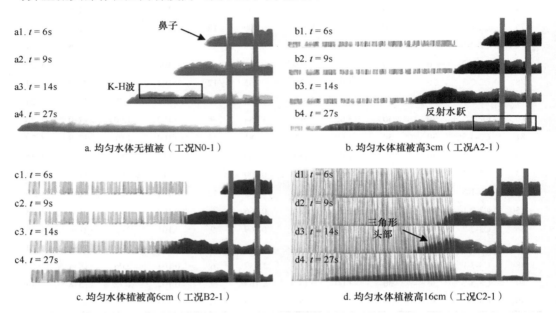

图 5.1 均匀水体环境中平坡异重流的发展过程

在线性分层水体中，由于垂直方向上具有密度梯度，分层水体对异重流的影响表现在其头部厚度减小、K-H 涡减少以及尾部区域出现不明显的入侵体（对比图 5.1a 和 5.2a）。有植被时，植被促进了异重流尾部区域于不同水深处出现入侵趋势（图 5.2b～图 5.2d），且随异重流前进愈加明显，从而增大了异重流的整体尺寸。这是因为闸门开启瞬间重流体在向前下方坍塌过程中以及异重流在前进过程中因植被阻挡形成水跃回流，被环境水体不断稀释，被稀释的重流体密度小于底层环境水体，从而渐次上升形成"手指状"入侵趋势。图 5.2c 中异重流头部高度接近植被高度，异重流尾部区域表现出明显的"手指状"入侵趋势，且异重流行至植被后半段渐趋停滞，头部的三角化较非层结组（图 5.1c）更弱。在该植被高度（ a_f =0.43）下，异重流尾部区域的"手指状"入侵趋势最为显著，这是因为此时异重流头部高度接近植被高度，头部区域整体受到植被阻挡作用，部分重流体形成反射水跃回流并将尾部区域被稀释的较轻流体向上抬升，使其在不同高度与环境水体形成新的密度驱动，呈水平前侵趋势，并在前侵的过程中不受植被阻挡（较图 5.2d 而言）；当 a_f =0.21 时，植被阻挡的异重流较少，尾部区域回流的重流体较少，由此形成的涡旋减少（图 5.2b）；当 a_f =1.00 时，植被对异重流的阻挡作用更彻底，且环境水体的反向运动同样受阻挡，从而削弱了重流体与环境水体的掺混，水平入侵体受其影响，前侵趋势弱化（图 5.2d）。

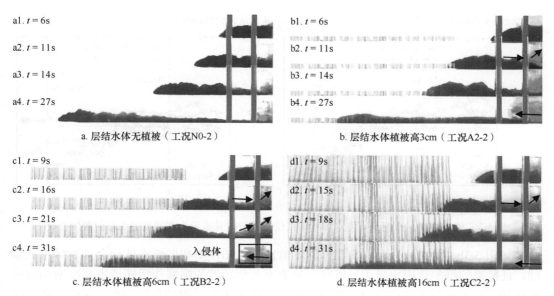

a. 层结水体无植被（工况 N0-2）
b. 层结水体植被高 3cm（工况 A2-2）
c. 层结水体植被高 6cm（工况 B2-2）
d. 层结水体植被高 16cm（工况 C2-2）

图 5.2　层结水体环境中平坡异重流的发展过程

2. 头部速度分析

图 5.3 为异重流分别在不同环境水体中遭遇不同高度及不同密度的植被时头部速度随头部位置的变化。所用无量纲头部速度和位置分别为：$u_f^* = u_f / \sqrt{g_0' h_{f0}}$，$x_f^* = x_f / L_f$，其中 x_f 为异重流头部运动的实际距离（头部位置的起点为闸门左侧底部），u_f 为异重流头部瞬时速度。由图 5.3a 可知，无植被时，异重流自闸门开启后先经历 2～3 个闸室长的加速阶段，略减速后速度基本保持不变运动至 10～12 个闸室长；同一位置处，均匀水体环境中的异重流运动速度普遍大于层结水体环境，并随着相对层结度增大，异重流运动速度减小，这是两相流体密度差引起的驱动力减弱导致的。相较于均匀水体，$S_r \approx$ 0.500 的层结水体中速度峰值减幅为 21.4%，$S_r \approx 0.850$ 的层结水体中速度峰值减幅为 35.7%；与 $S_r \approx 0.500$ 的层结水体相比，$S_r \approx 0.850$ 的层结水体中速度峰值减幅为 18.2%。

a. 环境水体相对层结度的影响
b. 均匀水体中植被高度的影响

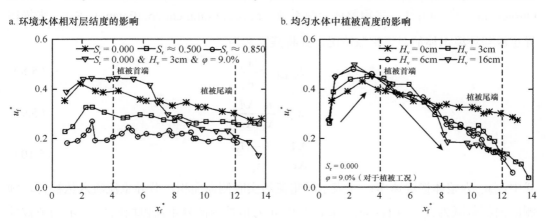

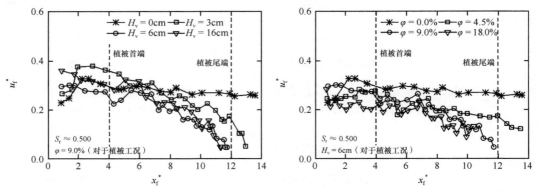

图 5.3　植被高度、密度及环境水体相对层结度不同时异重流头部速度随头部位置的变化

如图 5.3b、图 5.3c 所示，有植被时，植被的阻挡作用和层结水体均会抑制异重流运动，且植被的抑制作用更显著，植被对异重流头部速度的削减作用随植被高度增加而单调递增，原因在于植被高度增加使得异重流在纵向上所受阻挡作用增强，从而在植被前积聚的异重流抬升高度增加，在更多动能转化为势能的同时，异重流与植被区域的接触面积增大，能量耗散增加；在异重流到达植被区域后，由于植被存在阻力作用，头部速度迅速减小，且随着异重流在植被群继续前进，头部与环境水体不断掺混，头部密度减小并产生浮力损失，维持头部前进的补充区域遭受破坏，头部后方的补充流量减小，因此头部速度持续减小；均匀水体（非层结）环境中的异重流仍然能够通过植被区域继续前进，层结水体环境中则不然，这是因为层结水体环境和植被对异重流的双重抑制作用使其动能损失大于均匀水体环境，所以异重流最后静止于植被群中。同时，异重流头部速度于植被区域前段（$x_f^* = 4 \sim 8$）随植被密度增加亦非单调性（图 5.3d），这与前人提出的头部速度随植被密度增大（$\varphi \leqslant 9.0\%$）呈先增大后减小的结论相符[38]。

3. 卷吸系数分析

厘清异重流的掺混机制对进一步了解异重流的动态演化过程有重要作用[39]。结合 Ottolenghi 等[40]的方法，采用整体卷吸系数（bulk entrainment coefficient）E_{i_bulk} 来描述异重流与环境水体的对流扩散情况，并将其定义为

$$E_{i\_bulk} = \frac{w_{ei}}{u_{fi}} \qquad (5.8)$$

$$w_{ei} = \frac{u_i}{x_{fi}} \frac{\Delta A}{\Delta x} \qquad (5.9)$$

$$\frac{\Delta A}{\Delta x} = \frac{A_i - A_0}{x_{fi}} \qquad (5.10)$$

式中，w_{ei} 为整体掺混速率；A_i 表示异重流的实时侧面面积，若异重流流入植被群，则侧面面积折减为 $A_i = A_1(1-\varphi) + A_2$，其中 A_1 为植被内部异重流侧面面积，A_2 为植被外部异重流侧面面积；A_0 表示异重流初始面积，取值 140cm^2；x_{fi} 表示异重流的实时位置。

图 5.4 为不同植被高度、密度和环境水体下异重流卷吸系数随头部位置的变化。均匀水体中，无植被实验组（a_f=0）卷吸系数波动范围（x_f^*=4～12，E_{i_bulk}=0.03～0.09）与前人的研究结果相似；而在层结水体中，卷吸系数波动范围（x_f^*=4～12，E_{i_bulk}=0.001～0.05）下移，并随相对层结度增加而减小（图5.4a）。单论植被或层结水体对异重流掺混的影响：当存在植被且为非层结水体时（图5.4b），植被的阻力作用导致掺混减弱（x_f^*=4～12，E_{i_bulk}=0.001～0.06），卷吸系数随头部位置变化逐渐减小，且随植被高度的增加，掺混略有增强，这是因为植被高度越大，异重流在进入植被群时被阻挡在前的重流体积聚越多，在纵向上与环境水体接触面积越大，掺混就会增强；无植被时（图 5.4a），均匀水体环境中的异重流掺混较层结水体环境中更为剧烈，这是因为层结水体环境中，重流体与环境水体的密度差减小，密度驱动力减小，掺混减弱。当植被与层结水体环境共同作用时（图5.4c），异重流在进入植被群后，二者的共同效应使得异重流掺混（x_f^*=4～12，E_{i_bulk}=0.02～0.13）反而强于存在植被的非层结水体，但在植被后半段两种水体环境中的异重流掺混渐趋一致，这是因为异重流尾部区域存在部分"手指状"重流体入侵体，异重流整体尺寸增大，掺混加剧。随着植被高度和植被密度增大，异重流的卷吸系数皆呈非单调性，这与异重流尾部区域的入侵体有关（图5.4c、图5.4d）。

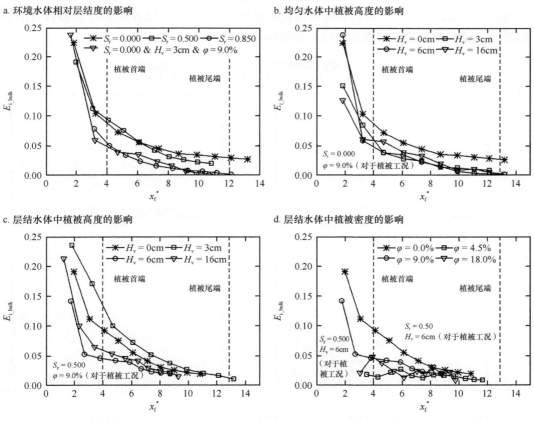

图 5.4　植被高度、密度及环境水体相对层结度不同时异重流卷吸系数随头部位置的变化

5.2.2 局部动力学特性分析

1. 速度场和涡度场分析

    图 5.5 和图 5.6 为在均匀水体环境和层结水体环境中基于 PIV 获得的植被区域附近异重流在 0.1s（10 帧平均）内的平均速度场和涡度场。由图 5.5 可知，从整体上来看，异重流整体速度方向比较一致，基本与底床平行，但速度大小存在差异；异重流内部涡度场呈现上正下负（顺时针为正，逆时针为负），即异重流与环境水体的交界面上涡度为正，异重流与底床交界附近涡度为负。其中，在异重流与底床交界层中，无滑移边界条件以及底床边界黏性作用导致了负涡度；在异重流与环境水体交界层中，湍动作用引起的 K-H 涡和斜压不稳定性（密度与压力梯度不平行）导致了正涡度，K-H 涡是异重流和环境水体发生掺混的主要原因[41]。对比均匀水体环境和层结水体环境中的异重流，异重流在均匀水体中的运动速度及其相应的雷诺数更大，导致其上下交界层的涡度相较于层结水体中更大，层结水体对异重流上下界面的 K-H 涡均有抑制作用，削弱了上界面的掺混（图 5.5a、图 5.5b）。对比图 5.5a 和图 5.5c 可看出，异重流下界面涡度有所增加，这是因为层结水体存在密度梯度，植被顶端异重流所受密度差驱动力比下方流体大得多，二者运动速度差值增大，上部异重流与植被间环境水体存在环流。在层结水体中，在初遇植被前，异重流上界面涡度随植被密度增加而减小（图 5.6）。由于植被自身的阴影遮挡，异重流在其内部的涡度场和速度场无法得到。

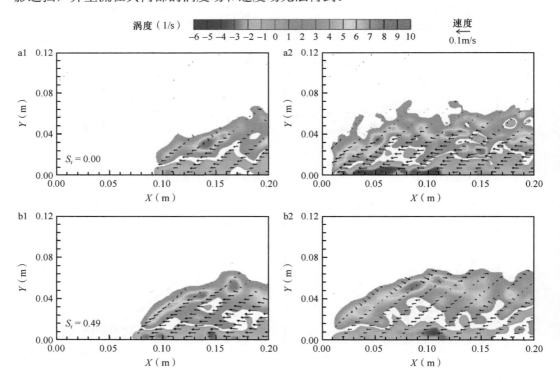

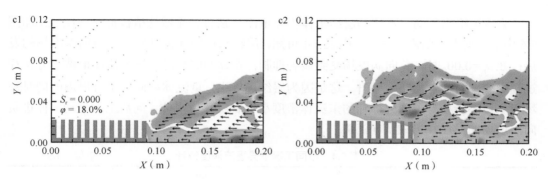

图 5.5　植被和水体环境对异重流速度场和涡度场的影响

a、b、c 表示不同工况，1、2 表示不同时刻

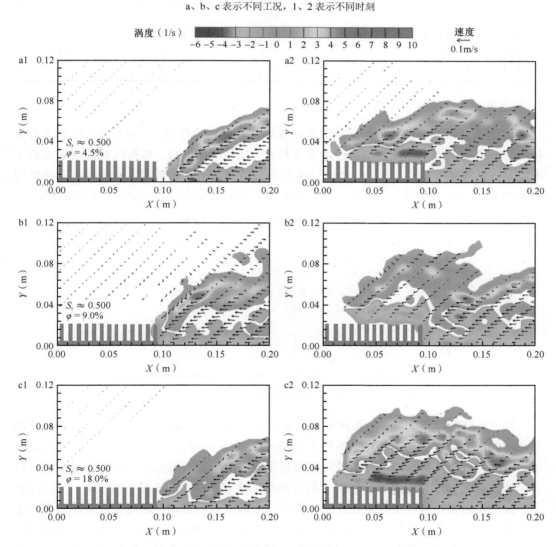

图 5.6　层结水体环境中植被密度对异重流速度场和涡度场的影响

a、b、c 表示不同工况，1、2 表示不同时刻

表 5.4 给出了均匀水体和层结水体中异重流分别有、无遭遇植被群时（图 5.5 和图 5.6 中的 2 时刻）的涡度统计。由表 5.4 可知，层结水体明显抑制异重流负向涡度场的发展：在 a_f =0.00 时，负向涡度场受到显著抑制；在 a_f =0.21 时，异重流在植被上方爬行过程中底部负向涡度略有回升。这是因为层结环境中，重流体在向前下方坍塌的同时被环境水体不断稀释，部分稀释的重流体密度小于底层环境水体，向后上方运动，促进负向涡度场的发展，形成负向涡旋。

表 5.4　不同工况下异重流涡度统计　　　　　　　　　　（单位：1/s）

组别	a_f	涡度			
		正向矢量数量	负向矢量数量	正向涡度最大值	负向涡度最小值
A2-2	0.21	1351	990	7.72	−8.80
N0-2	0.00	1329	811	9.22	−7.09
A2-1	0.21	1388	1268	9.52	−7.43
N0-1	0.00	1382	1204	10.97	−8.78

2. 剖面速度及湍流特性分析

借助 PIV 系统对植被附近异重流的微观速度场结构进行分析。为了分析异重流遭遇植被时其内部的能量变化及剖面速度分布情况，在植被区前方、植被区初始段和植被区中段共计选取了 3 个特征断面，如图 5.7 所示。待异重流运动至相应断面时，取该时刻前后约 0.1s（10 帧图像）的数据，求平均后作为相应断面处异重流的平均速度分布。

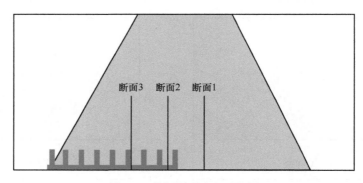

图 5.7　特征断面选取示意图

图 5.8 给出了异重流在植被区前方、植被区初始段和植被区中段 3 个特征断面处能量随时间的变化，将异重流到达断面 1 前 1s 设定为 0 时刻。分析图 5.8 可得，均匀水体中，植被的存在使得断面达到能量峰值的时间延后约 1s，且断面 1 和断面 2 最大能量皆有所增加，断面 1 尤为显著，断面 3 最大能量则略有下降（图 5.8a、图 5.8c），原因在于：异重流遭遇植被时受其阻挡作用，部分重流体反射回流，且断面 1 处流体密度小于断面 2 处并且无植被阻挡，造成断面 1 和断面 2 的能量增大且断面 1 能量大于断面 2；异重流在进入植被区域后，部分异重流跃上植被冠部运动，部分动能转化为势能，故断面 3 能量峰值有所减小。层结水体中，当无植被时，特征断面达到峰值历时 3s，较均匀

水体中的 1.5s 时间延长，这是因为环境水体和异重流之间的密度差减小，驱动力减小（图5.8a、图 5.8b）。当有植被时，受环境水体影响，各断面能量峰值皆有所下降（图 5.8d相较于图 5.8c），这是因为层结水体抑制了潜在能量向动能的转换，同时加快了动能向散失能量的转换。

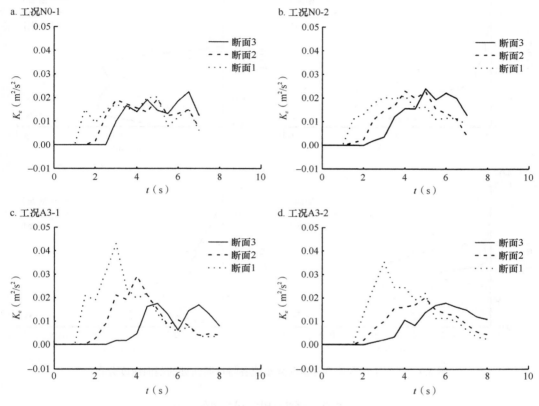

图 5.8　各特征断面处异重流能量随时间的变化

图 5.9 为断面 1 达到速度峰值时异重流 3 个特征断面处的剖面速度分布。可以看出，均匀水体中，重流体释放形成异重流，其头部与环境水体的密度差是异重流的主要驱动力，各断面速度大小较为相近（图 5.9a），这与前人提出的异重流于纵向上存在一个最大流速层[2]的结论相符；当有植被时，各断面速度峰值差值增大，随着断面位置后移，异重流的速度分布范围缩小，且断面 2 和断面 3（对比断面 1）峰值减幅分别达 33%和68%（图 5.9c），这是因为植被的阻挡效应对异重流产生阻力，异重流的速度骤减，头部遭受破坏，部分异重流受植被阻挡反射回流。在此过程中，异重流与周围水体发生剧烈掺混（若在层结水体中，异重流在被环境水体稀释过程中密度减小，其内部不同密度的重流体受层结水体的浮力作用，于不同水层前侵，驱动力发生变化）。层结水体中，各断面速度峰值略有减小，这是因为层结水体中异重流与环境水体的密度差减小，异重流整体稀释程度减弱，所以各断面速度峰值周围较为平缓；当有植被时，断面 2 和断面3（对比断面 1）峰值减幅分别达 60%和 80%（图 5.9d），但各断面峰值周围更为平缓

（相较于图 5.9c），原因在于：异重流通过植被区域时，由于植被间隙较小，易形成重水在上轻水在下的对流不稳定结构，增强了稀释作用[40]。

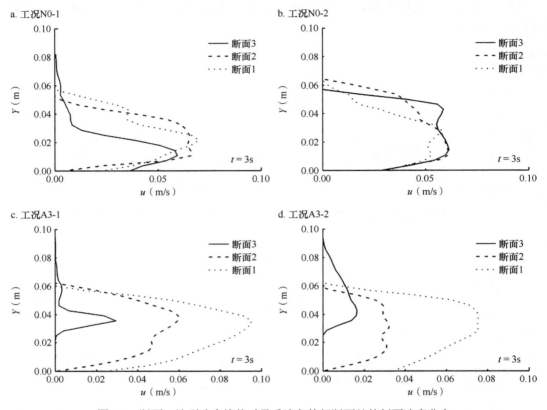

图 5.9　断面 1 达到速度峰值时异重流各特征断面处的剖面速度分布

5.3　斜　坡　实　验

5.3.1　发展过程分析

1. 现象分析

图 5.10 给出了有、无植被时异重流在均匀水体环境中沿斜坡的行进过程。无植被时，斜坡异重流将保持半椭圆形的头部形态运动至斜坡底端（图 5.10a）；有植被时，在进入植被区域前异重流头部形态与无植被工况一致（图 5.10b1），进入植被区域后，异重流头部形态向三角形转变，厚度增加明显（图 5.10b2），流出植被区域后，异重流再次形成半椭圆形的头部沿斜坡向下运动，但其头部厚度大大减小，且大量重流体滞留于植被间及其右侧。

图 5.11 给出了有、无植被时均匀水体环境中异重流头部瞬时速度的变化。可以看出，无植被时，静止的重水自闸门释放形成异重流，先后经历一个加速阶段和减速阶段（图 5.11a）；有植被时，植被自身的阻挡效应使得异重流原有的运动状态被破坏，异重流在

进入植被区域前为加速阶段,进入植被区域后向减速阶段转变,流出植被区域后渐渐又进入加速阶段,而后进入分离阶段(图 5.11b)。

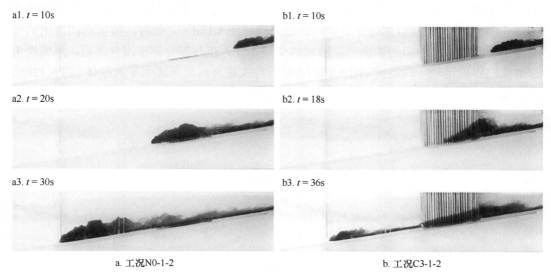

图 5.10　有、无植被时异重流在均匀水体环境中沿斜坡的行进过程

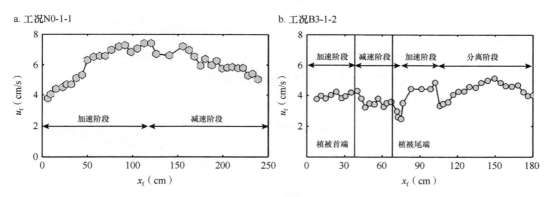

图 5.11　有、无植被时均匀水体环境中异重流头部瞬时速度的变化

图 5.12 和图 5.13 分别给出了有、无植被时异重流在层结水体环境中沿斜坡的行进过程,其中图 5.12a 的环境水体相对层结度 $S_r < 1$,图 5.12b 和图 5.13 的环境水体相对层结度 $S_r > 1$。由图 5.12 可知,无植被时,当 $S_r < 1$ 时,异重流保持半椭圆形头部运动至斜坡底端,其间异重流的头部厚度沿程增大,原因在于随着异重流与环境水体不断掺混,重流体密度在沿程减小的同时,头部周围的环境水体密度沿程增大,所受浮力增大;当 $S_r > 1$ 时,异重流在沿斜坡运动一段距离后到达斜坡"中性密度层"[39]的深度,异重流自斜坡分离,水平前侵环境水体,并逐渐发展为不同深度的"手指状"入侵体,使得异重流的整体尺寸增大[37, 38](图 5.12b3)。分析图 5.13 可知,当异重流头部到达植被群时,由于其头部厚度高于植被群,部分重流体会沿着植被群冠部上攀,另一部分重流体会继续沿斜坡进入植被群间隙向前运动,此时异重流整体头部会增厚,而在植被群后方,部分流体会被阻挡而滞留(图 5.13b);随着异重流进入植被群,形成瑞利-泰勒(R-T)

不稳定性结构，位于植被群顶端的重流体受重力作用侵入下方水体，整体处于自由剪切混合层中[39]，其两相交界面产生一些或大或小的涡旋，在到达植被群尾端时，受重力影响，植被群顶端的异重流头部表现出下潜行为并再次形成半椭圆形头部，沿着斜坡继续下潜（图 5.13c）；而后部分异重流自斜坡分离（图 5.13d），此时，植被群间流出的重流体由于受植被群的阻力影响与环境水体交换不佳，在与部分异重流分离后，形成次头部继续沿斜坡运动一段距离（图 5.13e），而后再次脱离斜坡形成水平入侵体（图 5.13f）。

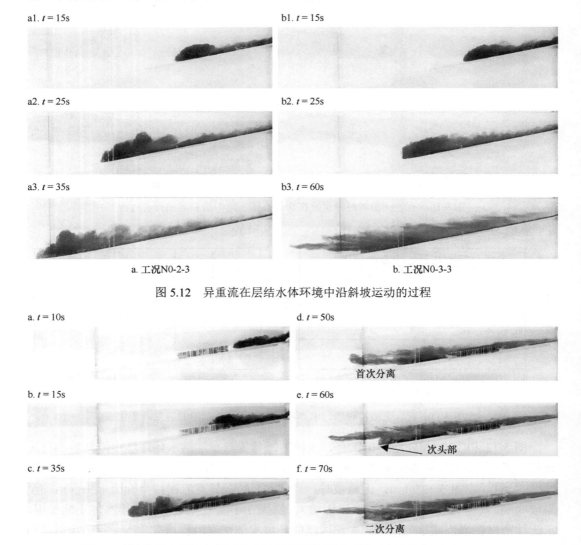

图 5.12　异重流在层结水体环境中沿斜坡运动的过程

图 5.13　异重流在层结水体环境中沿斜坡途经植被群的运动过程（工况 A3-3-2）

　　图 5.14a 和图 5.14b 分别给出了有、无植被时层结水体环境中异重流头部瞬时速度的变化。可以看出，无植被时，异重流分别经历了加速阶段、减速阶段和分离阶段（图 5.14a）；有植被时，植被自身的阻挡效应使得异重流原有的运动状态被破坏，分别经历了加速阶段、减速阶段、加速阶段、一次分离和二次分离（两次分离阶段中的短暂减速过程不计

为一个阶段）（图 5.14b）。

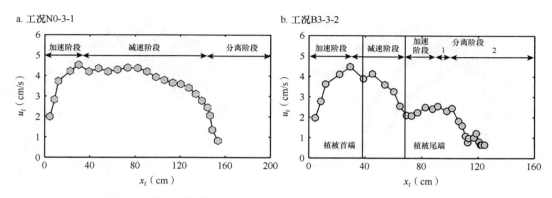

图 5.14　有、无植被时层结水体环境中异重流头部瞬时速度的变化

2. 异重流速度损耗分析

前人的实验结果表明[12]，在无植被群（$\varphi=0$）的情况下，当环境水体为均匀水体时，异重流沿斜坡运动的头部速度变化分为两个阶段，即加速阶段和减速阶段；当环境水体为线性层结水体时，异重流头部速度在经过加速阶段后，其减速幅度显著增加。

为进一步分析植被对异重流速度的影响，图 5.15 给出了不同环境水体中异重流在不同工况下沿斜坡运动的头部瞬时速度随头部位置的变化，头部位置的起点为斜坡顶端，其中图 5.15a～图 5.15d 分别表示不同相对层结度环境水体下的无植被工况，以及 $S_r=0$、$S_r<1$ 和 $S_r>1$ 时不同植被密度下的工况。图 5.15 中所用无量纲头部速度和位置分别为 $u_f^*=u_f/\sqrt{g_0'h_{s0}}$、$x_f^*=x_f/L_s$，其中异重流头部运动的实际距离以斜坡顶端与闸门底部相交处为起点。图 5.15a 为无植被（$\varphi=0$）的情况下，三种相对层结度下的异重流头部速度变化，可以看出，异重流头部速度整体变化趋势与前人的研究[12]相符，且在同一坡度下，相对层结度 S_r 越大，异重流加速阶段所能达到的速度峰值越小，其进入减速阶段的转变位置前移，这说明相对层结度对异重流沿坡运动有抑制作用。造成该现象的原因[38]有：环境水体的密度随深度线性递增，深度增加导致有效重力减小，从而驱动力减小；随着异重流头部与环境水体掺混，异重流头部密度减小，导致浮力损失。当有植被（$\varphi>0$）时，在均匀水体中，异重流在进入植被群前呈加速状态，在到达植被群后迅速进入减速状态，通过植被群后，会有一个"二次加速"的过程，在此过程中异重流所能达到的最大速度不亚于第一次加速阶段的速度峰值，其后异重流再次进入减速过程，并且异重流头部瞬时速度随植被群密度 φ 的增大而减小（图 5.15b）。图 5.15c 和图 5.15d 分别为相对层结度 $S_r<1$ 和相对层结度 $S_r>1$ 时的各工况，在层结水体中，由于植被群的阻挡作用，在异重流经过植被群后，异重流头部、尾部均表现出不同深度的水平入侵，使得从植被群中流出的重流体体积减小，在二次加速过程中所达到的速度峰值比首次加速的分别至少小 23%和 30%，比均匀水体中二次加速后的速度峰值分别至少小 14%和 36%。此外，S_r 越小，异重流从斜坡分离得越迟；不同植被群密度 φ 导致的各工况之间的差异在层结水体环境中缩小。

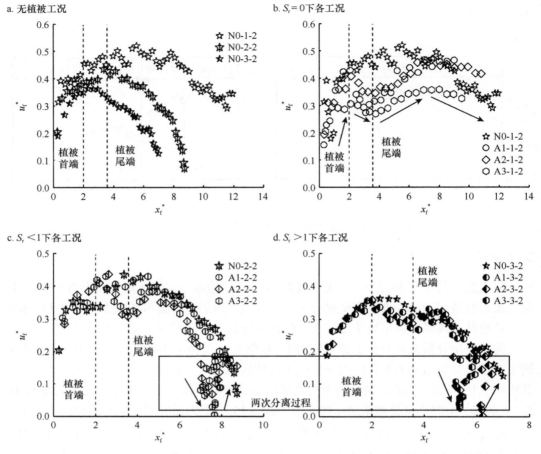

图 5.15　不同环境水体中异重流在不同工况下沿斜坡运动的头部速度随头部位置的变化

为进一步探究植被阻挡效应与异重流速度降低值的关系，表 5.5 给出了异重流分别在植被区域及其前、后的特性参数。u_b、u_v、u_a 分别表示异重流头部于植被前（0～38cm）、植被区域（38～68cm）、植被后（68cm 至斜坡底）的平均速度。速度减幅 R_1 及 R_2 的公式为 $R_1=(u_b-u_v)/u_b$、$R_2=(u_b-u_a)/u_b$，分别表示流过植被群异重流的头部速度减幅及异重流头部运动至斜坡底端或进入分离阶段（层结水体中）的速度减幅。

表 5.5　异重流分区平均速度及其减幅

工况	u_b （cm/s）	u_v （cm/s）	u_a （cm/s）	R_1 （%）	R_2 （%）
N0-1-2	3.91	4.56	4.68	N.A.	N.A.
N0-2-2	3.34	3.68	3.31	N.A.	0.90
N0-3-2	3.19	2.96	2.52	7.21	21.00
A1-1-2	4.02	3.93	3.48	2.24	13.43
A1-2-2	3.57	3.46	2.90	3.08	18.77

续表

工况	u_b （cm/s）	u_v （cm/s）	u_a （cm/s）	R_1 （%）	R_2 （%）
A1-3-2	3.11	2.79	2.19	10.29	29.58
A2-1-2	4.08	3.72	3.33	8.82	18.38
A2-2-2	3.49	3.12	2.65	10.60	24.07
A2-3-2	3.03	2.54	1.94	16.17	35.97
A3-1-2	4.09	3.42	3.08	16.38	24.69
A3-2-2	3.51	3.08	2.27	12.25	35.33
A3-3-2	3.02	2.37	1.47	21.52	51.32

由表 5.5 可知，对于无植被工况，层结水体对异重流头部速度存在削减作用，这与上文讨论的异重流头部速度沿程变化趋势一致；当植被存在时，植被区域内植被对异重流存在阻挡效应，并随植被密度增加而增强，异重流动能耗散增加，头部速度减幅愈显著，R_1 增大；异重流流出植被群后，部分滞留于植被间，整体质量减小，随着异重流继续沿坡运动，植被的阻挡使得后续重流体无法及时补充头部，头部体积减小，动力减小，速度减小，并且随着植被密度增大，速度减幅增大，即 R_2 增大。

5.3.2　局部动力学特性分析

1. 局部形态分析

图 5.16a 和图 5.16b 分别表示层结水体环境中异重流通过无、有植被区的 PIV 影像图。可以看出，在植被区域冠部异重流运动形态（图 5.16b1）与无植被工况（图 5.16a1）基本一致；在流出植被区域时，受重力和惯性力作用，植被冠部异重流呈"抛物线"状跃至斜坡，即先依惯性平行于斜坡方向前进，并于其间受重力作用下跌至斜坡，此时异重流上下两侧均有环境水体与之混合，出现大大小小的涡旋，掺混较为剧烈（图 5.16b2）；在异重流流出植被区域后，无植被工况不受植被影响，与环境水体（环境水体密度随水深增大）交换良好，整体密度减小，所受浮力增大，故 K-H 涡增大增多（图 5.16a3），有植被工况下异重流在流出植被区域后仍能恢复半椭圆形头部形态，且头部厚度较大（图 5.16b3）。

a. 工况N0-3-2　　　　　　　　　　　b. 工况A3-3-2

图 5.16　层结水体环境中异重流通过无、有植被区的 PIV 影像图

图 5.16b 和图 5.17 分别表示层结水体中异重流沿不同底坡通过植被区域的 PIV 影像图。可以看出，异重流于植被冠部运动时（图 5.16b1、图 5.17a1、图 5.17b1），其头部厚度随坡度的增大而增大；异重流于植被冠部至跌落斜坡的历时随坡度的增大而增大（图 5.16b2、图 5.17a2、图 5.17b2）；当底坡坡度为 12° 时，异重流自植被冠部回落斜坡后形成的头部呈"分裂"状，即头部上下分离，继而衍生出次头部，使得异重流与环境水体接触更彻底，掺混更剧烈（图 5.17b3）。

异重流通过植被区域时其头部较厚的原因有二：一方面，植被冠部异重流跃下至斜坡的过程中，与环境水体不断掺混，整体密度减小，且环境水体密度分层，部分被稀释的重流体密度小于坡面环境水体密度，无法回落，于坡面上方聚集，并平行于斜坡下潜，故出现上文提及的不同分离阶段；另一方面，植被间的异重流受其阻挡效应，掺混较弱，异重

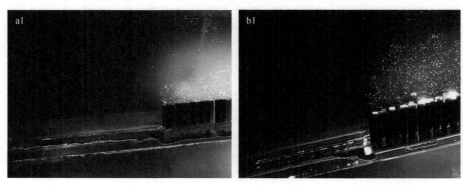

a. 工况A3-3-1　　　　　　　　　　　　b. 工况A3-3-3

图 5.17　层结水体环境中异重流通过植被区的 PIV 影像图

流的密度仍较大，流出植被后头部可以恢复至较高的速度，在植被冠部异重流跃至坡面后，后方的植被间异重流不断补充进头部，使得异重流的厚度较无植被工况时有所增加。

异重流沿不同底坡通过植被区域时头部有无"分裂"的主要原因为：环境水体为密度分层水体时，斜坡坡度增大，距闸门同一距离处深度增加，环境水体密度增大；由于异重流自植被冠部跃下时受惯性影响具有水平分速度，加之重力加速度的作用，因此其呈"抛物线"下落（即先近似平行于斜坡运动一段距离，后在重力作用下跌落至坡面），当斜坡坡度增大时，异重流流出植被区后与环境水体的密度差减小，驱动力减弱，故回落至斜坡的时间延长，其间异重流与环境水体掺混的混合时间延长，稀释后密度小于坡面环境水体密度的重流体增多，故出现头部"分裂"现象，形成双头部。

2. 速度场和涡度场分析

为了解异重流在植被群作用下与周围环境水体的掺混现象及由此引起的流场变化，利用 PIV 获得的速度场和涡度场进行分析。图 5.18 为异重流流出 $\varphi=18.0\%$、$a_f=0.33$ 的植被群时，以及无植被群工况下相应位置 0.1s 内平均的速度场和涡度场，由于植被自身的阴影遮挡，异重流在其内部的涡度场和速度场无法得到。从整体上来看，异重流与环境水体的交界面上涡度为正，异重流与底床交界附近涡度为负（顺时针为正，逆时针为负）。其中，在底床交界层中，无滑移边界条件以及底床边界黏性作用导致了负向涡度；在异重流与环境水体交界层中，湍动作用引起的 K-H 涡和斜压不稳定性（密度与压力梯度不平行）导致了正向涡度。在正向涡度区域，受流体紊动作用的影响，速度场较为混乱；在负向涡度的区域，无植被工况速度方向比较一致，基本与斜坡平行向下，但速度大小存在差异（图 5.18a）。对于有植被的工况（图 5.18b1～图 5.18d1），由于植被间隙的存在，异重流底部与环境水体同样存在混合过程，其速度方向不再平行于斜坡，并且这种倾斜程度随坡度变化不明显。

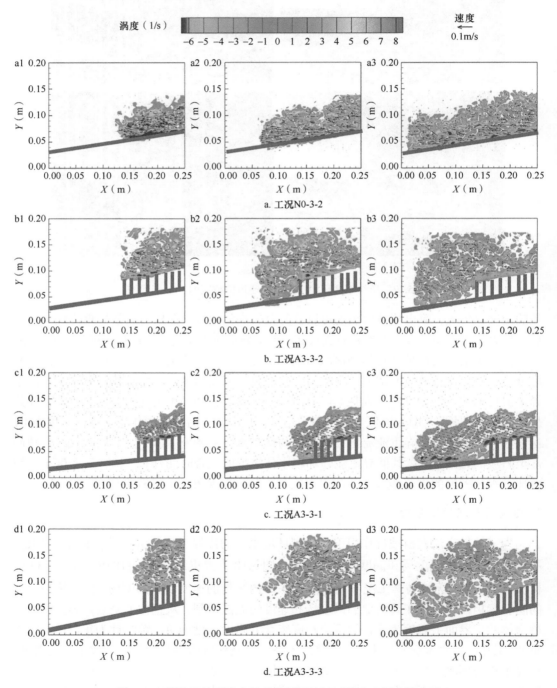

图 5.18　层结水体环境中异重流通过植被区的速度场和涡度场

从图 5.18b～图 5.18d 可以看出，异重流经过植被群后，其上、下界面的涡度皆有弱化，且下界面弱化作用更显著，并且坡度越大，涡度弱化越显著，原因在于：植被的存在使得异重流与环境水体之间发生的湍动受阻，K-H 涡受抑制，加之异重流通过植被区域后能量耗散大于无植被工况，故其自植被区域流出时上、下界面的涡度和速度皆小于无植被工况；由于植被群与闸门之间的距离相同，当斜坡坡度增大时，植被群所在深度增大，环境水体密度增大，因此异重流通过植被群时密度差减小，驱动力减小，与环境水体的掺混作用减弱，故异重流上、下界面涡度随坡度增大而减小，并于 12°斜坡时分裂为两个头部。

3. 速度剖面分析

为进一步分析异重流通过植被区时速度和涡度的变化情况，基于图 5.18，分别选取同一工况下同一断面（$x=0.15$m）不同时刻（t_1、t_2 和 t_3），以及同一时刻（t_3）不同断面（$x=0.10$m、$x=0.15$m 和 $x=0.20$m）分析异重流的剖面速度，其中断面 $x=0.20$m 位于植被区域，植被内部速度场由于拍摄限制并未获得，呈现速度为零，故得到如图 5.19 所示的层结水体环境中异重流的剖面速度分布。分析图 5.19 可知，对于层结水体中无植被的工况，随着异重流沿斜坡前进，同一断面（$x=0.15$m）处不同时刻（t_1、t_2 和 t_3）的剖面速度从一个峰值向两个峰值转变，并且峰值位置随时间上移（图 5.19a1），峰值随时间增大，即 t_3 时刻峰值最大；同一时刻（t_3）不同断面（$x=0.10$m、$x=0.15$m 和 $x=0.20$m）剖面速度的峰值皆为两个，呈现"双峰状"速度剖面，这与前人的研究结果[12]相符，且随位置向异重流后方推移而上移。对于层结水体中有植被的工况，同一断面处不同时刻的剖面速度从"单峰"向"双峰"，再向"三峰"逐渐转变，并且峰值位置随时间上移（图 5.19b1），断面 $x=0.15$m 处 t_2 时刻的峰值皆为最大（图 5.19b1～图 5.19d1），原因在于断面 $x=0.15$m 位于植被区域附近，异重流自植被冠部跃下过程中上、下界面和环境水体皆有接触，湍动剧烈；同一时刻不同断面处峰值随断面后移而上移，这与无植被工况相符。随着底床坡度增大，断面 $x=0.15$m 处同一时刻的剖面速度各峰值之间的过渡变陡（图 5.19b1～图 5.19d1），这说明异重流内部速度散乱化，原因有二：其一是坡度增大，重力项增大，故驱动力增加；其二是坡度增大，同等位移下环境水体深度变化值增

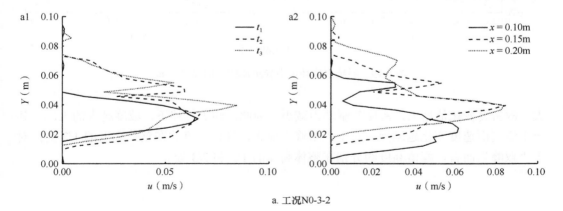

a. 工况N0-3-2

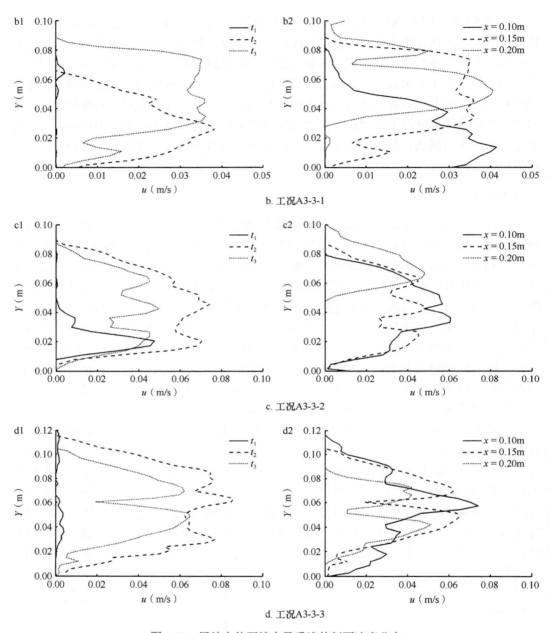

b. 工况A3-3-1

c. 工况A3-3-2

d. 工况A3-3-3

图 5.19　层结水体环境中异重流的剖面速度分布

大，故密度变化值增大，密度差驱动力减小。因此，同等位移下，坡度越大的工况，其异重流剖面速度变化越剧烈。对于"单峰"而言，峰值高度约在整体高度的1/2处；对于"双峰"而言，峰值高度约分别在整体高度的1/3和2/3处。

5.4　头部速度和分离深度预测公式建立与验证

5.4.1　异重流遇植被群的运动预测公式建立

异重流在流经植被群后，几何形态和动力学特性会发生显著改变。为了便于描述，本节部分模型的参数区别于之前的章节。

本节基于 Tanino 等[31]得出的均匀水体中异重流进入非浸没式植被阻力阶段的头部速度公式，引入层结因子 G_ρ 来反映异重流头部驱动力的变化，提出层结水体中平坡异重流头部速度计算公式。图 5.20 为异重流流经非浸没式植被群的示意图，为了准确地描述物理模型，将一些补充参数定义如下：重流体的密度（图 5.20 中的紫红色区域）和环境水体的密度（图 5.20 中的白色区域）分别是 ρ_1 和 ρ_2；H 指环境水体的深度；x_v 指从植被区开始到异重流头部的距离；$\eta(x,t)$ 被定义为异重流随时间和空间变化的头部高度。结合实验结果，异重流主要受植被阻力的影响，其头部从典型的半椭圆形（惯性主导阶段）转变为三角形（植被阻力主导阶段），简化模型如图 5.21 所示。

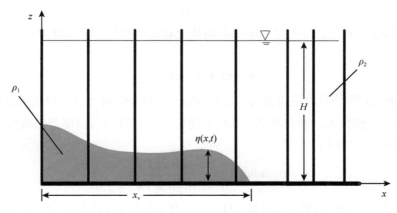

图 5.20　异重流流经非浸没式植被群的示意图

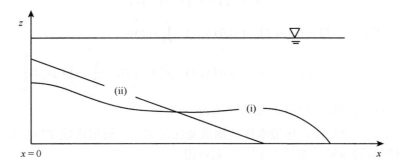

图 5.21　异重流头部形态示意图

（ⅰ）-异重流处于惯性主导阶段，头部为典型的半椭圆形；（ⅱ）-异重流处于植被阻力主导阶段，头部为三角形

引入二次阻力方程来考虑植被对流体造成的阻力，并忽略黏滞力的影响，得到 x 方

向的动量方程：

$$n\frac{\mathrm{D}u}{\mathrm{D}t} = -n\frac{1}{\rho}\frac{\partial P}{\partial x} - \frac{C_{\mathrm{D}}au|u|}{2} \tag{5.11}$$

式中，C_{D} 表示植被阻力系数[32]；u 为主流方向流速；ρ 表示流体密度；P 表示水体静压力；n 表示植被孔隙率，满足 $n = 1 - \varphi$；a 为反映植被特性的参数，表示为 $a = \varphi / (\pi D / 4)$，其中 φ 为植被区密度，可以理解为植被面积占相应底床面积的百分数，D 为植被直径。

当 $1 \leqslant Re_{\mathrm{p}} \leqslant 700$ 时，Jamali 等[33]指出 C_{D} 的具体表达式如下：

$$C_{\mathrm{D}} = 1 + 50 Re_{\mathrm{p}}^{-2/3} \tag{5.12}$$

式中，Re_{p} 为以植被直径为特征长度定义的雷诺数，定义式如下：

$$Re_{\mathrm{p}} = \frac{uD}{\nu} \tag{5.13}$$

式中，ν 为流体的运动黏滞系数。

引入层结因子 G_{ρ}，具体表达式如下：

$$G_{\rho} = \frac{\rho_{\mathrm{B}} - \rho_{h0}}{H} \tag{5.14}$$

式中，ρ_{h0} 和 ρ_{B} 分别为层结环境水体上表面和下表面的密度。图 5.20 中环境流体密度 ρ_2 可表示为

$$\rho_2 = G_{\rho}(H - z) + \rho_{h0} \tag{5.15}$$

根据 Tanino 等[31]的数量级分析，当 $C_{\mathrm{D}}aL / n \geqslant O(10)$ 时（其中 O 代表量级），代表植被阻力远大于惯性力，故可将式（5.11）简化为植被阻力与密度差造成压力差之间的平衡，具体表达[31]如下：

$$u|u|(x,t) = -\frac{2n}{C_{\mathrm{D}}a}\frac{1}{\rho}\frac{\partial P}{\partial x} \tag{5.16}$$

水体下层 $[z \leqslant \eta(x,t)]$ 和上层 $[\eta(x,t) \leqslant z \leqslant H]$ 的静压力 P_1 和 P_2 分别表达[31]如下：

$$P_1(x, y, z) = P_0(x, t) - \rho_1 gz \tag{5.17}$$

$$\begin{aligned}
P_2(x, y, z) &= P_0(x, t) - \rho_1 g\eta(x, t) - \int_{\eta}^{z} \rho_2 g\mathrm{d}z \\
&= P_0(x, t) - \rho_1 g\eta(x, t) - g\left[G_{\rho}\left(Hz - \frac{1}{2}z^2\right) + \rho_{\mathrm{aT}}z\right]_{\eta}^{z}
\end{aligned} \tag{5.18}$$

式中，$P_0(x, t)$ 表示底床（$z=0$）处的静压力。

在异重流运动过程中，环境水体的水深变化可忽略，根据质量守恒定律可得，水槽中任一垂向断面的净质量通量为零[31]，则可得

$$nu_1\eta = nu_2(H - \eta) \tag{5.19}$$

式中，角标 1、2 分别指代下层、上层水体。

联立式（5.16）～式（5.19）可得

$$\frac{\partial P_0(x,t)}{\partial x} = \frac{\rho_1 \left(1 - \frac{\eta}{H}\right)^2 \left(\rho_1 g' - gHG_\rho + \eta g G_\rho\right) \frac{\partial \eta}{\partial x}}{\rho_2 \left(\frac{\eta}{H}\right)^2 + \rho_1 \left(1 - \frac{\eta}{H}\right)^2} \tag{5.20}$$

则式（5.16）可表达为

$$u_1^2(x,\ t) = -\frac{2n}{C_D a} \frac{\left(1 - \frac{\eta}{H}\right)^2 \left(\rho_1 g' - gHG_\rho + \eta g G_\rho\right) \frac{\partial \eta}{\partial x}}{\rho_2 \left(\frac{\eta}{H}\right)^2 + \rho_1 \left(1 - \frac{\eta}{H}\right)^2} \tag{5.21}$$

因为 $\rho_1 / \rho_2 \leqslant 1.05$，所以 $\rho_1 \simeq \rho_2$，则式（5.21）可简化为

$$u_1^2(x,\ t) = -\frac{2n}{C_D a} \frac{\left(1 - \frac{\eta}{H}\right)^2 \left(g' - \frac{gHG_\rho}{\rho_1} + \frac{\eta g G_\rho}{\rho_1}\right) \frac{\partial \eta}{\partial x}}{\left(\frac{\eta}{H}\right)^2 + \left(1 - \frac{\eta}{H}\right)^2} \tag{5.22}$$

当 $\eta = 0$ 时，$u_1 = u_f$，其中 u_f 为异重流头部速度。此时，式（5.22）可简化为

$$u_1^2(x,\ t) = -\frac{2n}{C_D a}\left(g' - \frac{gHG_\rho}{\rho_1}\right)\frac{\partial \eta}{\partial x}\bigg|_{\eta=0} \tag{5.23}$$

式中，$\partial \eta / \partial x$ 表示异重流头部斜率（头部角度正切值），如图 5.21（ii）所示。

经实验数据拟合，式（5.23）中的 $\partial \eta / \partial x$ 与头部位置的经验公式具体如下：

$$\partial \eta / \partial x = \beta_1 e^{-\beta_2 x_f} \tag{5.24}$$

$$\beta_1 = 37.9 - 121.6 S_r + 20.3\varphi + 91.7 S_r^2 - 66.6\varphi^2 \tag{5.25}$$

$$\beta_2 = 1.58 + 6.0094 S_r + 9.6\varphi \tag{5.26}$$

故异重流流经非浸没式植被群时头部速度公式（植被阻力阶段）可表示为

$$u_f = u_1(x,\ t) = \sqrt{-\frac{2n}{C_D a}\left(g' - \frac{gHG_\rho}{\rho_1}\right)\beta_1 e^{-\beta_2 x_f}} \tag{5.27}$$

当取 $G_\rho = 0$ 时，即为均匀水体中平坡异重流植被阻力阶段头部速度的计算公式。

5.4.2 异重流遇植被群的运动预测公式验证

图 5.22 和图 5.23 分别为平坡异重流通过非浸没式植被群时头部速度随头部位置和 $C_D a L / n$ 的变化。其中，实线是根据部分实验工况通过公式（5.27）得到的计算值；散点为水槽实验测量值。分析图 5.22 和图 5.23 可得，植被密度越大，异重流越早进入植被阻力主导阶段；当 $C_D a L / n > 12$ 时，异重流开始进入植被阻力阶段。根据公式（5.27）计算得到的数据值与水槽实验测量值较为吻合（$\varphi \geqslant 9.0\%$ 时），这说明本节提出的植被阻力阶段头部速度计算公式可用于预测层结水体中异重流进入较密集的植被区域的头部速度。需要指

出的是，公式（5.27）中采用的头部斜率在头部形态呈现较为明显的三角形时，所得计算值与实验值较为吻合，这也是图 5.22 和图 5.23e、图 5.23f 中前期计算值和实验值存在差异的原因。

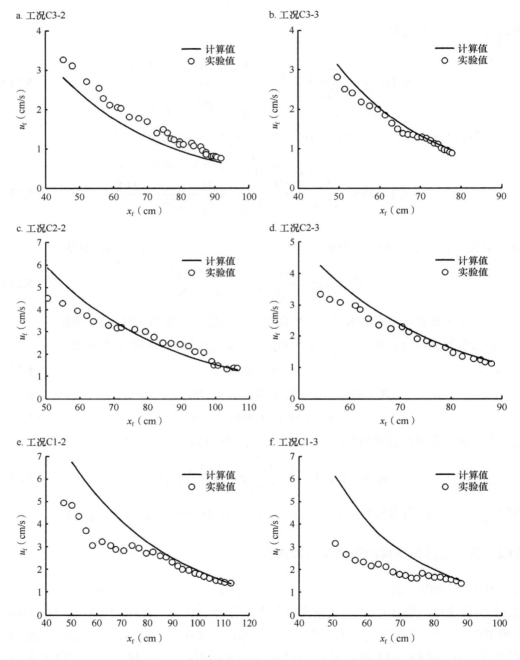

图 5.22　平坡异重流通过非浸没式植被群时头部速度随头部位置的变化（植被阻力阶段）

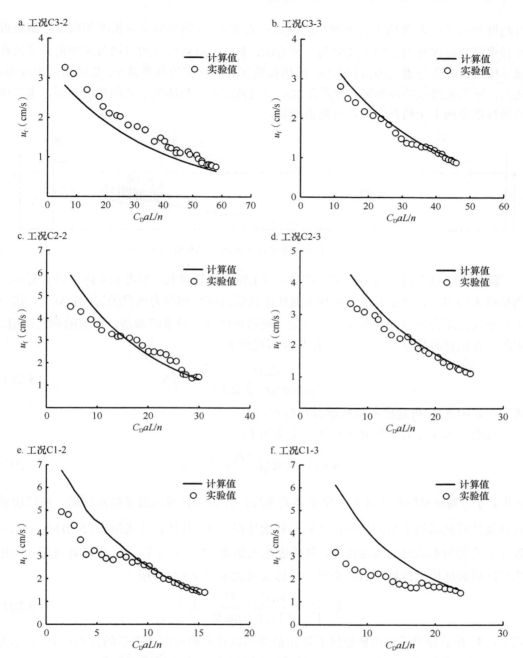

图 5.23　平坡异重流通过非浸没式植被群时头部速度随 $C_D aL/n$ 的变化（植被阻力阶段）

5.4.3　异重流遇植被群的分离深度预测公式建立

基于第 3 章给出的层结水体中异重流分离深度计算公式（3.58），本节对异重流流经植被群后的分离深度计算公式进行推导，具体如下。

图 5.24 给出了层结水体环境中异重流流经植被群的示意图，其中 ρ_{aT} 和 ρ_{aB} 分别是环境水体上、下表面的密度；ρ_{c0} 是初始闸室内重流体的密度；H_v 和 L_v 分别是植被群

的高度和长度；L_1 是植被群距闸室的距离；L_s 和 h_{s0} 分别是闸室的长度和高度。植被群对异重流分离深度的影响主要分为两个方面：其一，植被自身的阻挡效应使得异重流在通过植被群时部分重流体滞留其间，流出植被区域的异重流体积减小，整体驱动力减弱；其二，异重流通过植被群时，异重流湍动受植被阻碍，与环境水体的掺混减弱，重流体的稀释程度弱于无植被工况，分离点后移。

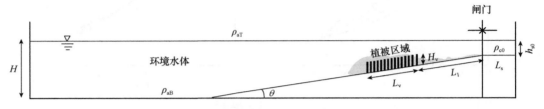

图 5.24　层结水体环境中异重流流经植被群的示意图

综合考虑以上两方面的影响，在公式（3.58）的基础上，参考独立障碍物分析中阻挡系数 λ_1 的定义，修正后可反映异重流在流出植被区后驱动力所受的影响；同时，进一步修正入流浮力通量 B（单宽），以此反映植被区域对异重流湍动、掺混的抑制作用。因此，有植被时异重流分离深度 H_S 基本形式如下：

$$H_S = C\left(\frac{\sin\theta}{0.0055\theta + 0.063}\right)^{1/3} B^{1/3} \Big/ N \tag{5.28}$$

式中，$C = 1.53$，可通过实验数据拟合得到。

此处，入流浮力通量 B（单宽）定义如下：

$$B = (1-\lambda_1)U_0 h_{s0} \frac{\rho_{av} - \rho_{h_{s0}}}{\rho_{h_{s0}}} g \tag{5.29}$$

式中，$\rho_{h_{s0}}$ 为闸室底板水深处环境水体的密度；λ_1 表示异重流通过植被区后，滞留植被间以及被植被阻挡于后的异重流体积与初始体积之比，具体表达式如式（5.30）所示；U_0 为异重流初始形成时的头部速度，具体表达式如式（5.31）所示；ρ_{av} 表示异重流在流出植被区后被环境水体稀释后的密度，具体定义式如式（5.32）所示。

$$\lambda_1 = \frac{V_v}{V_0} = \frac{\varphi H_v'}{12 h_{s0} L_s}\left(\frac{H_v'}{\tan\theta} + L_v\right) \tag{5.30}$$

式中，V_v 表示异重流流出植被区后滞留植被间以及被植被阻挡于后的体积；H_v' 表示有效植被高度，当 $H_v < 2/3\,(L_v\tan\theta + h_{s0})$ 时，有 $H_v' = H_v$，当 $H_v \geqslant 2/3\,(L_v\tan\theta + h_{s0})$ 时，有 $H_v' = 2/3\,(L_v\tan\theta + h_{s0})$；$V_0$ 表示初始时刻闸室内重流体的体积。

$$U_0 = Fr_0\left(1 - 2S_0/3\right)^{0.5}\sqrt{h_{s0}\frac{\rho_{c0} - \rho_{h_{s0}}}{\rho_{c0}}g} \tag{5.31}$$

$$\rho_{av} = \frac{\rho_{c0}V_0 + \rho_v V_v}{V_0 + V_v} = \frac{\rho_{c0}h_{s0}L_s + \rho_v\varphi H_v'\left(H_v'/\tan\theta + L_v\right)/12}{h_{s0}L_s + \varphi H_v'\left(H_v'/\tan\theta + L_v\right)/12} \tag{5.32}$$

式中，$Fr_0 = 0.529$；S_r；ρ_v 表示环境水体于植被区尾端的平均密度，表示如下：

$$\rho_v = \frac{\rho_{vT} + \rho_{vB}}{2} \tag{5.33}$$

式中，ρ_{vT} 和 ρ_{vB} 分别表示植被区尾端顶部和底部的环境水体的密度，定义如下：

$$\rho_{vT} = \rho_{h_{s0}} + \left[(L_1 + L_v)\sin\theta - H_v \right] G_\rho \tag{5.34}$$

$$\rho_{vB} = \rho_{h_{s0}} + (L_1 + L_v)\sin\theta G_\rho \tag{5.35}$$

联立式（5.33）～式（5.35）可得

$$\rho_v = \rho_{h_{s0}} + \left[(L_1 + L_v)\sin\theta - \frac{1}{2} H_v \right] G_\rho \tag{5.36}$$

联立式（5.28）～式（5.32）和式（5.36）可得异重流流经植被群后的分离深度计算公式，具体表达式如下：

$$H_s = 1.53 \left(\frac{\sin\theta}{0.0055\theta + 0.063} \right)^{1/3} \left[(1 - \lambda_1) U_0 h_{s0} \frac{\rho_{av} - \rho_{h_{s0}}}{\rho_{h_{s0}}} g \right]^{1/3} \Big/ N \tag{5.37}$$

5.4.4　异重流遇植被群的分离深度预测公式验证

1. 分离形态

图 5.25 给出了层结水体环境中异重流进入分离阶段的形态。可以发现，异重流通过浸没式植被群后，先后发生两次分离；异重流通过非浸没式植被群后，则只发生一次分离；异重流"分离点"的位置随植被高度的增加变化不明显；"分离区"范围随植被高度增加而缩小，即植被高度越小，水平方向上"手指状"[39]的水平侵入体越多。

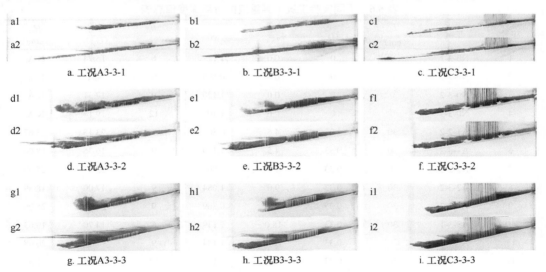

a. 工况A3-3-1　　　　　　　b. 工况B3-3-1　　　　　　　c. 工况C3-3-1

d. 工况A3-3-2　　　　　　　e. 工况B3-3-2　　　　　　　f. 工况C3-3-2

g. 工况A3-3-3　　　　　　　h. 工况B3-3-3　　　　　　　i. 工况C3-3-3

图 5.25　层结水体环境中异重流进入分离阶段的形态图

异重流通过浸没式植被群后，先后发生两次分离；通过非浸没式植被群时，则只发生一次分离，原因在于：异重流在经过浸没式植被群时，部分异重流受植被托举于其冠部运动，其与环境水体的密度差增大（相较于植被间的异重流），驱动力增强，且由于瑞利-泰勒不稳定性，植被群冠部异重流上下界面皆与环境水体接触混合，掺混剧烈，相较于植被间的异重流密度减小显著，导致提前分离，而后植被间的异重流流出形成次头部，其与环境水体发生掺混后再次脱离斜坡，形成二次分离。当 $a_f = 1.00$ 时，在植被区域内，异重流与环境水体的湍动皆受阻，动能被大量耗散，掺混被抑制，流出后的异重流密度较大（相较于浸没式植被工况）。

植被高度越小，"分离区"水平方向上"手指状"[39]的水平侵入体越多，主要原因为：植被高度越小，异重流进入植被区域后，垂向上湍动受阻的范围越小，与环境水体的掺混越剧烈，且由于环境水体为线性分层，因此异重流于不同深度处的密度驱动力不同，湍动强度不同，稀释程度不同，则到达的"中性密度层"[31]深度不同。

2. 分离深度

表 5.6 给出了不同实验工况下异重流的分离深度信息。可知，当 $0.85 < S_r < 1$ 时，无植被工况下，异重流沿斜坡运动至底部，不发生水平分离，这与前人的研究结论一致[12]；当有植被（$a_f = 0.33$）时，异重流将发生部分重流体水平入侵环境水体的现象，即发生上文提及的一次分离，原因在于：异重流通过植被群时，由于植被高度小于异重流头部厚度，因此部分异重流跃上植被行进，异重流头部厚度增大，上界面接触的环境水体密度减小（较同一条件下的无植被工况），掺混强烈，故该部分在运动一段距离后，稀释程度大于无植被工况，导致水平分离，而植被间的异重流受植被阻挡，与环境水体之间的湍动受阻，稀释程度减弱，故沿斜坡行进至斜坡底端。

表 5.6　不同实验工况下异重流的分离深度信息表

序号	工况	L_v (cm)	a_f	φ (%)	S_r	θ (°)	H_{s1} (cm)	H_{s2} (cm)
1	N0-3-1	0	0	0.0	1.117	6	15.74	N.A.
2	N0-2-2	0	0	0.0	0.868	9	N.A.	N.A.
3	N0-3-2	0	0	0.0	1.120	9	17.31	N.A.
4	N0-3-3	0	0	0.0	1.109	12	19.14	N.A.
5	A1-2-2	30	0.33	4.5	0.863	9	23.13	23.67
6	A1-3-2	30	0.33	4.5	1.119	9	16.36	18.00
7	A2-2-2	30	0.33	9.0	0.861	9	22.23	25.00
8	A2-3-2	30	0.33	9.0	1.084	9	17.00	18.39
9	A3-2-2	30	0.33	18.0	0.869	9	21.96	25.00
10	A3-3-1	30	0.33	18.0	1.149	6	14.70	19.63
11	A3-3-2	30	0.33	18.0	1.104	9	17.97	20.68
12	A3-3-3	30	0.33	18.0	1.116	12	18.64	21.53
13	B3-3-1	30	0.67	18.0	1.090	6	15.92	19.68
14	B3-3-2	30	0.67	18.0	1.158	9	16.61	21.28

续表

序号	工况	L_v (cm)	a_f	φ (%)	S_r	θ (°)	H_{s1} (cm)	H_{s2} (cm)
15	B3-3-3	30	0.67	18.0	1.153	12	19.29	22.20
16	C3-3-1	30	1.00	18.0	1.139	6	17.54	N.A.
17	C3-3-2	30	1.00	18.0	1.165	9	19.17	N.A.
18	C3-3-3	30	1.00	18.0	1.091	12	21.32	N.A.

注：H_{s1} 表示异重流首次分离深度；H_{s2} 表示异重流二次分离深度，当取值 25.00 时表示异重流一直运动至斜坡底端并沿底床运动，未发生分离

基于表 5.6 的数据，表 5.7 和表 5.8 分别给出了坡度和植被对异重流分离深度增幅的影响。分析表 5.7 可得，无植被工况下，相较于 6°斜坡，9°斜坡和 12°斜坡时异重流分离深度增幅分别为 9.97% 和 21.60%，即异重流分离深度增幅随坡度递增，这与前人的研究结果相符[3, 12]；当有植被存在（φ=18.0%）时，相较于 6°斜坡时的异重流分离深度，a_f=0.33 时，9°斜坡时异重流分离深度增幅为 5.35%，12°斜坡时异重流分离深度增幅为 9.67%；a_f=0.67 时，9°斜坡时异重流分离深度增幅为 8.13%，12°斜坡时异重流分离深度增幅为 12.80%；a_f=1.00 时，9°斜坡时异重流分离深度增幅为 9.29%，12°斜坡时异重流分离深度增幅为 21.55%。因此，异重流在同一植被高度下，其分离深度增幅亦随坡度增加而增大。

表 5.7　坡度对异重流分离深度增幅的影响（%）

参数	a_f=0.00	φ=18.0%		
		a_f=0.33	a_f=0.67	a_f=1.00
6°~9°	9.97	5.35	8.13	9.29
6°~12°	21.60	9.67	12.80	21.55

分析表 5.8 可得，6°斜坡时，与无植被工况相比，当 φ=18.0%时，植被的阻挡效应使得异重流的分离深度增大，a_f=0.33、a_f=0.67 和 a_f=1.00 植被高度下的增幅分别为 24.71%、25.03%和 11.44%；9°斜坡时，增幅分别为 19.47%、22.93%和 10.75%，当 a_f=0.33 时，φ=4.5%、φ=9.0%和 φ=18.0%植被密度下异重流的分离深度增幅分别为 3.99%、6.24% 和 19.47%；12°斜坡时，a_f=0.33、a_f=0.67 和 a_f=1.00 植被高度下的增幅分别为 12.49%、15.99%和 11.39%。此外，在同一坡度工况下，浸没式植被（a_f<1.00）工况下的异重流分离深度增幅大于非浸没式（a_f=1.00）。

表 5.8　植被对异重流分离深度增幅的影响（%）

参数	φ=4.5% θ=9°	φ=9.0% θ=9°	φ=18.0%		
			θ=6°	θ=9°	θ=12°
a_f=0.33	3.99	6.24	24.71	19.47	12.49
a_f=0.67	N.A.	N.A.	25.03	22.93	15.99
a_f=1.00	N.A.	N.A.	11.44	10.75	11.39

对于有植被的工况，随植被密度 φ 的增大，异重流的最终分离深度增大；但植被高度对异重流分离深度的影响没有明显规律，有待进一步研究。当斜坡坡度增大时，无论有无植被，异重流最终分离深度皆随坡度的增大而增大。

为验证预测公式（5.37）的可行性，选取部分工况应用公式（5.37）进行计算，得到相应的分离深度，并与实验值进行对比，如表 5.9 和表 5.10 所示。可以看出，无植被时，公式（5.37）计算的分离深度值与实验值的误差最大约为 6%；有植被时，误差在 15%以内，这说明提出的公式（5.37）在一定程度上可行，可用于层结水体中斜坡异重流通过植被区域后的分离深度预测。

表 5.9 不同实验工况下异重流分离深度计算值和实验值对比

工况	N0-3-1	N0-3-2	N0-3-3	A1-3-2	A2-3-2	A3-3-1	A3-3-2
实验值（cm）	15.74	17.31	19.14	18.00	18.39	19.63	20.68
计算值（cm）	16.24	18.35	19.74	18.16	18.28	17.07	18.41
误差（%）	3.17	6.03	3.11	0.88	0.62	13.04	10.96

注：表中数据经过数值修约，存在舍入误差

表 5.10 不同实验工况下异重流分离深度计算值和实验值对比

工况	A3-3-3	B3-3-1	B3-3-2	B3-3-3	C3-3-1	C3-3-2	C3-3-3
实验值（cm）	21.53	19.68	21.28	22.20	17.54	19.17	21.32
计算值（cm）	19.84	17.55	18.20	19.83	16.37	17.73	19.28
误差（%）	7.87	10.83	14.46	10.67	6.65	7.51	9.58

注：表中数据经过数值修约，存在舍入误差

参 考 文 献

[1] 张巍, 赵亮, 贺治国, 等. 线性层结盐水中的羽流运动特性[J]. 水科学进展, 2016, 27(4): 602-608.

[2] 吕亚飞, 赵亮, 贺治国, 等. 障碍物对平坡异重流运动特性的影响[J]. 上海交通大学学报, 2017, (8): 946-953.

[3] Thielicke W, Stamhuis E J. PIVlab–towards user-friendly, affordable and accurate digital particle image velocimetry in Matlab[J]. Journal of Open Research Software, 2014, 2(1): e30.

[4] Ghajar A, Bang K. Experimental and analytical studies of different methods for producing stratified flows[J]. Energy, 1993, 18(4): 323-334.

[5] 熊杰. 水生植被对异重流动力特性影响的实验研究[D]. 浙江大学硕士学位论文, 2019.

[6] 冯士筰, 李凤岐, 李少菁. 海洋科学导论[M]. 北京: 高等教育出版社, 1982.

[7] 彭明. 开闸式异重流的流动结构和颗粒输运的实验研究[D]. 北京大学博士学位论文, 2013.

[8] 林挺. 层结水体中异重流沿坡运动的试验研究[D]. 浙江大学硕士学位论文, 2016.

[9] Baines P G. Mixing in flows down gentle slopes into stratified environments[J]. Journal of Fluid Mechanics, 2001, 443: 237-270.

[10] Dai A. Experiments on gravity currents propagating on different bottom slopes[J]. Journal of Fluid Mechanics, 2013, 731: 117-141.

[11] Ungarish M. On gravity currents in a linearly stratified ambient: a generalization of Benjamin's steady-state propagation results[J]. Journal of Fluid Mechanics, 2006, 548: 49-68.

[12] He Z, Zhao L, Lin T, et al. Hydrodynamics of gravity currents down a ramp in linearly stratified environments[J]. Journal of Hydraulic Engineering, 2017, 143(3): 4016085.

[13] Wells M G, Wettlaufer J S. The long-term circulation driven by density currents in a two-layer stratified basin[J]. Journal of Fluid Mechanics, 2007, 572: 37-58.

[14] Wells M, Nadarajah P. The intrusion depth of density currents flowing into stratified water bodies[J]. Journal of Physical Oceanography, 2009, 39(8): 1935-1947.

[15] Snow K, Sutherland B R. Particle-laden flow down a slope in uniform stratification[J]. Journal of Fluid Mechanics, 2014, 755: 251-273.

[16] Guo Y, Zhang Z, Shi B. Numerical simulation of gravity current descending a slope into a linearly stratified environment[J]. Journal of Hydraulic Engineering, 2014, 140(12): 4014061.

[17] Kneller B C, Bennett S J, Mccaffrey W D. Velocity structure, turbulence and fluid stresses in experimental gravity current[J]. Journal of Geophysical Research: Oceans, 1999, 104(C3): 5381-5391.

[18] Thomas L P, Dalziel S B, Marino B M. The structure of the head of an inertial gravity current determined by particle-tracking velocimetry[J]. Experiments in Fluids, 2003, 34(6): 708-716.

[19] Samothrakis P, Cotel A J. Finite volume gravity currents impinging on a stratified interface[J]. Experiments in Fluids, 2006, 41(6): 991-1003.

[20] Hacker J, Linden P F, Dalziel S B. Mixing in lock-release gravity currents[J]. Dynamics of Atmospheres and Oceans, 1996, 24(1): 183-195.

[21] Parker G, Garcia M, Fukushima Y, et al. Experiments on turbidity currents over an erodible bed[J]. Journal of Hydraulic Research, 1987, 25(1): 123-147.

[22] Altinakar M S, Graf W H, Hopfinger E J. Flow structure in turbidity currents[J]. Journal of Hydraulic Research, 1996, 34(5): 713-718.

[23] Nourmohammadi Z, Afshin H, Firoozabadi B. Experimental observation of the flow structure of turbidity currents[J]. Journal of Hydraulic Research, 2011, 49(2): 168-177.

[24] Beghin P, Hopfinger E J, Britter R E. Gravitational convection from instantaneous sources on inclined boundaries[J]. Journal of Fluid Mechanics, 1981, 107: 407-422.

[25] Maxworthy T. Experiments on gravity currents propagating down slopes. Part 2. The evolution of a fixed volume of fluid released from closed locks into a long, open channel[J]. Journal of Fluid Mechanics, 2010, 647: 27-51.

[26] Maxworthy T, Leilich J, Simpson J E, et al. The propagation of a gravity current into a linearly stratified fluid[J]. Journal of Fluid Mechanics, 2002, 453: 371-394.

[27] Ieong K K, Mok K M, Yeh H. Fluctuation of the front propagation speed of developed gravity current[J]. Journal of Hydrodynamics, Ser. B, 2006, 18(3): 351-355.

[28] Simpson J E. Gravity Currents: In the Environment and the Laboratory[M]. Cambridge: Cambridge University Press, 1999.

[29] Benjamin T. Gravity currents and related phenomena[J]. Journal of Fluid Mechanics, 1968, 31(2): 209-248.

[30] Prinos P. Two-dimensional density currents over obstacles[C]. Graz: 28th IAHR Congress (CD-ROM), 1999.

[31] Tanino Y, Nepf H M, Kulis P S. Gravity currents in aquatic canopies[J]. Water Resources Research, 2005, 41(12): W12402.

[32] Cortés A, Rueda F, Wells M. Experimental observations of the splitting of a gravity current at a density step in a stratified water body[J]. Journal of Geophysical Research: Oceans, 2014, 119(2): 1038-1053.

[33] Jamali M, Zhang X, Nepf H M. Exchange flow between a canopy and open water[J]. Journal of Fluid Mechanics, 2008, 611: 237-254.

[34] Maxworthy T. Experiments on gravity currents propagating down slopes. Part 2. The evolution of a fixed volume of fluid released from closed locks into a long, open channel[J]. Journal of Fluid Mechanics, 2010, 647(647): 27-51.

[35] Beghin P, Hopfinger E J, Britter R E. Gravitational convection from instantaneous sources on inclined boundaries[J]. Journal of Fluid Mechanics, 1981, 107(1): 407-422.

[36] Testik F Y, Yilmaz N A. Anatomy and propagation dynamics of continuous-flux release bottom gravity currents through emergent aquatic vegetation[J]. Physics of Fluids, 2015, 27(5): 056603.

[37] Cendedese C, Nokes R, Hyatt J. Dynamics of lock-release gravity currents over sparse and dense rough bottoms[J]. International Symposium on Stratified Flows, 2016, 1(1).

[38] Zhou J, Cenedese C, Williams T, et al. On the propagation of gravity currents over and through a submerged array of circular cylinders[J]. Journal of Fluid Mechanics, 2017, 831: 394-417.

[39] Jacobson M R, Testik F Y. Turbulent entrainment into fluid mud gravity currents[J]. Environmental Fluid Mechanics, 2014, 14(2): 541-563.

[40] Ottolenghi L, Adduce C, Inghilesi R, et al. Entrainment and mixing in unsteady gravity currents[J]. Journal of Hydraulic Research, 2016, 54(5): 1-17.

[41] Samothrakis P, Cotel A J. Propagation of a gravity current in a two-layer stratified environment[J]. Journal of Geophysical Research: Oceans, 2006, 111(C1): 17-29.

下 篇
数值模拟与机制

第6章 异重流运动的直接数值模拟模型

直接数值模拟（Direct Numerical Simulation）可以准确获得运动过程中的速度场、浓度场等信息，是研究异重流运动的非常有效的方式。尽管直接数值模拟所需的计算资源巨大，但是其在分析流体详细运动过程和运动机制方面有其他模拟方法无可比拟的优势。本章构建了开闸式异重流在不同环境水体和地形条件下运动的直接数值模拟模型，详细介绍了初始条件、边界条件、数值离散方法、计算流程等，并给出了本书中研究的部分重要参数的定义。

6.1 控 制 方 程

本书中考虑的异重流运动的一般情况及采用的相应假设如下。

（1）初始重水中泥沙颗粒的沉降速度可以为 0 或者不为 0：沉降速度不为 0 时为泥沙异重流，沉降速度为 0 等同于无颗粒异重流，如盐水异重流等。

（2）初始重水中的泥沙颗粒体积分数较小（小于等于 10%），从而可以忽略泥沙颗粒之间的相互作用以及泥沙沉积导致的地形变化[1]。

（3）异重流运动的周围水体环境可以为均匀淡水、均匀盐水、线性层结盐水等不同情况，采用 Boussinesq 假定。

（4）研究的运动尺度为实验室尺度，在这一尺度下，由于雷诺数较小，异重流的运动并不会造成底坡泥沙的侵蚀[1]，且暂不考虑泥沙颗粒的再悬浮过程。

区别于实验部分的变量，在本章及之后的章节中，控制方程中带上标"^"的量表示有量纲的物理量，不带上标的量则表示无量纲的物理量。流体的运动状态用纳维-斯托克斯（Navier-Stokes，N-S）方程描述，泥沙颗粒和盐分的浓度变化用物质输移的对流-扩散方程来描述，基于 Boussinesq 假定的控制方程如下：

$$\frac{\partial \hat{u}_j}{\partial \hat{x}_j} = 0 \tag{6.1}$$

$$\frac{\partial \hat{u}_i}{\partial \hat{t}} + \hat{u}_j \frac{\partial \hat{u}_i}{\partial \hat{x}_j} = -\frac{1}{\hat{\rho}_0} \frac{\partial \hat{p}}{\partial \hat{x}_i} + \hat{v} \frac{\partial^2 \hat{u}_i}{\partial \hat{x}_j \partial \hat{x}_j} + \frac{\hat{\rho} - \hat{\rho}_0}{\hat{\rho}_0} \hat{g} e_i^g \tag{6.2}$$

$$\frac{\partial \hat{c}}{\partial \hat{t}} + (\hat{u}_j + e_j^g \hat{u}_s) \frac{\partial \hat{c}}{\partial \hat{x}_j} = \hat{\kappa}_c \frac{\partial^2 \hat{c}}{\partial \hat{x}_j \partial \hat{x}_j} \tag{6.3}$$

$$\frac{\partial \hat{s}}{\partial \hat{t}} + \hat{u}_j \frac{\partial \hat{s}}{\partial \hat{x}_j} = \hat{\kappa}_s \frac{\partial^2 \hat{s}}{\partial \hat{x}_j \partial \hat{x}_j} \tag{6.4}$$

式中，$\hat{u}$ 为流体的速度，$\hat{x}$ 为长度尺度，i 和 j 可以指向水平方向（x）和垂直方向（z）；$\hat{t}$ 为时间；$\hat{\rho}_0$ 为淡水密度；$\hat{p}$ 为压力项；$\hat{v}$ 为动力黏滞系数；$\hat{\rho}$ 为混合流体的密度；$\hat{g}$

为重力加速度；$e_i^g = (0, 0, -1)$ 为指向垂直方向的矢量；$\hat{c}$ 为流体中源自初始水闸中的泥沙颗粒的浓度；$\hat{u}_s$ 为泥沙颗粒沉降速度；$\hat{\kappa}_c$ 为泥沙颗粒的有效扩散系数；$\hat{s}$ 为盐分的浓度；$\hat{\kappa}_s$ 为盐分的有效扩散系数。

泥沙颗粒沉降速度 $\hat{u}_s$ 利用下式计算：

$$\hat{u}_s = \frac{\hat{d}_p^2(\hat{\rho}_p - \hat{\rho})\hat{g}}{18\hat{\rho}\hat{v}} \tag{6.5}$$

式中，$\hat{d}_p$ 为泥沙颗粒的直径；$\hat{\rho}_p$ 为泥沙颗粒的密度。

混合流体的密度与泥沙颗粒浓度、盐分浓度之间的关系用下式来描述：

$$\hat{\rho} = \hat{\rho}_0 + d_c\hat{c} + d_s\hat{s} \tag{6.6}$$

式中，d_c 和 d_s 分别为由于泥沙颗粒和盐分的存在造成的混合流体密度增加系数。

水闸中初始挟沙重水的密度 $\hat{\rho}_L$ 和水槽底部盐水的密度 $\hat{\rho}_B$ 可以表示为

$$\hat{\rho}_L = \hat{\rho}_0 + d_c\hat{c}_0 \tag{6.7}$$

$$\hat{\rho}_B = \hat{\rho}_0 + d_s\hat{s}_0 \tag{6.8}$$

其中，$\hat{c}_0$ 和 $\hat{s}_0$ 分别为初始泥沙颗粒的浓度和初始水槽底部位置处盐分的浓度。

将控制方程中的所有有量纲参数利用表 6.1 所示的方式进行无量纲化。其中，$\hat{h}_n$ 为无量纲化长度尺度过程中选取的特征长度，根据不同的运动情况，其取值可以有多种不同的形式。$\hat{u}_b$ 为浮力速度，同时也为无量纲化速度尺度过程中选取的特征速度，其定义为

$$\hat{u}_b = \sqrt{\frac{\hat{g}\hat{h}_n(\hat{\rho}_L - \hat{\rho}_B)}{\hat{\rho}_0}} \tag{6.9}$$

表 6.1　控制方程中参数的有量纲形式和无量纲形式

参数名称	有量纲形式	无量纲形式
长度	$\hat{x}$	$x = \dfrac{\hat{x}}{\hat{h}_n}$
速度	$\hat{u}$	$u = \dfrac{\hat{u}}{\hat{u}_b}$
时间	$\hat{t}$	$t = \dfrac{\hat{t}}{\hat{h}_n / \hat{u}_b}$
压力	$\hat{p}$	$p = \dfrac{\hat{p}}{\hat{\rho}\hat{u}_b^2}$
泥沙颗粒沉降速度	$\hat{u}_s$	$u_s = \dfrac{\hat{u}_s}{\hat{u}_b}$
泥沙颗粒浓度	$\hat{c}$	$c = \dfrac{\hat{c}}{\hat{c}_0}$
盐分浓度	$\hat{s}$	$s = \dfrac{\hat{s}}{\hat{s}_0}$

将方程（6.6）和方程（6.7）代入控制方程中，并将控制方程无量纲化，可得描述泥沙异重流在周围盐水中运动的无量纲控制方程：

$$\frac{\partial u_j}{\partial x_j} = 0 \tag{6.10}$$

$$\frac{\partial u_i}{\partial t} + u_j \frac{\partial u_i}{\partial x_j} = -\frac{\partial p}{\partial x_i} + \frac{1}{Re} \frac{\partial^2 u_i}{\partial x_j \partial x_j} + \left(\alpha_c c + \alpha_s s\right) e_i^g \tag{6.11}$$

$$\frac{\partial c}{\partial t} + \left(u_j + e_j^g u_s\right) \frac{\partial c}{\partial x_j} = \frac{1}{ReSc_c} \frac{\partial^2 c}{\partial x_j \partial x_j} \tag{6.12}$$

$$\frac{\partial s}{\partial t} + u_j \frac{\partial s}{\partial x_j} = \frac{1}{ReSc_s} \frac{\partial^2 s}{\partial x_j \partial x_j} \tag{6.13}$$

式中，α_c 和 α_s 分别为和初始水体密度有关的权重系数，当模拟的异重流运动的情形不同时，其取值也不同，可通过以上详细推导过程进行确定。其中，$Pe_c = ReSc_c$、$Pe_s = ReSc_s$ 分别为泥沙颗粒和盐分的佩克莱数（Peclet number）。

当沉降速度 u_s 为 0 时，以上控制方程可以用来描述无颗粒异重流（即盐水异重流）的运动过程，此时水闸中初始重水中盐分的浓度 c 和环境水体中盐分的浓度 s 遵循相同的扩散方式。但是，在模拟中有必要将初始水闸中的盐水和周围环境水体中的盐水进行区分，以分辨异重流和周围环境水体，故对 c 和 s 采用了两套不同的方程（但此时方程的形式一样）。由于采用了不同的方式无量纲化初始水闸中的泥沙颗粒浓度和周围水体的盐分浓度，二者在动量方程中的权重系数也不同。因此，即使模拟的工况为盐水异重流在周围盐水环境中运动时，c 和 s 的权重系数也有可能不一样。

当模拟的工况为泥沙异重流在均匀淡水环境中运动时：

$$\alpha_c = 1, \quad \alpha_s = 0 \tag{6.14}$$

当模拟的工况为泥沙异重流在均匀盐水环境中运动时，取 $\hat{\rho}_B$ 为水槽底部周围盐水的密度 $\hat{\rho}_B$，此时有

$$\alpha_c = \frac{\hat{\rho}_L - \hat{\rho}_0}{\hat{\rho}_L - \hat{\rho}_B}, \quad \alpha_s = \frac{\hat{\rho}_B - \hat{\rho}_0}{\hat{\rho}_L - \hat{\rho}_B} \tag{6.15}$$

当模拟的工况为泥沙异重流在线性层结盐水环境中沿平坡运动时，取 $\hat{\rho}_B$ 为闸门一半高度处周围水体的密度 $\hat{\rho}_A$，此时有

$$\alpha_c = \frac{\hat{\rho}_L - \hat{\rho}_0}{\hat{\rho}_L - \hat{\rho}_A}, \quad \alpha_s = \frac{\hat{\rho}_B - \hat{\rho}_0}{\hat{\rho}_L - \hat{\rho}_A} \tag{6.16}$$

当模拟的工况为泥沙异重流在线性层结盐水环境中沿斜坡向下运动时，取 $\hat{\rho}_B$ 为闸门底部（即斜坡顶端）水体的密度 $\hat{\rho}_S$，此时有

$$\alpha_c = \frac{\hat{\rho}_L - \hat{\rho}_0}{\hat{\rho}_L - \hat{\rho}_S}, \quad \alpha_s = \frac{\hat{\rho}_B - \hat{\rho}_0}{\hat{\rho}_L - \hat{\rho}_S} \tag{6.17}$$

在无量纲控制方程中，雷诺数 Re 定义为

$$Re = \frac{\hat{u}_b \hat{h}_n}{\hat{v}} \tag{6.18}$$

泥沙颗粒施密特数 Sc_c 和盐分施密特数 Sc_s 分别为

$$Sc_c = \frac{\hat{\nu}}{\hat{\kappa}_c} \tag{6.19}$$

$$Sc_s = \frac{\hat{\nu}}{\hat{\kappa}_s} \tag{6.20}$$

当 $Sc_c \geqslant 1$ 和 $Sc_s \geqslant 1$ 时，Sc_c 和 Sc_s 的值对异重流的运动过程没有明显影响[2-5]，仿照前人的做法，在以下进行的异重流运动的机制分析中，取 $Sc_c = 1$、$Sc_s = 1$。

6.2 边 界 条 件

对于速度边界条件，在上界面处使用了自由滑移边界条件（free-slip boundary condition），在底部及两侧界面使用了非滑移边界条件（no-slip boundary condition）。

对于泥沙颗粒浓度边界条件，在两侧界面及上界面处使用了无通量边界条件（no-flux boundary condition）[1]，数学表达式如下：

$$\frac{\partial c}{\partial y} = 0 \tag{6.21}$$

$$u_s c + \frac{1}{Sc_c Re}\frac{\partial c}{\partial z} = 0 \tag{6.22}$$

由于初始泥沙颗粒浓度较低，可以忽略泥沙颗粒沉降所导致的底部堆积作用。在底部边界，可以认为泥沙颗粒由于沉降作用而离开计算区域，此时底部边界条件[3, 6]可以表达为

$$\frac{\partial c}{\partial t} = u_s \cos\theta \frac{\partial c}{\partial z_\perp} \tag{6.23}$$

式中，$z_\perp$ 表示垂直于异重流运动的底坡方向。对于底部泥沙边界条件，也有学者使用了无通量条件[7,8]，即认为泥沙颗粒沉降到底部之后又会立即参与到异重流的运动过程中。前人对于这两种不同边界条件对异重流运动的影响进行了讨论[9]，计算结果表明这两种边界条件对包括头部位置、运动状态、能量变化等在内的异重流动力学特性几乎无影响。这是由于在实验室尺度雷诺数较小和泥沙颗粒体积系数较小的条件下，到达底部的泥沙只有极小一部分会重新被卷起再次参与到异重流的运动过程中。本书中采用使用较多的前一种边界条件。

对于盐分浓度边界条件，在界面处均使用了无通量条件：

$$\frac{\partial s}{\partial x_i} = 0 \tag{6.24}$$

6.3 数 值 方 法

6.3.1 交界面平滑

初始时刻浓度交界面的平滑过程如图 6.1 所示。初始无量纲化的泥沙颗粒浓度在闸门内的区域设置为 1，在周围环境水体区域设置为 0，在 0 和 1 之间的不连续处通过求解初始化

方程的距离函数进行平滑[10]，用以避免浓度值在交界面处的不连续所造成的数值振荡。在初始时刻，交界面处的浓度通过求解与浓度相关的赫维赛德（Heaviside）函数获取[11]，即：

$$c\ (x,\ t=0) = H(\phi) \qquad (6.25)$$

式中，$H(\phi)$ 为与浓度相关的 Heaviside 函数，其定义为

$$H(\phi) = \begin{cases} 0 & ,\ \phi < -1.5\Delta x \\ \dfrac{1}{2}\left[1 + \dfrac{2\phi}{3\Delta x} + \dfrac{1}{\pi}\sin\left(\dfrac{2\pi\phi}{3\Delta x}\right)\right], & |\phi| \leqslant 1.5\Delta x \\ 1 & ,\ \phi > 1.5\Delta x \end{cases} \qquad (6.26)$$

式中，Δx 为离散网格的尺度；$\phi(x,\tau)$ 为距离重构函数（τ 为进行光滑界面操作步骤的时间），定义为计算域中某点距离交界面的最短距离，此最短距离利用水平集（level-set）方法通过在以下的初始化方程中施加 $|\nabla\phi|=1$ 的条件求得[12]：

$$\frac{\mathrm{d}\phi}{\mathrm{d}\tau} = L(\phi) = -\mathrm{sgn}(\phi_0)(|\nabla\phi| - 1) \qquad (6.27)$$

式中，ϕ_0 在闸门内的区域取 1，在环境水体的区域取 –1。在 $t=0$ 时刻，通过求解方程（6.27），可以获取距离函数的值，进而代入方程（6.25）和方程（6.26）中获取相应交界面上的浓度。

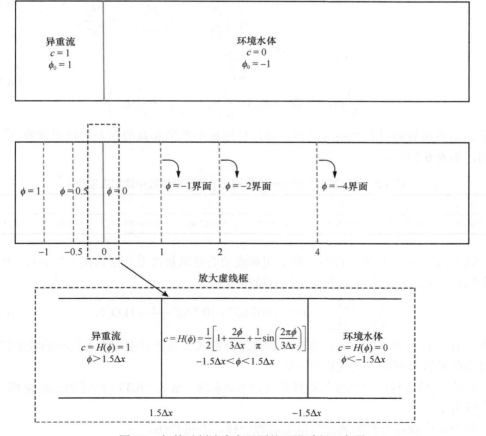

图 6.1　初始时刻浓度交界面的平滑过程示意图

式（6.27）时间步的推进采用三阶龙格-库塔（third-order Runge-Kutta，TVD-RK3）法[13]进行：

$$\phi^{(1)} = \phi^{(n)} + \Delta\tau L(\phi^{(0)}) \tag{6.28}$$

$$\phi^{(2)} = \frac{3}{4}\phi^{(n)} + \frac{1}{4}\phi^{(1)} + \frac{1}{4}\Delta\tau L(\phi^{(1)}) \tag{6.29}$$

$$\phi^{(n+1)} = \frac{1}{3}\phi^{(n)} + \frac{2}{3}\phi^{(2)} + \frac{2}{3}\Delta\tau L(\phi^{(2)}) \tag{6.30}$$

盐分浓度交界面的平滑过程与以上过程类似，不再赘述。

6.3.2 对流-扩散方程的离散

初始时刻浓度交界面的平滑操作完成之后，再利用相应的数值格式对控制方程进行离散。对流-扩散方程的一阶空间对流项和二阶扩散项通过迎风紧致差分（upwinding combined compact difference，UCCD）格式利用四点网格模板法（four-point grid stencil）进行离散[12, 14]，分别表示如下：

$$
\begin{aligned}
a_1\frac{\partial c}{\partial x}\Big|_{i-1} + \frac{\partial c}{\partial x}\Big|_i + a_3\frac{\partial c}{\partial x}\Big|_{i+1} &= \frac{1}{\Delta x}(c_1 c_{i-2} + c_2 c_{i-1} + c_3 c_i) \\
&\quad - \Delta x\left(b_1\frac{\partial^2 c}{\partial x^2}\Big|_{i-1} + b_2\frac{\partial^2 c}{\partial x^2}\Big|_i + b_3\frac{\partial^2 c}{\partial x^2}\Big|_{i+1}\right)
\end{aligned} \tag{6.31}
$$

$$
\begin{aligned}
-\frac{1}{8}\frac{\partial^2 c}{\partial x^2}\Big|_{i-1} &+ \frac{\partial^2 c}{\partial x^2}\Big|_i - \frac{1}{8}\frac{\partial^2 c}{\partial x^2}\Big|_{i+1} \\
&= \frac{3}{\Delta x^2}(c_{i-1} - 2c_i + c_{i+1}) - \frac{9}{8\Delta x}\left(-\frac{\partial c}{\partial x}\Big|_{i-1} + \frac{\partial c}{\partial x}\Big|_{i+1}\right)
\end{aligned} \tag{6.32}
$$

式中，相关系数通过泰勒展开求得，通过使用减小色散和耗散误差的修正波数法[12, 14]得到，如表 6.2 所示。

表 6.2 浓度扩散方程中一阶空间对流项离散过程中的相应系数

a_1	a_3	b_1	b_2	b_3	c_1	c_2	c_3
0.888 25	0.049 23	0.015 007	−0.250 71	−0.012 41	0.016 66	−1.970 80	1.954 14

以上离散对流-扩散方程的一阶空间对流项的迎风紧致差分格式在 $i-2$、$i-1$、i 和 $i+1$ 四个网格点上进行。此格式具有空间六阶精度[14]：

$$\frac{\partial c}{\partial x} = \frac{\partial c}{\partial x}\Big|_{\text{exact}} + 0.424\,003\,657\times10^{-6}\Delta x^6\frac{\partial^7 c}{\partial x^7} + \text{H.O.T.} \tag{6.33}$$

式中，H.O.T. 代表高阶项。六阶迎风紧致差分格式仅在计算中加入了很小的数值扩散，而且数值扩散只存在于高波数的区域。

对流-扩散方程中时间步长的推进通过式（6.28）至式（6.33）所述的三阶龙格-库塔法[13]进行。

盐分浓度输运方程的离散与以上过程一样，不再赘述。

6.3.3　N-S 方程的离散

N-S 方程中的对流项利用三阶 QUICK 格式进行离散。以 $\dfrac{\partial(u\varphi)}{\partial x}$ 为例，此项的离散形式如下所示：

$$\frac{\partial\left(u\varphi\right)}{\partial x}=\frac{u_{i+\frac{1}{2},j}\varphi_{i+\frac{1}{2},j}-u_{i-\frac{1}{2},j}\varphi_{i-\frac{1}{2},j}}{\Delta x} \tag{6.34}$$

式中，$u_{i+\frac{1}{2}}=\dfrac{u_i+u_{i+1}}{2}$；$\varphi$ 表示控制方程中的一般速度项。当对流项被离散后，为提高对流离散格式的稳定性，沿流方向的上一网格点的数值解需要重新考虑。利用三阶 QUICK 格式，$\varphi_{i+\frac{1}{2},j}$ 的离散方法如下：

$$\varphi_{i+\frac{1}{2},j}=\begin{cases}\dfrac{1}{8}\left(-\varphi_{i-1,j}+6\varphi_{i,j}+3\varphi_{i+1,j}\right),\ u_{i+\frac{1}{2},j}\geq0\\[2mm]\dfrac{1}{8}\left(-\varphi_{i+2,j}+6\varphi_{i+1,j}+3\varphi_{i,j}\right),\ u_{i+\frac{1}{2},j}<0\end{cases} \tag{6.35}$$

N-S 方程中的扩散项则通过中心差分格式（central difference scheme）进行离散：

$$\frac{\partial^2 u}{\partial x^2}=\frac{u_{i+1,j}-2u_{i,j}+u_{i-1,j}}{\Delta x^2} \tag{6.36}$$

两步投影法（two-step projection method）[15]被用于求解速度和压力项之间的耦合。首先，忽略压力项和虚拟力项，利用以下半显示格式（semi-explicit scheme）来求解一个过渡速度 u^*：

$$\frac{u^*-u^n}{\Delta t}+(u\cdot\nabla)u=\frac{1}{Re}\nabla^2 u+ce_i^g=0 \tag{6.37}$$

当求得过渡速度 u^* 后，下一时间步的速度信息可以通过下式求得：

$$\frac{u'-u^*}{\Delta t}+\frac{\partial p^{n+1}}{\partial x}=0 \tag{6.38}$$

为求解式（6.38）来获取进一步的过渡速度信息 u'，须先求得压力信息 p^{n+1}。通过在式（6.38）中施加条件 $\nabla\cdot u^{n+1}=0$，可以推导出以下形式的压力泊松方程（pressure Poisson equation）：

$$\frac{\nabla\cdot u^*}{\Delta t}=\nabla^2 p^{n+1} \tag{6.39}$$

式（6.39）通过高斯-赛德尔迭代法（Gauss-Seidel iterative method）求解，用以获取压力信息 p^{n+1}，之后再将压力信息代入式（6.38）求解过渡速度信息 u'。

6.3.4　浸入边界法

当运动底坡不是水平底坡时，需要对地形进行特殊处理。处理流体和不规则地形的相互作用问题通常有两种方法：一种是采用非结构化网格，即在流体和地形的交界面附近采用不规则的网格进行特殊处理，这种方法较为复杂，对离散格式和网格技术的要求很高；另一种方法则是浸入边界法，通过在流体控制方程中加入地形或结构物对流体的虚拟作用力，不需要对网格进行特殊化的复杂处理。浸入边界法仍可以基于笛卡儿坐标系使用规则网格，对网格处理没有特殊要求，较为简单。本书中使用浸入边界法对不规则地形进行了处理。

浸入边界法通过在动量方程中添加虚拟力 F，用以反映不规则地形对流体的作用力：

$$\frac{\partial u_i}{\partial t} + u_j \frac{\partial u_i}{\partial x_j} = -\frac{\partial p}{\partial x_i} + \frac{1}{Re} \frac{\partial^2 u_i}{\partial x_j \partial x_j} + (\alpha_c c + \alpha_s s)e_i^g + F \tag{6.40}$$

在本书的数值格式中，使用了前人提出的基于位置及体积分数的浸入边界法[16, 17]来反映地形的影响，固体相通过固体体积分数表示。前人的研究表明，尽管此方法达不到通过对速度进行插值处理来获取速度信息 u_{IM}^{n+1} 的插值法的数值精度，但是可以避免复杂的插值操作所引起的不稳定性，且数值结果仍可满足精度需求[16]。

基于浸入边界法[16]，需要对过渡速度信息 u' 和过渡浓度信息 c' 进行进一步的修正来求解下一时刻的 u^{n+1} 和 c^{n+1}。计算开始前，先根据网格位置把网格划分为流体网格、固体网格和虚拟网格。对于全部位置都位于流体区域的网格，将其归类为流体网格；对于全部位置都位于固体区域的网格，将其归类为固体网格；对于有固体区域边界穿过的网格，将其归类为虚拟网格。控制方程在三类网格中都进行求解。不同的是，在固体网格处，速度和浓度大小均为 0；在流体网格处，N-S 方程和浓度扩散过程的处理方式和不存在结构物时一致；只有在虚拟网格处存在虚拟力，此时需要进行特殊处理，以下详述。

在时间步长 $n+1$，固体相（即地形）对流体的虚拟力通过下式表示：

$$F^{n+1} = \frac{u_{IM}^{n+1} - u'}{\eta \Delta t} \tag{6.41}$$

式中，η 为一个虚拟网格中固体相的体积分数，其计算方法是将虚拟网格再细分为 100 个更细的网格进行计算，如图 6.2 所示（图中只给出了虚拟网格划分为 16 个细网格的示意图，在此例子中，$\eta=10/16$）。在虚拟网格中，浓度和速度信息通过下式计算：$c^{n+1} = c'(1-\eta)$，$u_{IM}^{n+1} = u'(1-\eta)$。在流体网格中，$c^{n+1} = c'$，$u_{IM}^{n+1} = u'$；在固体网格中，$c = 0$，$u = 0$。

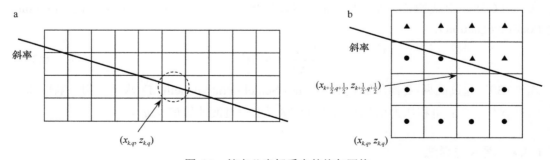

图 6.2　笛卡儿坐标系中的均匀网格

6.3.5　控制方程求解过程

无量纲控制方程的求解过程如下。

（1）利用前文所述的方法，对浓度交界面进行平滑处理。

（2）有非平坡地形的情况下，利用前文所述的浸入边界法对网格位置进行判断，并求出虚拟网格中固体相的体积分数。

（3）对物质输移对流-扩散方程和 N-S 方程进行离散，分别求解浓度信息和速度信息；在非平坡地形的情况下，利用上一步求得的虚拟网格中固体相的体积分数对浓度和速度信息进行更新。

（4）当无量纲泥沙浓度和盐分浓度大于 1 时，取其值为 1，当其值小于 0 时，取其值为 0。

（5）在每个时间循环步内，重复以上步骤（3）和（4）。

6.4　重　要　参　数

6.4.1　头部位置和头部速度

如室内实验，异重流的头部位置 x_f 定义为从闸门处到异重流最前端的直线距离。异重流的范围用无量纲颗粒浓度为 0.01 的临界值进行确定。敏感度分析表明，无量纲临界颗粒浓度值在 0.01 和 0.1 之间变化时，头部位置几乎不发生变化。本书中不讨论这一临界浓度的选取对异重流水沙动力学特性的影响。异重流头部速度 u_f 定义为 $u_f = dx_f / dt$。

6.4.2　能量变化

开闸式异重流的发展演变过程实际上就是一个能量转换过程[3, 18]，运动过程中的总能量 $E_{tot}(t)$ 为初始水体的势能 $E_{p0}(t)$。在异重流运动的过程中，初始水体的势能可以转换为如下几种形式的能量。

（1）已经转换了的总能量 $E_{con}(t)$ 以三种不同的方式存在：①在异重流演变过程中以活跃的动能的形式存在的部分 $E_k(t)$；②在运动过程中由于流体宏观对流运动被耗散的部分 $E_f(t)$；③由于在泥沙颗粒表面的流体微观斯托克斯运动所耗散的部分 $E_s(t)$。

（2）由于泥沙颗粒沉降，部分能量暂时变为"不活跃"不可转换的部分 $E_d(t)$，当考虑泥沙的再悬浮时，这部分能量还有可能再参与到能量变化过程中，但本书中暂不考虑这一过程。

（3）依然可以参与到能量转换中的剩余"活跃"的势能 $E_{pc}(t)$。这里的"活跃"和"不活跃"指的是这部分能量能否再参与到能量转换过程中。

（4）当周围环境水体中存在盐水时，运动也会造成盐水势能 $E_{ps}(t)$ 的变化。

以上所述的异重流的能量转换过程如下[1]：

$$E_{pc}(t) + E_{ps}(t) + E_d(t) + E_k(t) + E_f(t) + E_s(t) = E_{tot}(t) = E_{p0}(t) \quad (6.42)$$

式中，$E_{con}(t) = E_k(t) + E_f(t) + E_s(t)$。在这里笔者定义了另外两个能量组分，包括可以转换和不可转换的系统中的势能，即 $E_r(t) = E_p(t) + E_d(t) = E_{ps}(t) + E_{pc}(t) + E_d(t)$，以及所有被耗散了的能量部分，即 $E_{dis}(t) = E_f(t) + E_s(t)$。

Necker 等[3]首次进行了开闸式泥沙异重流沿平坡运动的能量变化分析。随后，Nasr-Azadani 和 Meiburg[1]又将这一能量变化过程分析扩展到多组分泥沙异重流遇到障碍物的运动过程。基于 Nasr-Azadani 和 Meiburg[1]的推导结果，以上各项能量的表达式如下：

$$E_k(t) = \int_\Omega \frac{1}{2} uu \, dV_c \quad (6.43)$$

$$E_{pc}(t) = \int_\Omega \alpha_c c(z - z_d) dV_c \quad (6.44)$$

$$E_{ps}(t) = \int_\Omega \alpha_s s(z - z_d) dV_c \quad (6.45)$$

$$E_d(t) = \int_0^L m_d(z_b - z_d) dx \quad (6.46)$$

$$E_f(t) = \int_0^t \varepsilon_f(\tau) d\tau, \quad \text{其中 } \varepsilon_f(t) = \int_\Omega \frac{2}{Re} ss \, dV_c \quad (6.47)$$

$$E_s(t) = \int_0^t \varepsilon_s(\tau) d\tau, \quad \text{其中 } \varepsilon_s(t) = \int_\Omega u_s \alpha_c c \, dV_c \quad (6.48)$$

在以上方程中，Ω 表示整个计算域，dV_c 表示对整个计算域进行积分操作；z_d 是为计算异重流势能选取的参考面，在参考面上，势能为 0；$m_d = \int_0^t u_s \alpha_c c(x, z_b, \tau) d\tau$ 为底坡沉积的泥沙的质量；z_b 为泥沙颗粒垂直方向的位置；s 为应变率张量，表达式为 $s = \frac{1}{2}\left(\frac{\partial u_x}{\partial z} + \frac{\partial u_z}{\partial x}\right) + \frac{1}{2}\left(\frac{\partial u_z}{\partial x} + \frac{\partial u_x}{\partial z}\right) + \frac{1}{2}\left(\frac{\partial u_x}{\partial x} + \frac{\partial u_x}{\partial x}\right) + \frac{1}{2}\left(\frac{\partial u_z}{\partial z} + \frac{\partial u_z}{\partial z}\right)$；$\varepsilon_f(t)$ 和 $\varepsilon_s(t)$ 为能量耗散率。

6.4.3 卷吸系数

本书定义了卷吸系数的整体值 $E_{bulk,n}$ 和瞬时值 $E_{inst,n}$ [19]：

$$E_{bulk,n} = \frac{W_{bulk,n}}{U_{f,n}} \quad (6.49)$$

$$E_{inst,n} = \frac{W_{inst,n}}{0.5(U_{f,n} + U_{f,n-1})} \quad (6.50)$$

式中，带"bulk"和"inst"下标的分别代表相应物理量的整体值和瞬时值；下标 n 代表时间。整体和瞬时的卷吸速度 $W_{\text{bulk},n}$ 及 $W_{\text{inst},n}$ 分别定义为

$$W_{\text{bulk},n} = \frac{Q_{\text{bulk},n}}{S_n} \tag{6.51}$$

$$W_{\text{inst},n} = \frac{Q_{\text{inst},n}}{0.5(S_n + S_{n-1})} \tag{6.52}$$

式中，Q 代表水卷吸速度；S 代表异重流和环境水体之间交界面的面积。由于异重流和环境水体之间的交界面结构极为复杂，采用前人的做法[20, 21]，将二维模拟中此交界面的面积表示为 $S_n = (h + l + X_{\text{f},n}) \times 1$，其中 h 和 l 分别为初始异重流的高度及长度。水卷吸速度通过质量守恒进行计算，即异重流体积增大量与时间之间的导数，展开如下：

$$Q_{\text{bulk},n} = \frac{V_n - V_0}{t_n} \tag{6.53}$$

$$Q_{\text{inst},n} = \frac{V_n - V_{n-1}}{t_n - t_{n-1}} \tag{6.54}$$

式中，V_n 代表 n 时刻异重流的体积（V_0 代表其初始体积）。在本书中，异重流的体积定义为临界颗粒浓度大于 0.01 的部分的体积。本书中不讨论此临界浓度值的选取对结果的影响。

第 7 章　泥沙异重流在层结水体环境中沿平坡运动的数值模拟研究

异重流在层结水体环境中的运动过程在实际中极为常见，如河口、海洋等环境中，这一运动过程同时也是极为复杂的（图 7.1）。然而，前人关于开闸式异重流在层结环境中运动过程的研究主要集中于对无颗粒异重流建立概念模型[22-33]。这些研究主要通过确定异重流在准定常阶段的弗劳德数，来决定异重流运动过程中的头部速度。

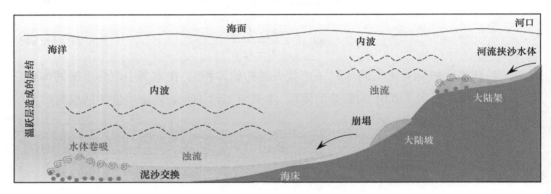

图 7.1　泥沙异重流从大陆架到层结环境的海洋中的发展过程示意图

尽管概念模型可以描述开闸式无颗粒异重流在线性层结环境中的一些运动特性，但由于无法获取复杂的交界面结构及湍流信息，仍然有很多方面没有涉及。首先，这些概念模型主要用于研究无颗粒异重流在准定常阶段的速度，对于其他运动阶段的头部速度，由于其运动过程更为复杂，无法利用概念模型进行求解。此外，由于泥沙沉降的影响，开闸式泥沙异重流的运动过程和开闸式无颗粒异重流的运动过程有着很大的差异。更为重要的是，概念模型往往采用了一系列的假设，比如忽略异重流和周围环境水体之间的交换过程，然而，由于水体掺混卷吸会改变异重流和周围环境水体之间的密度对比，因此评估水体卷吸系数的大小，对于深入理解异重流的运动过程有着重要的意义。

异重流在线性层结环境中运动时必然会激发内波，异重流和内波之间的相互作用会进一步影响异重流的运动[26]。当异重流沿平坡运动时，如果头部速度比内波传播速度大，异重流处于超临界状态，头部速度基本不会受到内波的影响，只是异重流的形状会发生改变；如果头部速度比内波传播速度小，异重流处于次临界状态，异重流和内波之间的相互作用使得头部速度有一个相当复杂的变化过程[29, 32]。由于泥沙颗粒的沉降会改变交界面的结构和密度差，异重流在线性层结环境中的动力过程势必更为复杂。在异重流发展过程中，泥沙沉降和周围水体层结对其发展过程、头部速度、水体卷吸和能量变化的影响仍不明确。

本书前述内容及前人的研究结果已经证明，坡度对异重流在层结水体环境中运动的动力学特性有明显影响。因此，本章和第 8 章及第 9 章将分别对泥沙异重流在层结水体环境中沿平坡和斜坡的运动展开直接数值模拟研究，详细探讨水体层结、坡度和泥沙沉降速度等不同条件下，异重流头部位置、头部速度、湍流结构、界面卷吸系数、能量转换等动力学特性。

本章主要针对开闸式无颗粒异重流和泥沙异重流在线性层结环境中沿平坡的运动过程进行直接数值模拟研究，拟回答以下几个主要科学问题。

（1）不同层结环境中，泥沙异重流的头部速度和无颗粒异重流的头部速度相比有何差异？

（2）水体卷吸系数是如何随着异重流的发展而变化的？周围层结水体对其有何影响？

（3）环境水体层结和泥沙沉降对能量变化过程有何影响？

7.1　问　题　描　述

图 7.2 给出了开闸式泥沙异重流在线性层结环境中沿平坡运动的初始设置概图。泥沙异重流在一个尺度为 $\hat{L} \times \hat{H}$ 的水槽中运动，其中初始挟沙水体所在区域的尺寸为 $\hat{l} \times \hat{H}$。初始挟沙水体的密度为 $\hat{\rho}_I$，周围水体水面处的密度为 $\hat{\rho}_T$，水底处的密度为 $\hat{\rho}_B$，水体密度从水面到底部线性增大，密度设置为 $\hat{\rho}_I > \hat{\rho}_B$。初始挟沙水体和环境水体之间用竖直放置的闸门隔开。当闸门开启后，由于密度的差异，异重流会沿水槽底部形成并发展。本章模拟的异重流运动过程只包括异重流沿底坡停止运动前的过程，不考虑之后较轻的间隙流的上浮过程。本章选取的用于无量纲化的特征长度为初始重水高度 $\hat{H}$。

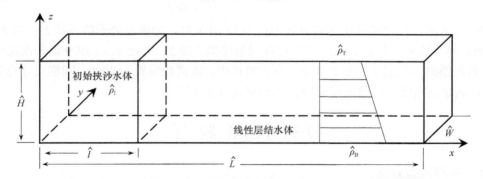

图 7.2　开闸式泥沙异重流在线性层结环境中沿平坡运动的初始设置概图

7.2　模拟工况设置

本节主要采用立面二维模型对泥沙异重流的运动特性进行研究。模拟情形为具有同样密度的初始重水进入不同线性层结的环境水体中，尺度为实验室尺度。计算域的有量纲长度和高度分别为 $\hat{L}$=3m 和 $\hat{H}$=0.2m，相应的无量纲尺度为 L=15 和 H=1。9 组模拟工况设置如表 7.1 所示。周围环境水体底层和表面的无量纲盐度分别为 S_B =1 和 S_T =0。表 7.1 中，S_r 是用来衡量泥沙异重流和周围环境水体相对层结情况的参数，即相对层结度，在本章中其定义式可写为

$$S_r = \frac{\hat{\rho}_B - \hat{\rho}_T}{\hat{\rho}_I - \hat{\rho}_T} \tag{7.1}$$

较大的 S_r 表明周围环境水体相对层结情况较强。

表 7.1　开闸式异重流在线性层结环境中沿平坡运动的模拟工况设置

工况	$\hat{\rho}_I$ (kg/m³)	$\hat{\rho}_B$ (kg/m³)	$\hat{\rho}_T$ (kg/m³)	S_r	u_s	α_s	α_c	Fr
1	1005	1000	1000	0	0	0	1	N.A.
2	1005	1003	1000	0.6	0	0.86	1.43	0.73
3	1005	1004.8	1000	0.96	0	1.85	1.92	0.30
4	1005	1000	1000	0	0.01	0	1	N.A.
5	1005	1003	1000	0.6	0.01	0.86	1.43	0.73
6	1005	1004.8	1000	0.96	0.01	1.85	1.92	0.30
7	1005	1000	1000	0	0.02	0	1	N.A.
8	1005	1003	1000	0.6	0.02	0.86	1.43	0.73
9	1005	1004.8	1000	0.96	0.02	1.85	1.92	0.30

弗劳德数 Fr 通常定义为惯性力和重力的比值，用于反映异重流的运动状态。表 7.1 中的弗劳德数 Fr 根据 Maxworthy 等[34]提出的公式进行计算：

$$Fr = 0.266 + 0.912 \ln\left(\frac{1}{Sr}\right) \tag{7.2}$$

当 $Fr < 1/\pi$ 时，异重流处于次临界状态；当 $Fr = 1/\pi$ 时，异重流处于临界状态；当 $Fr > 1/\pi$ 时，异重流处于超临界状态[34]。可以判断模拟工况 3、工况 6、工况 9 属于次临界状态，其他模拟工况属于超临界状态。所有模拟中，雷诺数设置为 3000。网格尺寸设置为 0.01，满足高精度直接数值模拟所需的网格尺寸要求[4]。

7.3　模型验证

7.3.1　头部位置对比

通过将数值模拟结果和实验中的异重流头部位置资料进行比较来验证数值模型的准确性。笔者在浙江大学舟山校区泥沙与海洋环境流体力学实验室中进行了三组开闸式无颗粒异重流在不同线性层结环境中沿平坡运动的水槽实验。实验所用水槽尺寸为长 2m、宽 0.2m、高 0.2m。初始重水利用闸门隔离在水槽的一端，其尺度为 0.1m×0.2m× 0.1m。其他实验设备和步骤已在本书第 1 章详述。实验中的参数如表 7.2 所示，相应的数值模拟中的无量纲参数如表 7.3 所示。由于越大的雷诺数需要的网格越小[4]，出于节

省计算资源的目的，模拟中的雷诺数设为 3000，比实验中 15 000 左右的雷诺数小，这是因为前人的研究[35]显示，当雷诺数大于 1000 时，异重流的头部位置受雷诺数影响很小。三组数值模拟中使用的网格数量为 1500×100，满足直接数值模拟所需的网格尺度在 $O[1/(ReSc_c)^{0.5}]$ 左右的要求[4]。

表 7.2　开闸式异重流在线性层结环境中沿平坡运动的实验参数

实验	$\hat{L}$（m）	$\hat{H}$（m）	$\hat{l}$（m）	$\hat{\rho}_I$（kg/m³）	$\hat{\rho}_B$（kg/m³）	$\hat{\rho}_T$（kg/m³）
实验 1	2	0.1	0.1	1028.92	1003.64	1000.03
实验 2	2	0.1	0.1	1028.92	1007.93	1003.26
实验 3	2	0.1	0.1	1028.92	1012.91	1008.70

表 7.3　开闸式异重流在线性层结环境中沿平坡运动的数值模拟的参数

模拟	L	H	$\hat{u}_b$（m/s）	u_s	Re	S_B	S_T	α_s	α_c
模拟 1	15	1	0.16	0	3000	1	0.20	0.17	1.10
模拟 2	15	1	0.15	0	3000	1	0.47	0.38	1.28
模拟 3	15	1	0.13	0	3000	1	0.69	0.76	1.65

　　数值模拟和实验中异重流的头部位置对比如图 7.3 所示。在 30 个无量纲时间内，数值模拟结果与实验结果符合良好，这表明数值模型可以准确地预测开闸式异重流在不同线性层结环境中沿平坡的运动过程。三组数值模拟结果与实验结果之间的相对误差分别为 3.1%、2.9% 和 5.2%，这些较小的误差结果进一步验证了数值模型的准确性。

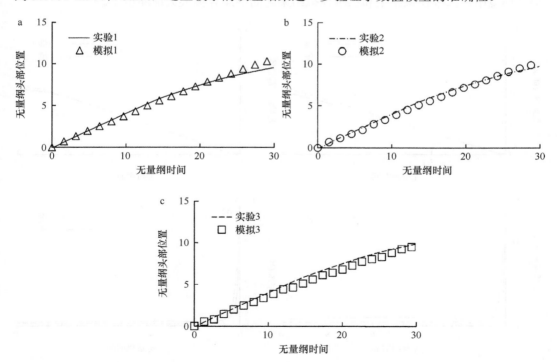

图 7.3　开闸式异重流在线性层结环境中沿平坡运动的头部位置数值模拟结果和实验结果的对比

7.3.2 二维模拟结果和三维模拟结果对比

尽管二维模拟可以提供丰富的模拟结果,但仍然有必要探究二维模拟结果和三维模拟结果之间的差异性,为此开展了两组三维模拟工况。一个工况设置是开闸式无颗粒异重流在非层结环境中的运动(见表 7.1 中的工况 1,S_r =0),另一个工况设置为开闸式泥沙异重流在强层结环境中的运动(见表 7.1 中的工况 6,S_r =0.96,u_s =0.01)。三维模拟中水槽的无量纲宽度设置为 1,其他设置和二维模型设置相同。

图 7.4 给出了异重流的无量纲头部位置、整体卷吸系数及无量纲动能(利用初始总能量进行无量纲化)的二维和三维模拟结果对比。比较结果显示,二维模拟和三维模拟中这些变量有非常相似的发展趋势。对于无颗粒异重流在非层结环境中的运动,在由重水坍塌所控制的初始阶段过后,二维模拟结果和三维模拟结果之间出现了细微的差异。前人的研究中也出现了这些差异,并已指出差异出现是由于二维模拟无法表现出展向的"波瓣"和"沟裂"的三维结构[3],因此二维模拟中交界面上的涡结构比三维模拟中更为显著[3],如图 7.5a1 和图 7.5a2 所示。此外,对于在强层结环境中运动的情形,以上提到的二维模拟和三维模拟之间的差异显著缩小,这是由于异重流在层结环境中运动时,交界面上的涡结构被周围层结环境所抑制,如图 7.5b2 和图 7.5b2 所示。总体上来讲,尽管二维模拟确实牺牲了某些精度(如在异重流发展较后阶段的三维展向结构),但二维模拟结果和三维模拟结果之间非常细微的差异并不会影响本节的主要结论,尤其是在层结环境中,二维模拟结果和三维模拟结果之间的差异被大大地缩小了。

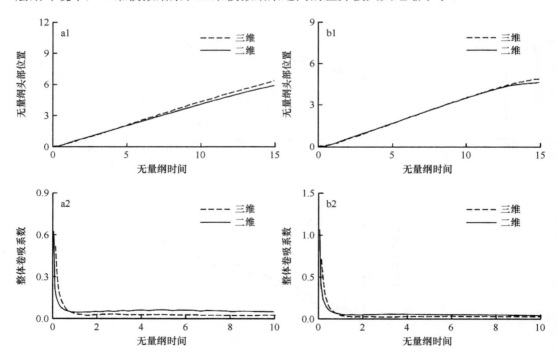

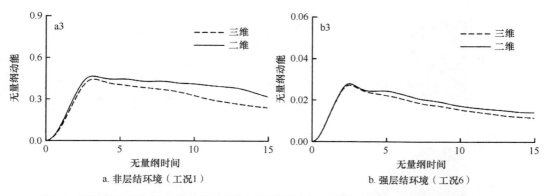

a. 非层结环境（工况1）　　　　　　　b. 强层结环境（工况6）

图 7.4　无量纲头部位置、整体卷吸系数及无量纲动能二维模拟结果和三维模拟结果的对比

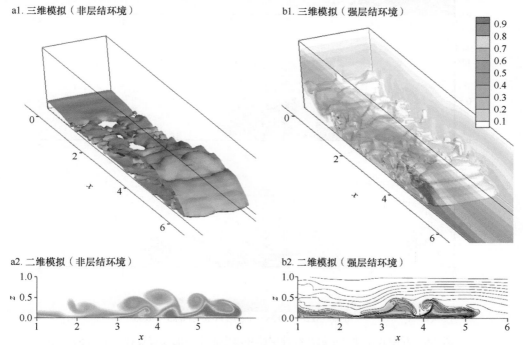

图 7.5　强层结环境和非层结环境中开闸式泥沙异重流二维模拟结果和三维模拟结果的对比（t=12.5）

7.4　泥沙异重流运动过程

图 7.6 给出了工况 5 中开闸式泥沙异重流在线性层结环境中沿平坡的发展过程（S_r=0.6）。和泥沙异重流在非层结环境中的运动过程类似，线性层结环境中的泥沙异重流也具有上交界面的 K-H 不稳定性结构、抬升的头部和沿上交界面发展的湍流结构。随着泥沙异重流向前运动，水体卷吸效应逐渐积累，越来越多的环境水体被卷吸入流体中（图 7.6d）。此外，随着泥沙的不断沉降，异重流头部不断变小，最终异重流会消亡。图 7.6c 还给出了 t=5 时刻的流场结构图，可发现在交界面区域附近流场散乱分布，在靠近底部区域流场方向基本和运动方向平行。

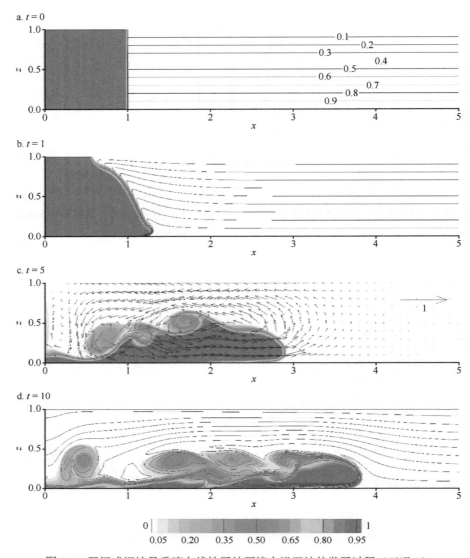

图 7.6　开闸式泥沙异重流在线性层结环境中沿平坡的发展过程（工况 5）

　　图 7.7 给出了开闸式无颗粒异重流和开闸式泥沙异重流在相同层结环境中在 $t=15$ 时刻的状态。可以看出，沉降速度越大，异重流运动越慢且头部高度越小，这表明异重流的动力学特性会受到泥沙沉降速度的影响。

　　图 7.8 给出了开闸式泥沙异重流在不同层结环境（$S_r=0$、0.6 和 0.96）中在 $t=8$ 时刻的运动状态。和在较弱层结环境中相比，较强层结环境中的泥沙异重流最大的特性是上交界面的 K-H 不稳定性结构和湍流结构受到了抑制。在非层结环境中（图 7.8a），较为强烈的湍流结构不规则地沿着上交界面发展变化，随着周围环境水体层结性的加强，这些结构逐渐减弱。较弱的湍流结构使得异重流头部高度减小，而且有一个更为明显的流线型的形状（图 7.8c）。上交界面的形状改变表明，异重流卷入的周围水体也发生了改变，从而进一步影响泥沙异重流在不同层结环境中的运动过程。

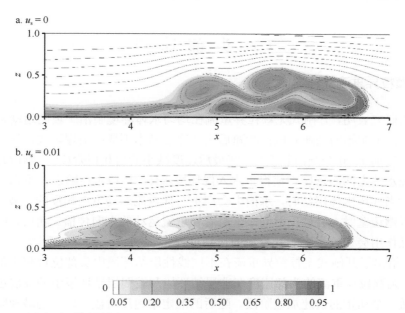

图 7.7　开闸式无颗粒异重流（a）和开闸式泥沙异重流（b）在相同层结环境（S_r=0.96）中在 t=15 时刻的状态

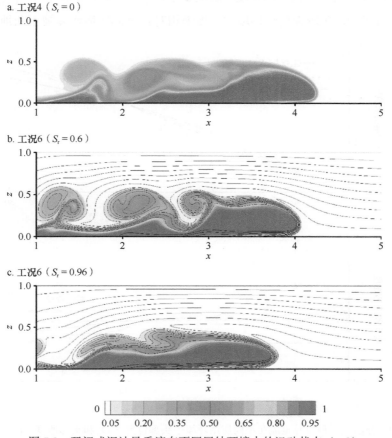

图 7.8　开闸式泥沙异重流在不同层结环境中的运动状态（t=8）

7.5 头 部 速 度

7.5.1 无颗粒异重流头部速度

前人的研究表明，开闸式无颗粒异重流在均匀水体环境中沿平坡的运动可以分为如下几个过程：①初始的加速阶段；②随后头部速度基本不变的坍塌阶段，这一过程最多可以持续到运动至 10 个闸门长度处；③最后速度减小的自相似阶段[2]。闸门开启后初始重水和环境水体之间的密度差使得重水入侵环境水体，环境水体随之在重水上方沿反方向移动[36]。当环境水体层结时，水槽中会产生与异重流运动方向相反的内波。当内波击中一侧的水槽边壁时，会被反射回来，沿着异重流运动的方向传播。随后，内波和环境水体的相互作用会进一步影响异重流的运动过程。

图 7.9 给出了开闸式无颗粒异重流在不同线性层结环境中头部位置和头部速度的变化。开闸式无颗粒异重流的头部速度在非层结环境和较弱层结环境中的发展过程基本一致，都包括一个初始的快速加速阶段、随后的准定常速度阶段、最后的减速阶段。初始时刻，在较弱层结环境中的异重流和环境水体间有较大的密度差异，运动的驱动力较大，因此异重流有着较大的最大头部速度（工况 2 中 $U_{f,max}=0.44$，工况 3 中 $U_{f,max}=0.39$）。随着异重流向前运动，在较强层结环境中，周围相对较重的环境水体被不断地卷入异重流

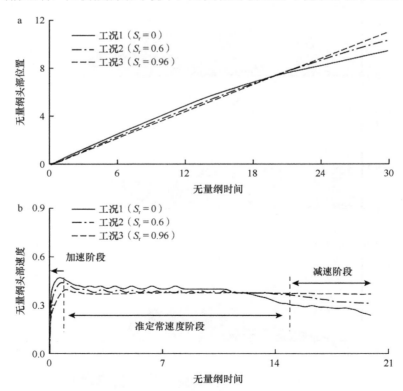

图 7.9 开闸式无颗粒异重流在不同层结环境中头部位置（a）和头部速度（b）的变化

中。然而，在更弱的层结环境中，卷入的周围水体更轻。这是随后较强层结环境中的无颗粒异重流的头部速度比较弱层结环境中更大的原因之一。

图 7.9b 中的结果显示，在较强层结环境中，开闸式无颗粒异重流的头部速度有更长的准定常过程。实际上，当计算结束时（t=30），异重流的运动距离早已超出了 10 个闸室长，但工况 3 中的无颗粒异重流仍然处于准定常速度阶段。图 7.10 给出了较强层结环境（S_r=0.96）中无颗粒异重流的运动。可以清晰地看出，相比于 t=15 和 t=30 时刻，异重流在 t=5 时头部厚度更大，且和环境水体之间的密度差更大。然而，在 t=5、t=15 和 t=30 时刻，异重流的头部速度基本相同，都在 0.37 左右。这意味着，在靠后阶段，异重流的运动不是由水平的压力差或者密度差所驱动的，而是由异重流和内波之间的相互作用决定的。图 7.10 还给出了内波的产生和发展过程。初始重水的坍塌使得异重流的上方水体向另一方向移动并撞击水槽侧壁，因而反射流在环境层结水体中产生了内波，继而改变了环境水体的水平密度分布。随后，内波和异重流头部发生了相互作用，内波会逐渐追上异重流头部，并推动异重流向前运动。

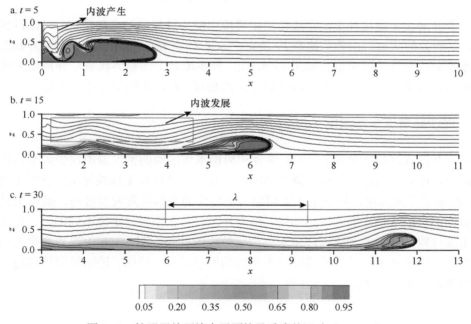

图 7.10　较强层结环境中无颗粒异重流的运动（S_r=0.96）

为定量证明异重流和内波之间相互作用的产生，估算了内波的速度并和异重流的头部速度进行了比较。内波波长 λ 可以从两个相邻波谷间的水平距离估算，即 $\lambda \approx 3.5$（图 7.10）。为更明显地显示工况 3 中的内波，图 7.11 给出了点（5，0.755）处的垂直速度和水平速度随时间的变化。点（5，0.755）位置的选择是因为此点既不在异重流的运动路径上，同时又远离右侧水槽边壁。图 7.11 表明，点（5，0.755）处的流体几乎不沿水平方向运动，其运动主要发生在垂直方向上并不停地上下波动，即内波显然存在。内波大致在 $t \approx 5$ 时传播到此点，且半个波周期大致从 $t \approx 21.2$ 时开始变得稳定。波周期 T

可以从两个相邻波峰之间的时间差进行估算，即 $T \approx 7.7$。从而可以计算出内波速度约为 $U_w = \lambda/T \approx 0.45$，该速度比异重流最大头部速度 0.4 大。因此，异重流处于次临界状态，内波是维持开闸式无颗粒异重流在较强的线性层结环境中较长的准定常阶段的主要原因。

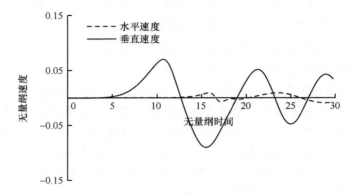

图 7.11　工况 3 中点（5，0.755）处的垂直速度和水平速度随时间的变化（S_r=0.96）

对于开闸式无颗粒异重流在线性层结环境中沿平坡运动的一般情况，可以得到如下结论：其所处的状态可由弗劳德数 Fr 决定，如果 $Fr > 1/\pi$，异重流处于超临界状态，内波基本不会改变其头部速度；如果 $Fr < 1/\pi$，异重流处于次临界状态，异重流和内波之间的相互作用是维持其准定常阶段的运动距离超过 10 个闸室长的主要原因。

7.5.2　泥沙异重流头部速度

对于开闸式泥沙异重流的运动，流体和周围水体之间的密度差不仅受到水体掺混卷吸的影响，还会受到泥沙颗粒沉降的影响，故其运动过程和无颗粒异重流有所不同。图 7.12a 给出了开闸式泥沙异重流在不同层结环境中的头部位置发展过程，数据记录至异重流前锋不再沿水槽底部向前运动处。结果显示，和无颗粒异重流不同的是，泥沙异重流的头部位置发展会受到周围环境水体层结效应的抑制。图 7.12b 中泥沙异重流的头部速度也展示出了和无颗粒异重流的三个类似的发展过程。然而，较弱的层结环境并不意味着头部速度总是较大。

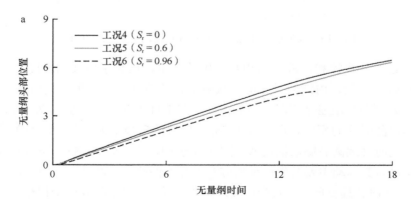

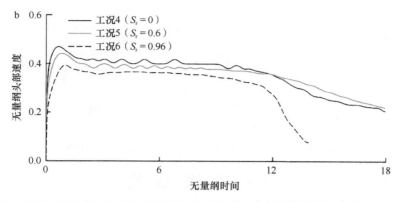

图 7.12　开闸式泥沙异重流在不同层结环境中运动的头部位置和头部速度（u_s=0.01）

　　比较工况 4 和工况 5 可以发现，初始时刻工况 4 中异重流和环境水体之间的密度差更大，故异重流有一个更大的头部速度（如 t=0.5 时，工况 4 中 U_f=0.46，工况 5 中 U_f=0.42）。同时，工况 4 中异重流卷入的周围环境水体的密度更小，故异重流的头部速度也减小得更快（如 t≈12 之后的时刻）。当环境水体层结变得更强时，异重流的头部速度总是更小（工况 6）。这是因为更强的层结水体中，泥沙异重流和环境水体之间的初始密度差更小，即运动的驱动力更小。

　　除了受到密度差的影响，层结环境中的泥沙异重流运动还会受到流体和内波之间相互作用的影响。正如之前讨论的一样，对于强层结环境（即处于次临界状态）中的开闸式无颗粒异重流，生成的内波可以追上异重流前锋，从而维持其头部速度在较长的时间内处于准定常的状态。然而，和无颗粒异重流不同的是，尽管泥沙异重流在线性层结水体中运动时也可以产生内波（图 7.13），但内波不能使得开闸式泥沙异重流的头部速度在准定常阶段维持较长时间。在较强的层结环境中，泥沙颗粒的沉降使得异重流迅速丢失质量和动量（图 7.13b、图 7.13c），故内波对于泥沙异重流运动速度的维持作用较弱。

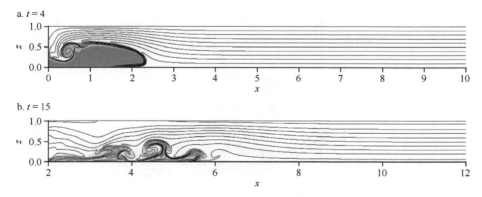

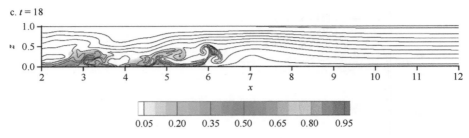

图 7.13　泥沙异重流在强层结环境中的运动（S_r=0.96）

7.6　卷　吸　系　数

7.6.1　无颗粒异重流卷吸系数

开闸式无颗粒异重流在线性层结水体中沿平坡运动的整体卷吸系数（$E_{bulk,n}$）和瞬时卷吸系数（$E_{inst,n}$）随时间的典型发展过程如图 7.14a 所示（工况 2）。图 7.14b 和图 7.14c 中比较了从 t=3 至 t=30 时刻开闸式无颗粒异重流在不同层结环境中的 $E_{bulk,n}$ 和 $E_{inst,n}$ 的变化过程。初始时刻重水的坍塌使得周围水体被迅速卷入异重流中，故 $E_{bulk,n}$ 和 $E_{inst,n}$ 都出现最大值。随后，由于坍塌作用的逐渐消失，$E_{bulk,n}$ 和 $E_{inst,n}$ 都迅速减小。初始时刻过后，在上交界面的 K-H 不稳定性结构和湍流结构作用下，$E_{inst,n}$ 随时间出现剧烈的波动。随着异重流进一步向前运动，$E_{bulk,n}$ 和 $E_{inst,n}$ 都呈现出逐渐减小的趋势。

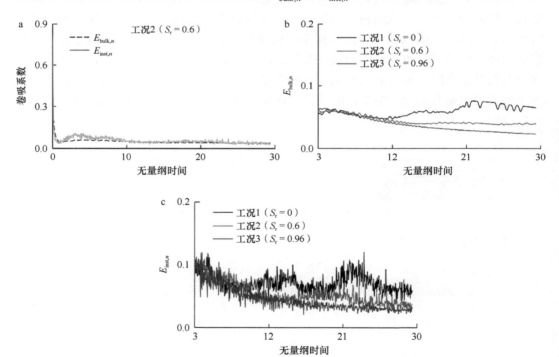

图 7.14　开闸式无颗粒异重流与环境水体之间的卷吸系数随时间的变化过程

当初始重水的坍塌作用逐渐消失后（$t > 12$），水体层结效应慢慢开始对卷吸系数产生影响，$E_{bulk,n}$ 和 $E_{inst,n}$ 都随着水体层结的增强而减小。在更强的层结水体中，由于上交界面的湍流结构被抑制，同时异重流和环境水体之间的密度差也更小，因此异重流和周围环境之间的水体交换也更弱。除此之外，由于上交界面的湍流结构被抑制，在更强的层结水体中，$E_{inst,n}$ 的波动也更弱。

7.6.2　泥沙异重流卷吸系数

图 7.15a 给出了开闸式泥沙异重流在线性层结水体中沿平坡运动的 $E_{bulk,n}$ 和 $E_{inst,n}$ 随时间的发展过程（工况 5）泥沙沉降速度 $u_s = 0.01$。泥沙异重流的卷吸系数的变化过程与无颗粒异重流的卷吸系数的变化过程基本一致，即初始时刻达到最大值和随后逐渐呈现出减小的趋势。与层结水体会减小无颗粒异重流的卷吸系数不同的是，在 $t \approx 13$ 时刻前，$E_{bulk,n}$ 和 $E_{inst,n}$ 不随水体层结强度而改变（图 7.15b 和图 7.15c 中，数据记录至 $t = 13$ 时刻，$t > 13$ 时工况 6 中泥沙异重流已基本停止运动）。原因在于，一方面，较强的层结水体会使得异重流有较小的运动速度（图 7.15b），即界面剪切速度较小，使得异重流卷入较少的周围水体；另一方面，随着泥沙的沉降，异重流和周围环境交界面的密度梯度减小，使得异重流卷入较多的周围水体[25]。基于以上两个相反的作用，泥沙异重流在不同线性层结环境中运动时，$E_{bulk,n}$ 和 $E_{inst,n}$ 基本不变。泥沙沉降速度为 $u_s = 0.02$ 的模拟工况也呈现出了类似的结果。

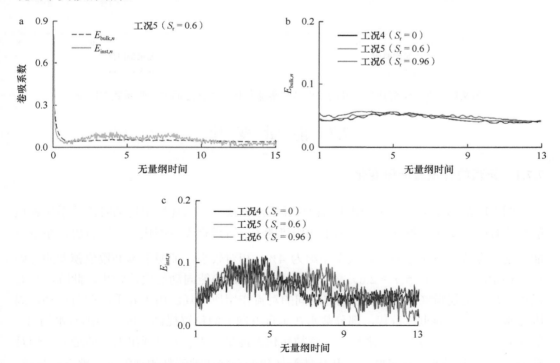

图 7.15　开闸式泥沙异重流与环境水体之间的卷吸系数随时间的变化过程（$u_s = 0.01$）

图 7.16 给出了泥沙沉降速度对开闸式泥沙异重流和环境水体之间的卷吸系数的影响。模拟结果显示，$E_{\text{bulk},n}$ 随泥沙沉降速度的增大而减小，这是由于更大的泥沙沉降速度使得流体运动的驱动力减小，从而运动更弱，因此泥沙异重流卷入更少的周围水体。由于 $E_{\text{inst},n}$ 随时间波动很强烈，在不同的层结水体中，难以区分出不同泥沙沉降速度对 $E_{\text{inst},n}$ 的影响。

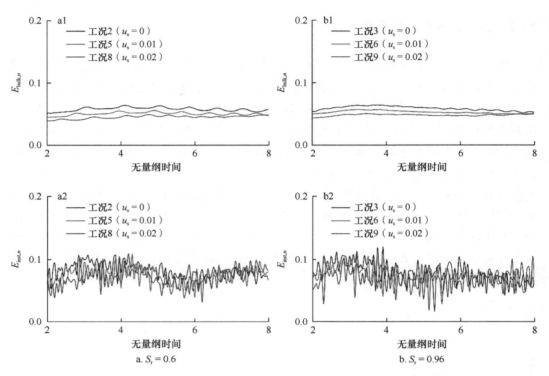

a. $S_r = 0.6$ b. $S_r = 0.96$

图 7.16 泥沙沉降速度对开闸式泥沙异重流与环境水体之间的卷吸系数的影响

7.7 能 量 变 化

7.7.1 无颗粒异重流能量变化

图 7.17 给出了工况 3 中开闸式无颗粒异重流在线性层结环境中运动时流体系统各项能量随时间的变化，各项能量均利用初始势能 $E_{\text{pc}}(0)$ 进行无量纲化。可以看出，系统总能量基本保持在 5.6 左右，最大误差约为 4%，相对较小，证明了本书数值模型的准确性。初始时刻（$t=0$ 至 $t \approx 2.6$），由于重水的坍塌，势能向动能快速转化，此阶段只有很小一部分的能量（约 9%）被流体之间的对流作用所消耗。由于异重流向前运动，周围盐水的位置被异重流替代，部分盐水在垂直方向上的位置提高，因此周围盐水的势能（E_{ps}）增大。在 $t \approx 2.6$ 之后，尽管被转化的能量（E_{con}）呈现出增大的趋势，但是动能（E_{k}）却减小。这意味着，从势能新转化的动能比被消耗的动能小，整个能量转

化过程进入了能量消耗阶段。由于内波会改变周围盐水浓度的等值线的位置，在初始阶段（$t > 6$）过后，E_{ps} 呈现出缓慢增大的趋势。当异重流进入减速阶段（$t > 12$）之后，异重流的运动主要是靠内波维持，卷吸作用很弱，流体系统的势能减小缓慢，能量转化的速率远比初始阶段小。

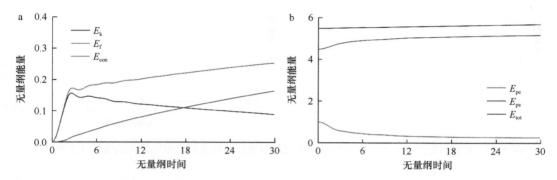

图 7.17　开闸式无颗粒异重流在线性层结环境中运动时流体系统各项能量随时间的变化（工况 3）

7.7.2　泥沙异重流能量变化

图 7.18 给出了工况 6 中开闸式泥沙异重流在线性层结环境中运动时流体系统各项能量随时间的变化，各项能量均利用初始势能 $E_{pc}(0)$ 进行无量纲化。其中，势能变化过程和上文叙述的无颗粒异重流能量变化过程类似。和无颗粒异重流相比，由于泥沙异重流的相当一部分能量被颗粒周围的斯托克斯绕流所消耗，能量转化过程被加快。

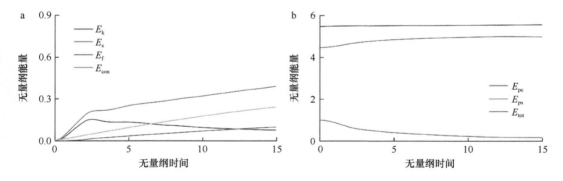

图 7.18　开闸式泥沙异重流在线性层结环境中运动时流体系统各项能量随时间的变化（工况 6）

为进一步理解层结水体对能量变化的影响，图 7.19 给出了工况 4 中开闸式泥沙异重流在非层结环境中运动时流体系统各项能量随时间的变化，各项能量均利用初始势能 $E_{pc}(0)$ 进行无量纲化。和泥沙异重流在较强线性层结环境中相比，非层结环境中流体系统的动能明显更大。水体层结对异重流运动的抑制效应得到进一步体现。另外，由于无量纲悬沙质量基本相同，在层结环境中流体系统中被颗粒斯托克斯绕流所消耗的能量也基本相同。由于环境水体层结会抑制湍流，更小部分的能量被流体之间的对流所消耗（工况 4 中，在 $t = 10$ 时 $E_f = 0.21$；工况 6 中，在 $t = 10$ 时 $E_f = 0.07$）。在非层结环境中，参与

转化的能量 E_{con} 总是比层结环境中的大，这意味着周围水体层结也会抑制开闸式异重流运动过程中的能量转化过程，从而使得 E_k 和 E_f 也更小。

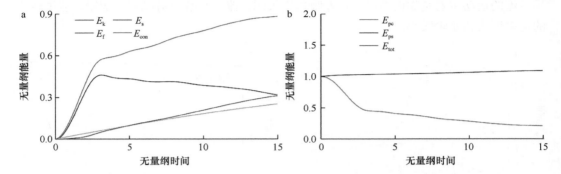

图 7.19　开闸式泥沙异重流在非层结环境中运动时流体系统各项能量随时间的变化（工况 4）

第8章 泥沙异重流在均匀水体环境中沿斜坡运动的数值模拟研究

对于开闸式泥沙异重流沿平坡运动过程的直接数值模拟，前人已经进行了非常详细的研究。然而，截至目前，对开闸式泥沙异重流沿斜坡的详细运动过程，以及泥沙颗粒和坡度二者的协同作用效应对异重流运动特性的影响仍不清楚。本章通过直接数值模拟，对非层结环境中开闸式泥沙异重流沿斜坡的运动过程进行研究，拟回答如下主要关键科学问题。

（1）开闸式泥沙异重流在均匀水体环境中沿斜坡运动的特性主要由哪些因素来主导？其头部速度受到坡度影响的机制是什么？

（2）在开闸式泥沙异重流运动过程中，坡度和泥沙沉降对卷吸系数和能量变化有何影响？

8.1 问 题 描 述

图 8.1 给出了开闸式泥沙异重流在均匀水体（淡水）环境中沿斜坡运动的示意图。其中，$\hat{x}$ 和 $\hat{z}$ 分别指向水平和竖直方向。异重流在图 8.1 中所示的水槽（高度为 $\hat{H}$，长度为 $\hat{L}$）中运动发展。初始挟沙水体从位于水槽左上方的灰色区域（高度为 $\hat{l}$，长度为 $\hat{h}$，泥沙浓度为 $\hat{c}_0$）开始运动。竖直的闸门将初始重水和环境水体隔开，在闸门右端有一个斜坡（坡角 θ），斜坡上方为均匀淡水。初始环境水体高度和初始挟沙水体高度相同。开启闸门后，初始挟沙水体会入侵到周围水体中，并沿斜坡向下运动，运动过程中部分泥沙会沉积在斜坡和水槽底部，泥沙异重流也会和周围环境水体进行掺混，因而异重流运动的驱动力逐渐减小，最终使得异重流消亡。在本章内容中，无量纲化长度尺度过程中选取的特征长度为 $\hat{h}/2$。

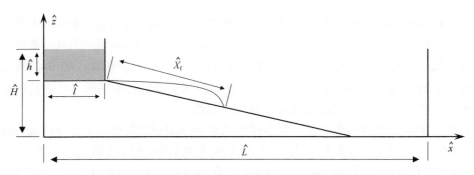

图 8.1 开闸式泥沙异重流在均匀水体环境中沿斜坡运动的示意图

8.2 模拟工况设置

由于本书的研究内容主要为异重流的沿程变化特性，沿展向的二维平均结果占主导，因此本节主要采用立面二维模型对异重流的运动特性开展研究。本节中开闸式泥沙异重流在均匀水体环境中沿斜坡运动的数值模拟工况设置如表 8.1 所示。在所有算例中，将水槽的长度 L 和高度 H 设置为足够大，使得在相应的计算时间内，异重流离水槽边壁还有较大的距离。h/l 设置为 2，雷诺数 Re 固定为 3000。网格尺寸 Δx 设置为 2/110，此尺寸满足直接数值模拟所需的网格精度要求，即网格尺度与 $1/(ReSc)^{0.5}$ 的大小相近[17]。图 8.2 给出的网格尺寸检验对比结果进一步说明了 $1/(ReSc)^{0.5}$ 这一标准的合理性。计算中时间步长 Δt 设置为 $0.005\,\Delta x$。

表 8.1　开闸式泥沙异重流在均匀水体环境中沿斜坡运动的数值模拟工况设置

工况	1	2	3	4	5	6	7
θ（°）	0	6	10	10	10	15	30
u_s	0.02	0.02	0.02	0	0.005	0.02	0.02

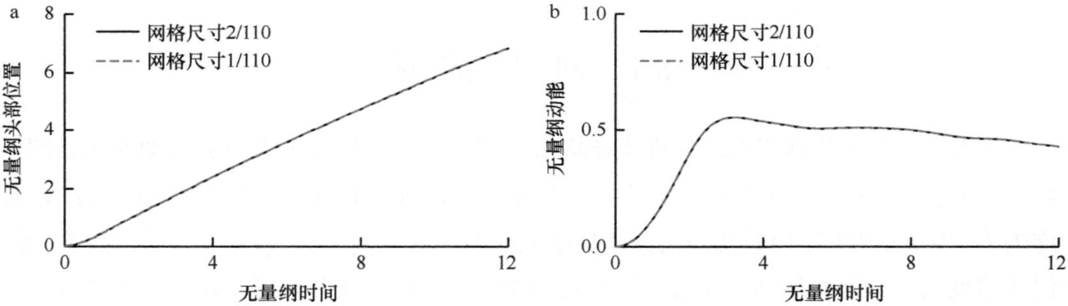

图 8.2　网格尺寸检验对比结果

8.3　模　型　验　证

8.3.1　头部位置对比

本节将本模拟结果和前人的实验结果及数值模拟结果进行比较，来验证本模型的准确性。首先将开闸式泥沙异重流沿平坡运动的头部位置与 Necker 等[3]的直接数值模拟结果进行了比较。此算例中的参数为 L=18、H=h=2、l=1、u_s=0.02、θ=0°、Re=2236，采用的网格数量为 1800×200。头部位置对比如图 8.3 所示，本书的直接数值模拟结果和前人的直接数值模拟结果之间具有较好的一致性。

为进一步验证模型的准确性，将本模拟结果和 Kubo[22]实验结果的异重流头部位置进行了对比。Kubo[22]的实验为开闸式泥沙异重流沿斜坡运动的实验，实验参数为 $\tan\theta$=0.1、$\hat{L}$=10m、$\hat{l}$=0.5m、$\hat{h}$=0.2m、$\hat{H}$=0.4m、$\hat{c}_0$=0.02g/L、$\hat{u}_s$=0.0055m/s、

$\hat{\rho}_p$ =2650kg/m³，无量纲化后的参数为 L =100、h =2、l =5、H =4、u_s =0.03、Re =17 865。Kubo[22]的实验中，由于其主要关注泥沙异重流运动至斜坡底端后再沿平坡的运动过程，因此实验中水槽的水平长度较大。由于本章研究对象为异重流在斜坡上的运动过程，不关注异重流到达斜坡底端后在平坡上的运动，因此在本章的算例中，将 L 减小为 26。使用的网格数量为 3510×540，满足直接数值模拟的网格尺度在 $O[1/(ReSc_c)^{0.5}]$ 左右的要求[4]。头部位置对比如图 8.4 所示，二者符合良好，进一步验证了本数值模拟方法的正确性。

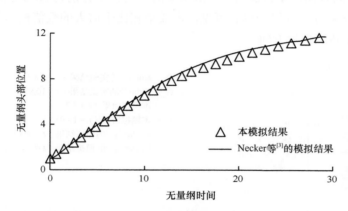

图 8.3　本模拟结果与 Necker 等[3]的模拟结果的异重流头部位置对比

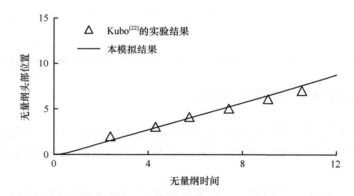

图 8.4　本模拟结果与 Kubo[22]实验结果的异重流头部位置对比

8.3.2　泥沙沉降对比

除对比头部位置以外，本节还将本模拟的泥沙沉降量和前人的数值模拟结果及实验结果进行了对比。对于沿平坡运动的泥沙异重流，t 时刻无量纲泥沙沉积量 D_t 可表示为[3]：

$$D_t(x,t) = \frac{1}{hl}\int_0^t c_b(x,t)u_s \mathrm{d}t \qquad (8.1)$$

式中，$c_b(x,t)$ 为 t 时刻横坐标 x 处水槽底部的泥沙颗粒浓度。图 8.5 给出了本模拟的无量纲泥沙沉积量和 Necker 等[3]模拟结果及 Kubo[22]实验结果的对比。结果显示，相比于实验结果，Necker 等[3]的数值模拟结果在靠近闸门一侧的边壁处严重地低估了泥沙沉积量，而本模型则没有这一缺点。为定量评估数值模型的准确性，进一步计算了数值模拟结果和实验结果之间的平均误差 D_{er}，其定义为

$$D_{er} = \text{mean}\left(\left|\frac{D_{exp}(t) - D_{sim}(t)}{D_{exp}(t)}\right|\right) \tag{8.2}$$

式中，D_{sim} 和 D_{exp} 分别为 t 时刻泥沙沉积量的数值模拟结果和实验结果。在 t =7.3 和 t =10.95 两个不同时刻，Necker 等[3]模拟结果的平均误差分别为 26%及 33%，本模拟结果的平均误差分别为 14%和 15%。可见，本模型相比于前人的数值模型的准确性更高，尤其是在预测泥沙沉积量方面。

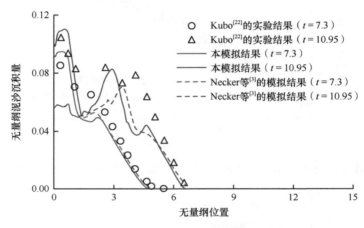

图 8.5　本模拟的无量纲泥沙沉积量和 Necker 等[3]模拟结果及 Kubo[22]实验结果的对比

8.3.3　二维模拟结果和三维模拟结果对比

虽然二维模拟结果可以反映出异重流运动的动力学特性，且在前人的研究中二维直接数值模拟也得到了广泛的应用，但仍有必要对二维模拟结果和三维模拟结果之间的差异进行分析。

为此，进行了两组三维模拟，一组为开闸式泥沙异重流沿平坡运动，另一组为开闸式泥沙异重流沿 10°斜坡运动，展向方向上的宽度都设置为 2，其他设置和二维模拟算例中的设置一样（参考表 8.1 中工况 1 和工况 2）。图 8.6 给出了异重流沿平坡和斜坡运动的三维形态模拟结果。图 8.7 给出了基于二维模拟结果和三维模拟结果计算的头部位置、能量、掺混区域和整体卷吸系数随时间的变化。其中，掺混区域 A_m 定义为整个计算域中泥沙浓度介于 0.01 至 0.99 的区域，即：

$$A_m = \iint\limits_0^{H}{}_0^{L} \varphi_{(c)}\text{d}x\text{d}z, \text{其中} \begin{cases} \varphi_{(c)} = 1, & 0.01 < c < 0.99 \\ \varphi_{(c)} = 0, & c \leqslant 0.01 \text{或} c \geqslant 0.99 \end{cases} \tag{8.3}$$

式中，$\varphi_{(c)}$ 为随着泥沙颗粒浓度 c 变化的参数。由于二维模拟中忽略了侧壁的影响，二维和三维计算结果表现出了一些区别。尽管如此，但二维模拟结果和三维模拟结果之间

的定量差距是非常有限的,对于异重流沿平坡和斜坡运动的头部位置、能量和整体卷吸系数等的异重流动力学特性随时间的变化趋势,二维模拟结果和三维模拟结果较为一致。由于本研究主要研究内容是泥沙颗粒沉降速度和坡度对异重流动力学特性的影响,而非为了解析异重流的三维结构,基于以上对比结果,可以认为二维模拟可以达到本研究目的。尽管二维模拟在一定程度上牺牲了模拟的精度(如不能捕捉沿展向的异重流结构),但不会影响本研究的结论。

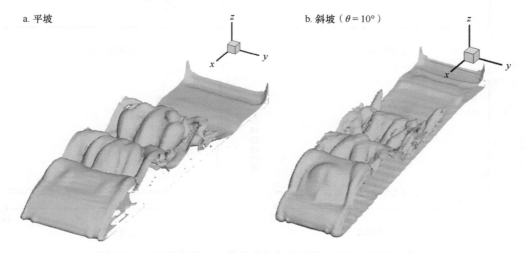

图 8.6　异重流沿平坡和斜坡运动的三维形态模拟结果(t =10)

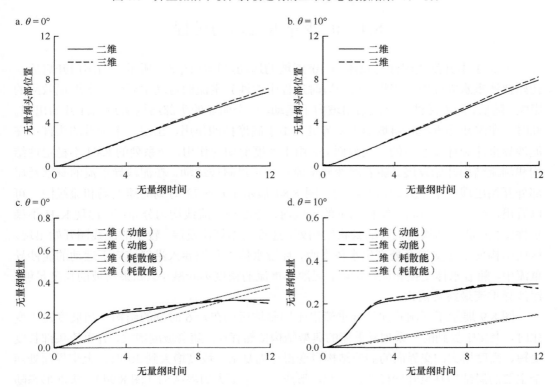

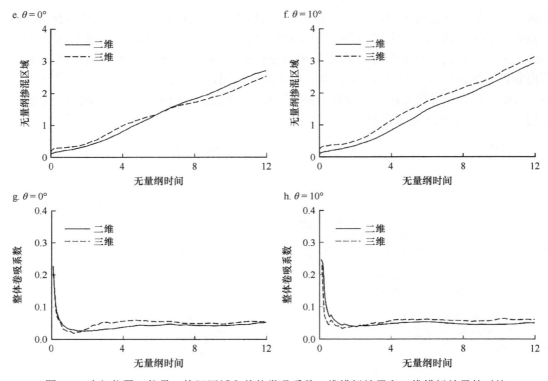

图 8.7　头部位置、能量、掺混区域和整体卷吸系数二维模拟结果和三维模拟结果的对比

8.4　泥沙异重流运动过程

　　工况 3 中开闸式泥沙异重流沿 10°斜坡的运动过程如图 8.8 所示。当闸门开启后，初始挟沙重水立即发生坍塌，这一短时过程中泥沙异重流的运动主要受重水坍塌效应的影响。随后，随着泥沙异重流沿斜坡向下运动，一个明显的头部结构从 $t \approx 1.4$ 开始出现。此时，在泥沙异重流和斜坡的下交界处，由于底摩擦的作用，出现一个抬升的头部；在泥沙异重流和环境水体的上交界面处，由于速度剪切的作用，一系列的 K-H 不稳定性结构和湍流结构开始发展。随着泥沙异重流进一步沿斜坡运动，在泥沙异重流的身部及尾部处开始出现一个上升的云状结构。图 8.8d 展示了 $t=5.72$ 时刻的速度场和流线图。可以看出，在上交界面湍流结构以下的区域内，速度场和流线均匀分布；在出现 K-H 不稳定性结构、湍流结构及上升的云状结构处，速度场不规律发展，较小的流线圈开始出现。这些结构使得在交界面处产生水体卷吸，环境水体不断被卷入沿斜坡向下运动的泥沙异重流中。随着水体交换和泥沙沉降，泥沙异重流的密度不断减小。如果斜坡的长度足够，泥沙异重流最终会消亡。

　　图 8.9 展示了开闸式泥沙异重流沿不同斜坡运动在 $t=6$ 时刻的结构。当坡度发生变化时，上文中提到的一系列异重流的典型结构依然存在。随着坡度增大，异重流头部长度变短、高度增大，交界面的湍流结构也变得更为复杂。坡度增大到 30°时，上交界面处两个主要的涡结构甚至开始掺杂在一起，形成了一个更大的涡结构（图 8.9d）。头部形态随

坡度的改变表明，异重流和环境水体之间的掺混区域随着坡度的增大而增大。

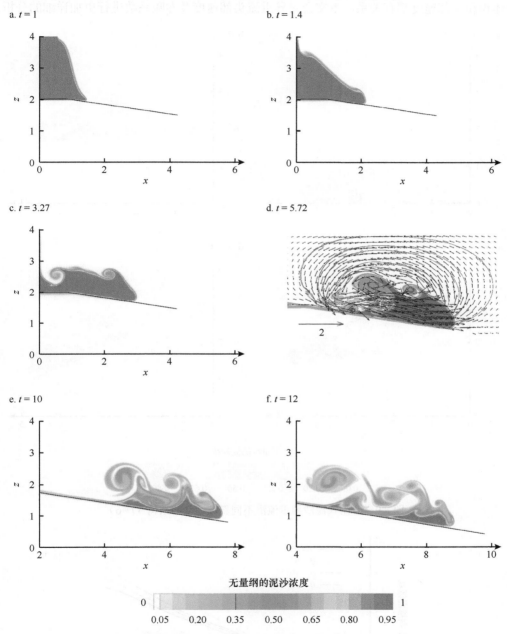

图 8.8　开闸式泥沙异重流沿 10°斜坡的运动过程（工况 3）

图 8.10 展示了开闸式泥沙异重流沿不同斜坡运动时掺混区域的变化，通过异重流初始区域的面积进行了无量纲化。在初始时刻，即异重流运动主要受重水坍塌过程控制的时刻，掺混区域几乎不随坡度发生变化。随后，掺混区域随着坡度增大而迅速增大。这一结果和前人研究的无颗粒异重流沿不同斜坡运动所得到的结论一致[4]。然而，描述异重流和环境

水体之间掺混的更加适合和准确的参数为卷吸系数[24]，卷吸系数与异重流卷入的周围水体的体积和头部速度都有关系。下文会对异重流头部速度及卷吸系数进行更加详细的分析。

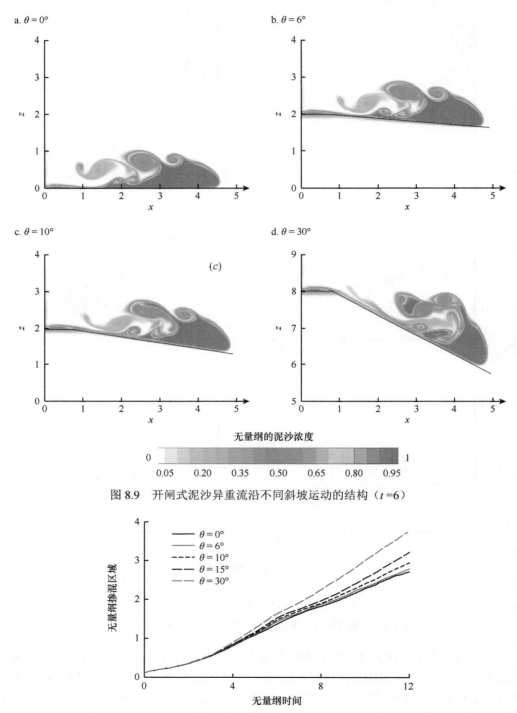

图8.9　开闸式泥沙异重流沿不同斜坡运动的结构（$t=6$）

图8.10　开闸式泥沙异重流沿不同斜坡运动时掺混区域的变化（$Re=3000$，$u_s=0.02$）

8.5　能量变化

8.5.1　动态参考面

决定势能大小的一个重要参数为相对参考面 z_d。对于沿平坡运动的异重流，相对参考面 z_d 一般定义为平坡底部，此时，不活跃不可转化的势能 $E_d(t)$ 为 0。对于沿斜坡运动的泥沙异重流，由于泥沙沉降在不同高度处，$E_d(t)$ 必然不为 0。从物理分析角度，理想的参考面 z_d 应该定义为泥沙异重流最终停止运动的位置。然而，由于泥沙异重流和环境水体之间的掺混交换在所有泥沙都沉降后仍会持续很长时间[25]，因此泥沙异重流最终停止的时刻一般很难界定。此外，由于不同泥沙异重流运动停止的位置有显著的不同，定义一个理想的参考面位置进行不同泥沙异重流之间的能量变化比较非常困难。

为更好地分析开闸式异重流在均匀淡水环境中沿斜坡向下运动的能量转换过程，本书定义了一个新的"动态参考面"的概念：在某一时刻 t，参考面定义为异重流的最低点，这一位置通过决定异重流区域的临界泥沙浓度来确定，如图 8.11 所示。在此定义下，随着异重流沿斜坡向下运动，势能参考面不断发生变化，在不同时刻初始重水的势能也不断增加。在异重流运动过程中，基于动态参考面的初始重水的势能可以作为分析异重流在不同时刻各项能量比例的尺度。由于异重流沿平坡运动过程中动态参考面不发生变化，沿平坡的运动过程也成为本节中的一个特例。为此，将开闸式异重流沿平坡运动过程中的能量变化和 Necker 等[3]的模拟结果进行了比较，如图 8.12 所示，二者符合良好。

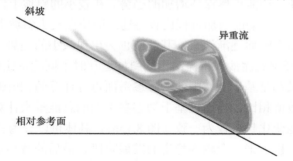

图 8.11　异重流运动过程中的水平动态参考面示意图

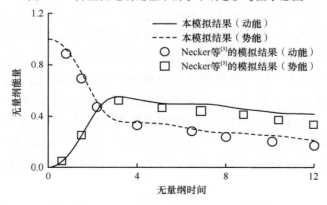

图 8.12　本模拟的异重流动能和势能与 Necker 等[3]模拟结果的比较

8.5.2 坡度对能量变化的影响

图 8.13 展示了开闸式泥沙异重流沿不同斜坡运动时流体系统的动能变化。在本节中，由于周围环境中不存在盐水，流体系统总势能 E_p 即为初始挟沙重水的势能 E_{pc}。在初始时刻内（$t < 1.6$），由于重水坍塌过程的影响，动能经历了一个迅速增大的过程。随着异重流逐渐沿斜坡向下运动，重水坍塌效应开始慢慢减弱，而斜坡的作用效应逐渐

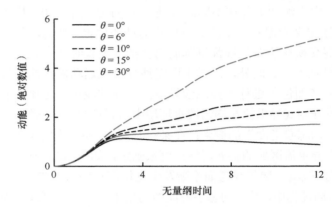

图 8.13　开闸式泥沙异重流沿不同斜坡运动时流体系统的动能变化（Re=3000，u_s=0.02）

开始累积，使得动能逐步表现出了差异：沿平坡运动的异重流，动能开始逐渐减小；而沿斜坡运动的异重流，动能仍然保持增加的趋势。在较小的斜坡上，动能增大过程较为缓慢；在较大的斜坡上，动能增加过程比较迅速。即使在较大斜坡上运动，异重流也会由于泥沙沉降和水体卷吸而逐渐消亡，其动能也会出现减小的趋势。

图 8.14 展示了开闸式泥沙异重流沿不同斜坡运动时不同能量比例随时间的变化，其中和势能有关的能量都是基于上文中的动态参考面进行计算的。和图 8.13 中不同算例动能相差很大的绝对数值相比，当通过基于动态参考面的总能量来计算动能所占比例时，不同算例之间的动能变化趋势较为一致（图 8.14a），具体可以分为三个阶段：初始的一个较快的增大过程、接下来一个较为稳定的发展阶段、最后的减小过程。在初始阶段，动能所占比例 E_k/E_{tot} 迅速增加到最大值（工况 1 最大值 55%，t=3.2；工况 2 最大值 51%，t=3.5；工况 3 最大值 50%，t=3.8；工况 6 最大值 51%，t=4.3；工况 7 最大值 54%，t=6.7）。

上述过程的发生，是由于初始阶段势能向动能的转变过程较为迅速，且转化的能量比耗散能量（图 8.14c）要大很多。不同斜坡的作用效应使得 E_k/E_{tot} 最大值出现的时刻也不一样，坡度越大，最大值出现的时刻就越滞后。随后，E_k/E_{tot} 的值逐渐稳定是由于势能向动能的转化（图 8.14e）与能量消耗（图 8.14c）之间暂时达到了动态平衡。动态平衡的出现，是因为初始时刻过后较弱的坍塌效应减弱了势能向动能的转换。之后，能量的耗散效应超过了势能向动能的转化效应，使得靠后阶段 E_k/E_{tot} 的值缓慢减小。E_p/E_{tot} 的变化过程大致可以分为两个阶段，即初始的迅速减小阶段和之后的平缓减小阶段。

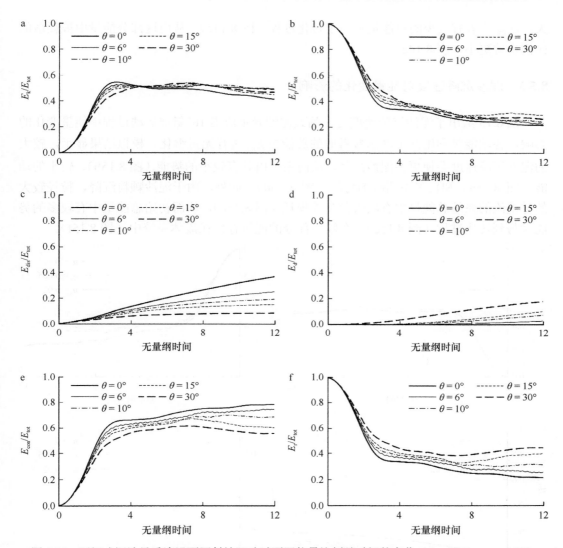

图 8.14 开闸式泥沙异重流沿不同斜坡运动时不同能量比例随时间的变化（Re=3000，u_s =0.02）

模拟结果显示，沿较大斜坡运动的异重流在运动过程中，有较少的势能被转化（图 8.14e），同时有较少的能量被消耗（图 8.14c），有较多的由泥沙沉积所导致的不活跃的势能（图 8.14d），以及较多的活跃势能（图 8.14b）。这种现象的出现可以解释为在不同斜坡上泥沙沉积的位置不一样。

图 8.14 的结果表明，沿较大斜坡运动的异重流具有更大的动能，从而具有较强的挟带泥沙的能力，即有较少的泥沙沉积在底坡。较多泥沙的悬浮使得势能较大（图 8.14b）。相反，不活跃的势能的比例取决于泥沙沉积量及沉降位置，同时和系统初始的总能量也有关系。一方面，较多的泥沙沉积在闸门附近，这意味着随着动态参考面不断沿斜坡下移，泥沙相对位置的差异开始变小。另一方面，对于沉积异重流来讲，模拟结果显示不同情况下泥沙沉积量相比于总泥沙量的比例基本一致。这两方面的作用使得沿较大斜坡运动的异重流有较多的非活跃势能（图 8.14d），从而剩余部分的势能（图 8.14f）也更

大，这意味着有较少的总能量参与了转化过程（图 8.14e），从而这部分能量中被耗散的比例也就更小（图 8.14c）。

8.5.3 泥沙沉降速度对能量变化的影响

图 8.15 给出了泥沙沉降速度对开闸式泥沙异重流沿 10°斜坡运动过程中能量变化的影响，各项能量利用基于动态参考面的总能量 E_{tot} 进行无量纲化。模拟结果显示，较大的泥沙沉降速度会使更多泥沙沉降，从而系统内具有较小的势能（图 8.15b）、较小的动能（图 8.15a）和较多不活跃的势能（图 8.15d）。此外，由于泥沙颗粒沉降，粒径较大的异重流的系统总能量中有较大部分被损耗（图 8.15c），从而初始总能量中有较多的势能参与到转化过程（图 8.15e），有较小部分的能量存留在流体系统中（图 8.15f）。

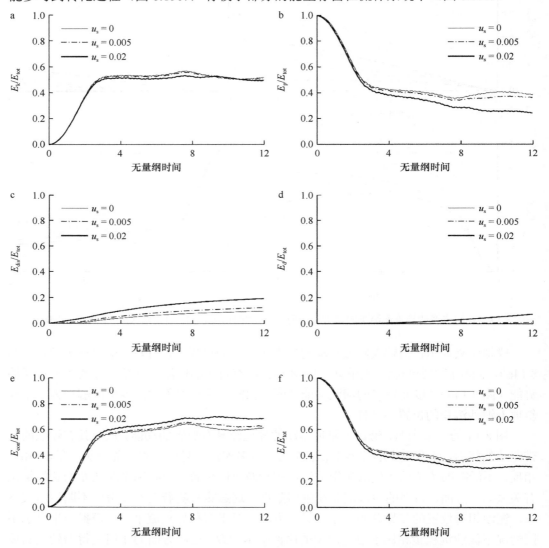

图 8.15　泥沙沉降速度对开闸式泥沙异重流沿 10°斜坡运动过程中能量变化的影响（Re=3000）

8.6　头 部 速 度

前人的研究表明[2, 26]，开闸式无颗粒异重流沿平坡运动时，其运动过程可以划分为几个较为明显的阶段：初始是较快的加速阶段；随后是速度基本保持不变的滑动阶段；最终则是速度减小的自相似阶段，此阶段头部速度先后随时间按 $t^{-1/3}$ 和 $t^{-4/5}$ 的幂次律变化。然而，对于沿斜坡运动的开闸式无颗粒异重流，前人对于其头部速度的变化过程还存在争议。一方面，实验结果[27, 28]表明，沿斜坡发展的开闸式无颗粒异重流先加速后减速；另一方面，直接数值模拟结果[4]表明，在加速阶段和减速阶段之间，还会出现一个速度几乎不变的阶段。当存在泥沙颗粒时，由于泥沙沉降会影响驱动力，异重流的运动过程势必更加复杂。本节通过直接数值模拟的方式，对开闸式泥沙异重流沿斜坡运动的头部速度进行详细研究。

8.6.1　泥沙沉降速度对头部速度的影响

图 8.16a 给出了挟带不同泥沙颗粒的开闸式异重流沿 10°斜坡运动的头部速度，其运动过程可以大致分为三个阶段：从 t=0 至 $t\approx1.4$ 是一个很快的加速阶段，头部速度从 0 迅速增加到最大速度 0.67 左右；从 $t\approx1.4$ 之后，运动进入准定常阶段（quasi-constant stage），头部速度保持在 0.66 几乎不变，此阶段运动的驱动力和黏滞力之间达到了一个短暂的平衡；由于异重流不断与周围水体进行掺混，驱动力不断减小，从 $t\approx8.8$ 开始，运动进入了减速阶段。

当泥沙沉降速度发生变化时，图 8.16b 中无量纲悬沙质量（通过初始悬沙质量进行无量纲化处理）的结果显示出了较为明显的定量区别。可以看出，泥沙沉降速度越大，异重流头部速度越小。这是由于较大的泥沙沉降速度造成了较多的泥沙沉降，异重流运动的驱动力减小，因此头部速度减小。但是，泥沙沉降速度发生变化时，异重流头部速度的三个阶段和上文中所描述的一致。这是由于只有较小部分的泥沙沉降在底坡（图 8.16b）。具体来讲，当泥沙沉降速度 u_s=0 时，所有泥沙一直是悬浮的；当泥沙沉降速度为 u_s=0.02 时，在 t=12 时仍然有 80%的泥沙处于悬浮状态。

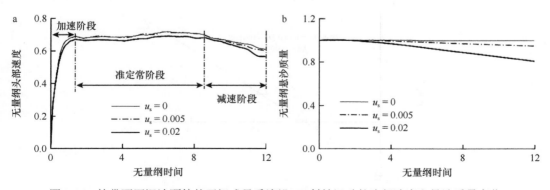

图 8.16　挟带不同泥沙颗粒的开闸式异重流沿 10°斜坡运动的头部速度和悬沙质量变化

8.6.2 坡度对头部速度的影响

图 8.17 给出了开闸式泥沙异重流沿不同斜坡运动时头部速度的变化（u_s=0.02）。在所有的工况中，从 $t=0$ 至 $t\approx1.4$ 头部速度都会经历一个很快的加速阶段，由于这一阶段受初始重水坍塌效应的影响，运动速度几乎不随坡度发生变化。随后，坡度的影响逐渐显现，异重流的头部速度也出现了差异，运动进入了第二个阶段。

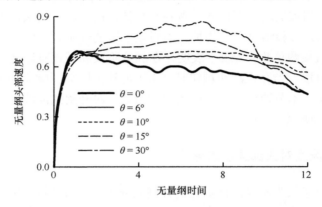

图 8.17　开闸式泥沙异重流沿不同斜坡运动时头部速度的变化（u_s=0.02）

在较小坡度下，头部速度的准定常阶段不再存在，在经历加速阶段之后便很快过渡到减速阶段，例如，θ=0°时，在初始加速阶段过后，从 $t\approx1.4$ 至 $t\approx9$ 头部速度约减小了 20%。当异重流在缓坡上运动时，在初始的快速加速阶段过后会出现一段时期的准定常阶段。当异重流在陡坡（如 θ>15°）上运动时，准定常阶段也不再存在，在经历初始的快速加速阶段之后，会进入另一个加速阶段，但后一个加速阶段的加速度相比于初始加速阶段的加速度要小很多。

通过插值的方式来寻找第二阶段头部速度从减速到加速之间的临界点。当 θ 为 0°、6°、10°、15°、30°时，数值计算得到的第二阶段加速度分别为−0.017、−0.006、0.002、0.011、0.034，如图 8.18 所示。相关系数 R^2>0.99 表明，加速度随坡度增大而线性增加。当加速度为 0 时，异重流在第二阶段的头部速度基本不变，此时可求得 θ 大约为 10°。

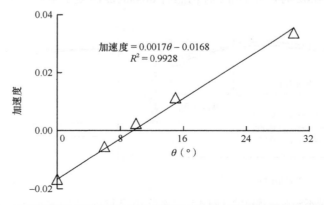

图 8.18　开闸式泥沙异重流沿不同斜坡运动的第二阶段加速度和坡度的关系

当闸门突然开启后，初始重水的坍塌导致了异重流较快的加速过程。在运动的最后阶段，由于异重流和环境水体之间的密度差较小，运动过程主要受黏滞力的控制。以上两个原因使得在各个不同斜坡上运动的异重流都会有初始的快速加速过程和最后的减速过程。

沿斜坡的有效重力分量可以促进异重流的运动。在不同斜坡上运动时，初始加速阶段之后头部速度的不同表现正是以有效重力分量为主的促进效应和以黏滞力及摩擦力为主的阻碍效应之间相互作用的结果。对相对较小的底坡（如 $\theta = 0°$），头部速度在快速增大之后出现略微减小，是因为这一阶段内阻碍效应超过了促进效应。随着坡度的增大，促进效应和阻碍效应之间逐渐达到了平衡，故在较缓底坡（10°左右）的异重流第二阶段的头部速度表现为准定常状态。当底坡变得更大时，促进效应逐渐超过了阻碍效应，准定常阶段便被加速阶段所取代，这一阶段的加速过程随着坡度的增大会变得更为明显。

8.7　卷 吸 系 数

前人关于异重流和环境水体之间的卷吸系数的定量研究主要基于水槽实验资料来开展，且大都是基于连续入流式、无泥沙颗粒的组分异重流[29, 30]，并且大部分关于卷吸系数的计算结果[27, 28]是以整体结果，即空间平均结果的形式来呈现的。最近的实验和大涡模拟结果表明[31, 32]，开闸式无颗粒异重流的卷吸系数与初始重水和周围水体之间的密度差等因素有密切的关系。然而，对于沿斜坡发展的异重流和环境水体之间的卷吸系数，前人的研究结果还存在一定的争议。例如，Krug 等[30]利用实验方法测得沿 10°斜坡向上运动的连续入流式异重流的卷吸系数约为 0.04。然而，大涡模拟的结果表明[33]，沿 3.5°斜坡向上运动的连续入流式异重流的卷吸系数约为 0.02，而且会随着向上坡度的增大而减小。对于沿斜坡向下运动的开闸式泥沙异重流，由于强烈的时空变化，斜坡及泥沙沉降对卷吸系数的影响效应均不明确。本节基于直接数值模拟结果对开闸式泥沙异重流沿斜坡运动的卷吸系数进行详细分析。

8.7.1　坡度对卷吸系数的影响

图 8.19 给出了开闸式泥沙异重流沿不同斜坡运动时卷吸系数随时间的变化。模拟结果表明，坡度对异重流的整体卷吸系数（$E_{\text{bulk}, n}$）和瞬时卷吸系数（$E_{\text{inst}, n}$）的发展趋势都没有明显影响。坡度对 $E_{\text{bulk}, n}$ 呈现出非线性的影响作用：$t > 2.5$ 之后，$\theta = 6°$时的 $E_{\text{bulk}, n}$ 比 $\theta = 0°$和 $\theta = 10°$的 $E_{\text{bulk}, n}$ 要大（图 8.19f），这是由于开闸式泥沙异重流沿较大斜坡运动时有较大的头部速度，同时也有较大的掺混面积，即卷入了较大体积的周围水体，两个因素的共同作用使得坡度对整体卷吸系数有非线性的作用。

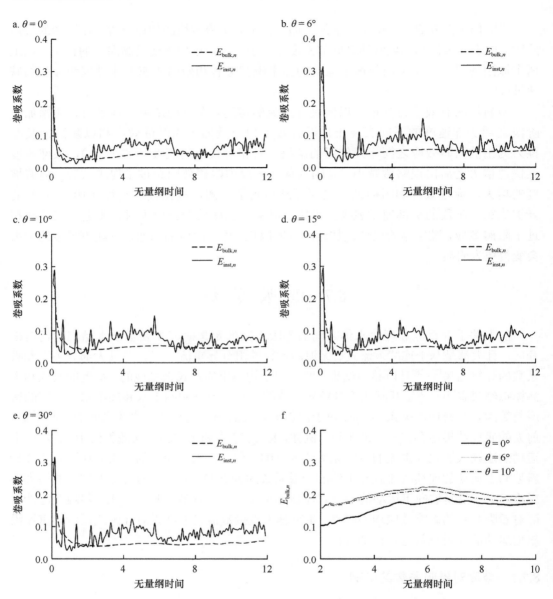

图 8.19　开闸式泥沙异重流沿不同斜坡运动时卷吸系数随时间的变化（Re=3000，u_s =0.02）

　　以工况 3 的模拟结果（图 8.19c）为例来解释卷吸系数随时间的变化过程。初始时刻由于重水坍塌，大量环境水体被"吞入"异重流，故在最初时刻 $E_{bulk,n}$ 和 $E_{inst,n}$ 的值都是最大的，随后由于坍塌作用减弱，$E_{bulk,n}$ 和 $E_{inst,n}$ 都随时间迅速减小（从 t =0 至 t ≈1.4）。之后，卷吸效应主要由上交界面不规律的 K-H 不稳定性结构和湍流结构控制，故 $E_{inst,n}$ 在 0.05 左右波动十分剧烈。

　　为深入理解 $E_{inst,n}$ 随时间的剧烈变化，进一步分析了工况 3 中 $E_{inst,n}$ 局部峰值出现时异重流的形态，即 t =1.36、t =3.27 和 t =5.72 三个时刻，如图 8.20 所示。在 t =1.36 时，交界面之间没有出现明显的湍流结构，异重流的运动仍然受到初始重水坍塌过程的影响。随后，随着异重流沿斜坡向下运动，K-H 不稳定性结构和湍流结构开始在交界面上发展，使得较轻的环境水体被逐渐卷入异重流。当瞬时卷吸系数的峰值出现时，非常明显的重水卷吸条带在交界面上出现（图 8.20b，图 8.20c）。$E_{\text{inst},n}$ 随时间的剧烈变化正是上交界面不规则结构随时间变化的结果。可以推测的是，随着异重流运动的逐渐停止，$E_{\text{bulk},n}$ 和 $E_{\text{inst},n}$ 最终都会减小为 0。

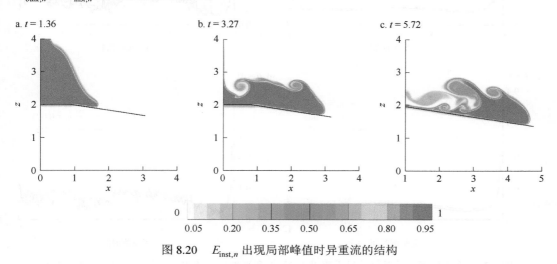

图 8.20　$E_{\text{inst},n}$ 出现局部峰值时异重流的结构

8.7.2　泥沙沉降速度对卷吸系数的影响

当异重流的运动速度较大时，显然它可以卷入较多的周围水体。K-H 不稳定性结构和湍流强度会受到交界面密度层结的影响，从而影响异重流和周围环境之间的水体交换[25]。这几个不同因素之间的相互作用会使得确定卷吸系数的值成为一个较为复杂的问题。

近年来的研究表明[25]，当泥沙异重流沿平坡运动时，尽管其运动速度比无颗粒异重流的速度小，但它仍然可以卷吸入较大体积的周围水体。泥沙颗粒的存在对卷吸掺混有两种不同的作用：一方面，泥沙沉降使得异重流和环境水体的上交界面有一个较弱的水体层结[25]；另一方面，泥沙沉降使得异重流有更小的运动速度。而较大的运动速度和上交界面较弱的水体层结都可以增大卷吸效应[25]。图 8.21 给出了含不同泥沙的开闸式异重流沿 10° 斜坡和平坡（$\theta=0$）运动的 $E_{\text{bulk},n}$ 和 $E_{\text{inst},n}$ 随时间的变化。结果表明，含有不同泥沙颗粒的异重流在沿 10° 斜坡和平坡运动时，卷吸系数几乎具有相同的发展趋势和数值。这表明，由泥沙沉降引起的两种对卷吸相反的作用效应几乎相互抵消。进一步对比可以得出，当坡度不大（0°～30°）时，不同泥沙沉降速度对卷吸系数没有明显影响。

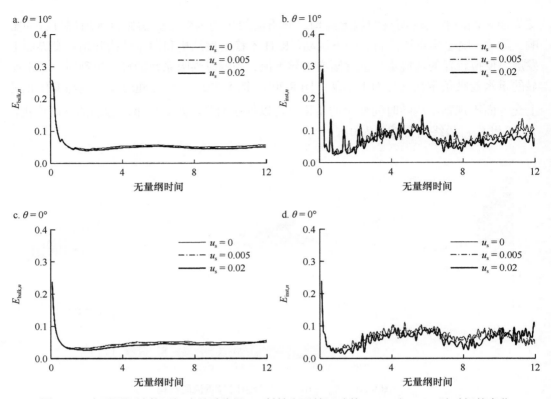

图 8.21　含不同泥沙的开闸式异重流沿 10°斜坡和平坡运动的 $E_{\text{bulk},n}$ 和 $E_{\text{inst},n}$ 随时间的变化

第9章　泥沙异重流在层结水体环境中沿斜坡运动的数值模拟研究

前人的研究结果[37,38]表明，当异重流在层结水体环境中沿斜坡运动时，其运动状态与在非层结水体环境中表现出了很大的差异。当满足一定条件时，异重流会从斜坡分离，从而水平入侵到周围水体中。中层侵入流的产生会对异重流的水沙动力学特性造成很大的影响。本章通过一系列的开闸式泥沙异重流在线性层结环境中沿斜坡运动的直接数值模拟，来研究异重流的运动过程、头部位置和速度、卷吸系数、能量变化等特性，并考虑坡度、环境水体层结和泥沙沉降对异重流运动水沙动力学特性的影响。本章拟回答如下几个主要科学问题。

（1）在不同的坡度和环境水体层结情况下，开闸式泥沙异重流的运动过程及中层侵入流的产生机制是怎样的？其主要作用因素包括哪些？

（2）开闸式泥沙异重流在线性层结环境中沿斜坡运动的过程中，坡度、泥沙沉降和周围环境水体层结对其动力学特性有何影响？

9.1　问题描述

图 9.1 给出了线性层结环境中开闸式泥沙异重流沿斜坡运动的初始设置。计算水槽的高度为 $\hat{H}$，长度为 $\hat{L}$。初始含沙水体从图 9.1 所示的位于水槽左上方的灰色区域（长度为 $\hat{l}$，高度为 $\hat{h}$，泥沙浓度为 $\hat{c}_0$，水体密度为 $\hat{\rho}_L$）中开始运动。竖直的闸门将初始重水和环境水体隔开，在闸门右端有一个斜坡（坡角为 θ），斜坡上方水体由于在不同深度处含盐量不同，形成了线性层结水体（水面处水体密度为 $\hat{\rho}_T$，水底处水体密度为 $\hat{\rho}_B$，闸门底部即斜坡顶端处水体密度为 $\hat{\rho}_S$）。初始环境水体高度和初始含沙水体高度相同。当拉起闸门时，初始含沙水体会入侵到环境水体中，并沿斜坡向下运动。根据初始含沙

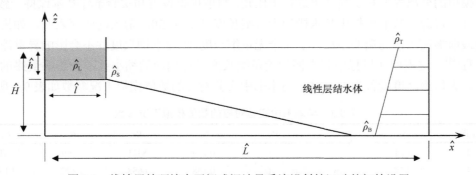

图 9.1　线性层结环境中开闸式泥沙异重流沿斜坡运动的初始设置

水体和环境水体的密度不同，异重流会有不同的运动状态。本章无量纲化过程中选取的特征长度为$\hat{h}$。

9.2　模拟工况设置

本节采用立面二维直接数值模拟（DNS）开展研究。前文中已多次证明，二维 DNS 并不影响对异重流运动水沙动力过程的理解，在本章中关于此点不多作赘述。

本节中的模拟工况为具有同样初始密度的挟沙重水沿斜坡进入不同线性层结的环境水体中，模拟尺度为实验室尺度。初始重水的密度$\hat{\rho}_L$为 1005kg/m³，水槽顶部水体密度$\hat{\rho}_T$为纯水密度，即 1000kg/m³。通过改变水槽底部水体的密度来改变环境水体的层结情况。计算域的相应尺度设置为$\hat{H}$=0.5m、$\hat{h}$=0.1m、$\hat{l}$=0.2m、$\hat{L}$=2.8m，相应的无量纲参数分别为H=5、h=1、l=2、L=28。线性层结环境中开闸式泥沙异重流沿斜坡运动的模拟工况设置如表 9.1 所示。数值模拟中雷诺数统一设置为 5000，网格分辨率设置为 0.01，满足 DNS 模型对网格尺度的要求。

表 9.1　线性层结环境中开闸式泥沙异重流沿斜坡运动的模拟工况设置

工况	θ（°）	u_s	$\hat{\rho}_B$（kg/m³）	Re	α_c	α_s	S_r
1	10	0.004	1008	5000	1.471	2.353	1.88
2	15	0.004	1008	5000	1.471	2.353	1.88
3	20	0.004	1008	5000	1.471	2.353	1.88
4	30	0.004	1008	5000	1.471	2.353	1.88
5	10	0.002	1008	5000	1.471	2.353	1.88
6	10	0	1008	5000	1.471	2.353	1.88
7	10	0.004	1000	5000	1	0	0
8	10	0.004	1010	5000	1.667	3.333	2.67

9.3　模　型　验　证

前述章节表明，本书中使用的数值模型可以准确模拟开闸式异重流的头部位置和速度、泥沙沉降、交界面结构等水沙动力学特性。为进一步验证数值模型的准确性，本节将数值模拟的分离深度和实验结果进行了比较。数值模拟设置和实验条件基本保持一致。为节省计算资源，数值模拟中将水槽的无量纲长度减小为 30。前人的研究表明，如果异重流的最前端离水槽远端的距离大于 3 个无量纲长度，缩短水槽尺度并不会影响异重流的运动过程[34]，这表明在模拟中将水槽的无量纲长度进行相应的缩小并不会影响最终的计算结果。无量纲高度设置为H=3.5。与本书中实验对应的数值模拟工况参数如表 9.2 所示。

表 9.2　与本书中实验对应的数值模拟工况参数

工况	S_r	θ（°）	S_B	S_T	Re	α_c	α_s
3	1.31	6	1	0.229	8421	2.001	2.313
4	2.55	6	1	0.168	6653	2.622	4.176

续表

工况	S_r	θ（°）	S_B	S_T	Re	α_c	α_s
5	3.07	6	1	0.192	5566	3.102	5.178
8	1.13	9	1	0.148	9622	1.675	1.806
9	1.36	9	1	0.245	8965	2.087	2.444
10	1.37	9	1	0.172	8773	1.879	2.245
11	1.42	9	1	0.070	9677	1.657	2.077
12	1.43	9	1	0.215	9093	2.047	2.477
13	2.69	9	1	0.126	6312	2.625	4.551
14	2.84	9	1	0.142	6008	2.662	4.504
17	1.25	12	1	0.019	9590	1.482	1.732
18	2.02	12	1	0.192	6971	2.379	3.397
19	3.07	12	1	0.282	5645	3.741	5.809
20	1.35	18	1	0.124	9101	1.746	2.095
21	1.91	18	1	0.010	8051	1.715	2.625
22	3.51	18	1	0.128	5766	2.967	5.485
23	1.68	24	1	0.162	9057	2.045	2.722
24	2.93	24	1	0.175	6391	2.898	4.825

　　异重流在运动过程中，和环境水体之间的密度差会随着沿斜坡向下运动而减小。对于 $S_r > 1$ 的工况，当密度差减小为零时，异重流会离开斜坡并水平入侵到环境水体中[36]。图 9.2 给出了线性层结环境中开闸式盐水异重流沿斜坡运动并出现水平分离的模拟结果

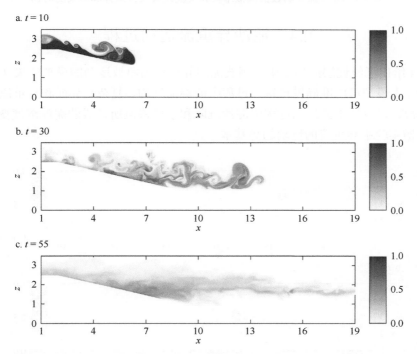

图 9.2　线性层结环境中开闸式盐水异重流沿斜坡运动并出现水平分离的模拟结果（工况 18）

（工况 18），初始重水的无量纲浓度用渐变颜色带给出（下同）。结果表明，数值模拟可以准确地捕捉异重流运动过程中的头部形状、湍流结构、交界面 K-H 不稳定性结构、沿斜坡的水平分离等重要特性。

分离深度是反映异重流运动过程和动力学特性的一个重要参数。图 9.3 给出了分离深度的数值模拟结果和实验结果及公式计算结果的对比，其中公式计算结果是基于本书公式（1.52）计算所得的分离深度。分离深度的数值模拟结果和实验结果符合良好（$R^2 = 0.88$），证明本书中的数值模型可以准确地预测开闸式异重流在线性层结环境中沿斜坡运动并分离的过程。

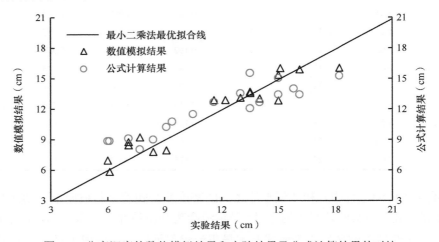

图9.3　分离深度的数值模拟结果和实验结果及公式计算结果的对比

9.4　泥沙异重流运动过程

图 9.4 给出了线性层结环境中开闸式泥沙异重流沿斜坡运动的模拟结果（工况 1）。结果显示，本模型可以准确模拟这一过程中的湍流结构、复杂交界面和异重流沿斜坡的运动及分离，以及异重流运动过程中泥沙沉降和水体掺混所造成的泥沙浓度变化。数值模拟和水槽实验中异重流的运动趋势基本一致。

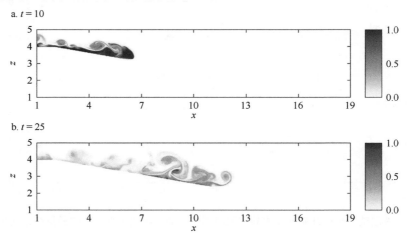

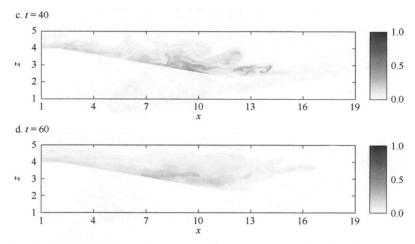

图 9.4　线性层结环境中开闸式泥沙异重流沿斜坡运动的模拟结果（工况 1）

以图 9.4 的模拟结果（S_r =1.88，θ =10°）为例，与非层结环境中异重流的运动过程相比，在沿斜坡分离之前，异重流与环境水体交界面上的 K-H 不稳定性结构更为明显（t =15）。$t \approx 20$ 时，异重流尺寸开始显著增大。随后，异重流头部从中性层附近离开斜坡并水平入侵至周围水体中。在异重流身部和尾部区域的重水此前经历了和周围密度较小的环境水体之间的掺混、泥沙沉降以及垂直方向周围水体的密度增大等，使得重水和环境水体之间的密度差逐渐减小，沿水平方向出现"手指状"的水平入侵带，从而使得异重流的尺寸得到进一步明显增大（图 9.4c）。受惯性、浮力和重力的影响，异重流会沿中性层上下出现一定程度的振荡。随着时间推移，挟沙中层侵入流不会像盐水异重流一样稳定。由于泥沙颗粒不断沉降，颗粒间隙间的清水上升，异重流会逐渐消散。

图 9.5 给出了线性层结环境中开闸式泥沙异重流运动过程中的流场图（工况 1）。当 t =12 时，和上文中非层结环境中类似的是，在交界面区域附近流场散乱分布，在靠近底部区域流场方向基本和运动方向平行。不同的是，由于重水水平入侵的影响，在上交界面处速度矢量出现了明显的水平运动趋势；当 t =23 时，即水平入侵趋势开始出现时，异重流和环境水体之间的掺混交换明显加强；当 t =47 时，即异重流已经与斜坡水平分离后，流体速度明显减小。

图 9.6 给出了线性层结环境中不同泥沙沉降速度下开闸式泥沙异重流在 t =40 时的运动状态。模拟结果显示，泥沙沉降速度越小，异重流的分离深度越大且水平入侵距离越长。这是由于泥沙沉降速度越小时，同一时刻异重流内部的泥沙颗粒就越多且异重流本身密度越大，因此运动的驱动力更大。当泥沙沉降速度较大时（u_s =0.004），异重流在斜坡部分的体积更大，这是由于更快的泥沙沉降使得停留在异重流身部的挟沙重水向下运动的趋势更弱，同时挟沙重水的密度更小，更加容易"寻找"到自己的中性层位置，更为明显的水平入侵趋势使得异重流体积增大得更为明显。

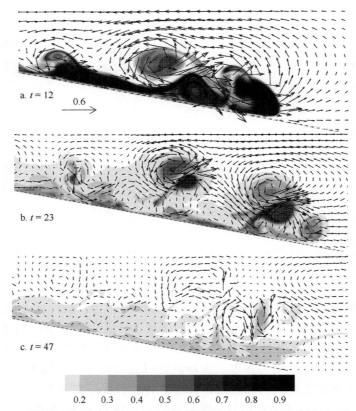

图 9.5　线性层结环境中开闸式泥沙异重流运动过程中的流场图（工况 1）

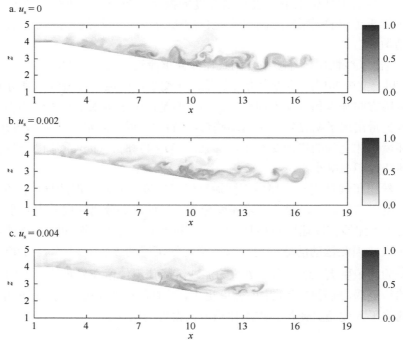

图 9.6　线性层结环境中不同泥沙沉降速度下开闸式泥沙异重流在 t=40 时的运动状态

图 9.7 给出了线性层结环境中开闸式泥沙异重流沿不同斜坡在 $t=40$ 时的运动状态，可以看出，坡度对流体的形态结构、运动状态、水体卷吸和分离深度等特性都有一定的影响，下一节中将进行详细的定量研究。

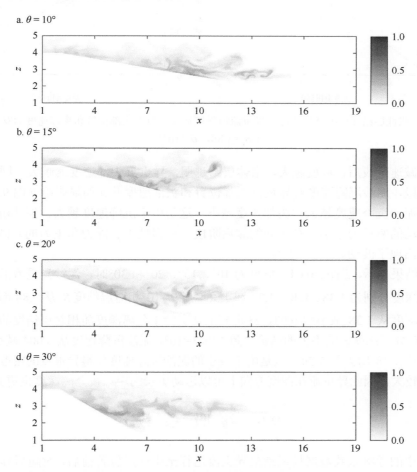

图 9.7　线性层结环境中开闸式泥沙异重流沿不同斜坡在 $t=40$ 时的运动状态（$u_s=0.004$，$S_r=1.88$）

9.5　头部速度和分离深度

图 9.8 给出了线性层结环境中开闸式泥沙异重流沿斜坡运动的典型头部位置和头部速度的发展过程。以 $u_s=0.004$ 的模拟结果为例，由于受周围水体密度沿深度增大的影响，在经历初始阶段较快的加速后，异重流头部速度迅速减小，这一变化趋势和第 3 章的实验结果是一致的。前人已经开展了一些关于坡度和水体层结对开闸式异重流头部速度的影响研究。研究结果[3]表明，在初始加速阶段，由于异重流的运动主要受重水坍塌过程的控制，坡度和水体层结对头部速度的影响不明显。

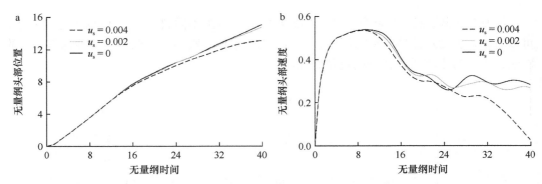

图 9.8　线性层结环境中开闸式泥沙异重流沿斜坡运动的典型头部位置和头部速度的发展过程
（S_r =1.88，θ =10°）

进入减速阶段后，坡度越大，水体层结越弱，异重流头部速度就越大。同样，在初始加速阶段，泥沙沉降速度对异重流头部位置和头部速度并无明显影响（图9.8）。在减速阶段，泥沙沉降速度越大，头部速度越小。这是由于沉降速度越大，泥沙沉降越快，异重流运动的驱动力越小。在运动的靠后阶段，在惯性力、浮力和重力的共同作用下，头部速度出现了波动。

模拟结果显示，当 u_s =0.04，坡度为 10°、15°、20° 和 30° 时，泥沙异重流沿斜坡的无量纲分离深度分别为 1.38、1.40、1.32 和 1.36。当 θ =10°相对层结度 S_r 从 1.88 增大到 2.67 时，分离深度从 1.38 减小到 0.93，这也和上文实验中分离深度随相对层结度的增大而减小、坡度对分离深度影响不大的结论一致。当 θ =10°，泥沙沉降速度从 0.004 减小为 0 时，分离深度从 1.38 增大至 1.54，这是由于较小的泥沙沉降速度使得异重流的密度和运动的驱动力都较大，因此异重流在深度方向上可以运动更长的距离，分离深度也更大。

9.6　卷 吸 系 数

本节中的卷吸系数数据只记录至异重流运行至中性层位置前后，对随后异重流的分离阶段并不关注。图 9.9 给出了线性层结环境中开闸式泥沙异重流典型的整体卷吸系数 $E_{bulk,n}$ 和瞬时卷吸系数 $E_{inst,n}$ 随时间的变化（工况 1）。由于本节中的数值计算量较大，为节省计算资源，时间步长取值相对较大，故瞬时卷吸系数 $E_{inst,n}$ 随时间的波动变化并不剧烈。

在运动的初始时刻，和在均匀水体环境中一样，异重流运动主要被重水坍塌过程所控制，此时周围环境水体被快速地"吞入"异重流，$E_{bulk,n}$ 和 $E_{inst,n}$ 都较大。随后，重水坍塌效应逐渐减弱，$E_{bulk,n}$ 和 $E_{inst,n}$ 都随时间减小（从 t =0 至 t ≈1.6）。随着异重流不断沿斜坡向下运动，水体交换主要由上交界面的 K-H 不稳定性结构和湍流结构所控制，故 $E_{inst,n}$ 会出现一定程度的波动。此后，由于"手指状"水平入侵带的出现，异重流体积迅速增大，卷吸系数也明显增大（t >14）。这一结果表明，在运动靠后阶段，影响卷吸系数的主要为不同深度处类似"手指状"的水平入侵。水平入侵带的出现会明显加强异重流与环境水体之间的掺混交换。

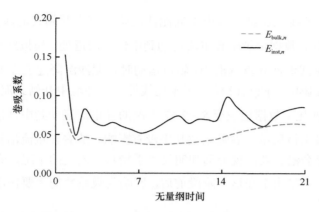

图 9.9　线性层结环境中开闸式泥沙异重流卷吸系数随时间的变化（工况 1）

图 9.10 给出了线性层结环境中开闸式泥沙异重流沿不同斜坡运动时 $E_{bulk,n}$ 和 $E_{inst,n}$ 随时间的变化，数据记录至异重流运动到中性层附近处。模拟结果显示，初始阶段坡度对卷吸系数几乎没有影响。随着异重流接近中性层位置，坡度越大，卷吸系数就越大，这是由于在较大斜坡上"手指状"的入侵带现象出现得更早。

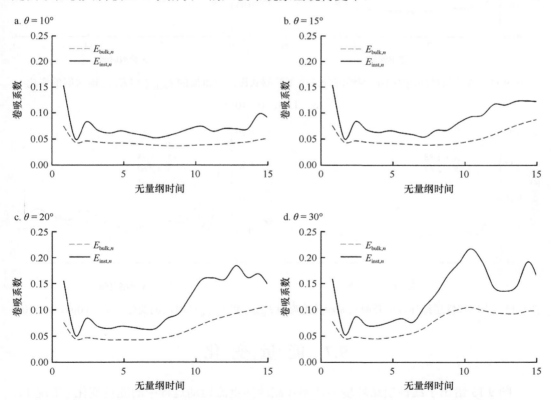

图 9.10　线性层结环境中开闸式泥沙异重流沿不同斜坡运动时 $E_{bulk,n}$ 和 $E_{inst,n}$ 随时间的变化

（S_r =1.88，u_s =0.004）

图 9.11 给出了线性层结环境中不同泥沙沉降速度下开闸式泥沙异重流的 $E_{\text{bulk},n}$ 和 $E_{\text{inst},n}$ 随时间的变化，数据记录至异重流运动到中性层附近处。模拟结果表明，当相对层结度为 1.88，开闸式泥沙异重流沿 10°斜坡运动时，泥沙沉降速度在 0 至 0.004 变化对卷吸系数并无明显影响。图 9.12 给出了不同线性层结环境中开闸式泥沙异重流的 $E_{\text{bulk},n}$ 和 $E_{\text{inst},n}$ 随时间的变化，数据记录至 S_r =2.67 工况的异重流运动到中性层附近处。模拟结果显示，初始阶段水体层结对卷吸系数几乎没有影响。随着异重流沿斜坡向下运动，对于 S_r >1 即异重流会沿斜坡出现分离和明显"手指状"入侵的工况，卷吸系数会比不出现分离的工况大。这是由于在这一阶段前后，影响卷吸系数的主要作用机制为不同深度处的水平入侵带。

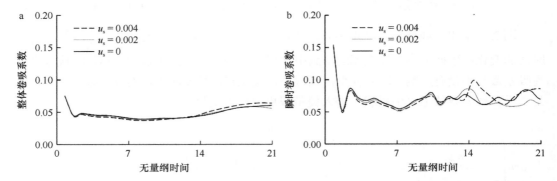

图 9.11　线性层结环境中不同泥沙沉降速度下开闸式泥沙异重流的 $E_{\text{bulk},n}$ 和 $E_{\text{inst},n}$ 随时间的变化（ S_r =1.88，θ =10°）

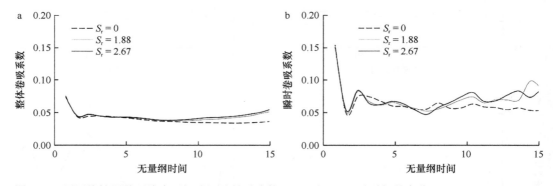

图 9.12　不同线性层结环境中开闸式泥沙异重流的 $E_{\text{bulk},n}$ 和 $E_{\text{inst},n}$ 随时间的变化（ u_s =0.004，θ =10°）

9.7　能 量 变 化

图 9.13 给出了线性层结环境中开闸式泥沙异重流运动过程中的能量变化（工况 1）。由于盐分的存在，计算势能的相对参考面不能选择为不同时刻异重流运动的最低点，否则盐水势能（ E_{tot} ）会出现负值，此时相对参考面均选取计算区域的最低平面，即通过斜坡底端的水平面。各项能量均用初始时刻的泥沙总势能 $E_{\text{pc}}(0)$ 进行无量纲化。

在整个计算时间内，无量纲化的总能量 E_{tot} 均保持在 1 附近（误差小于 1.5%），这表明本节所采用的数值模型可以很好地计算线性层结环境中开闸式泥沙异重流的能量变化过程。

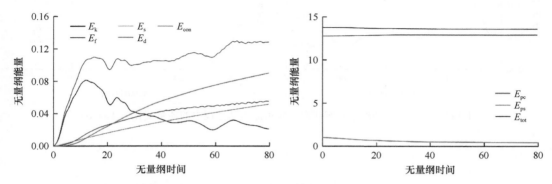

图 9.13　线性层结环境中开闸式泥沙异重流运动过程中的能量变化（工况 1）

除动能 E_k 外，图 9.13 所示的各项能量变化过程和前几章所述的能量变化过程基本一致。不同的是，在 $t>20$ 之后，动能及参与转换的能量（E_{con}）出现了一定程度的波动，而 $t\approx20$ 又恰好是异重流运动至中性层附近处的时间。这表明，$t>20$ 之后的能量波动正是异重流头部在中性层附近的上下振动导致的。

图 9.14 给出了线性层结环境中开闸式泥沙异重流运动过程中的能量变化（工况 8）。结果显示，在更强的层结环境中，除势能外各个部分的能量都更小，E_{con} 的波动也更小。这表明，较强的层结环境对异重流运动过程中的能量转化有抑制作用。

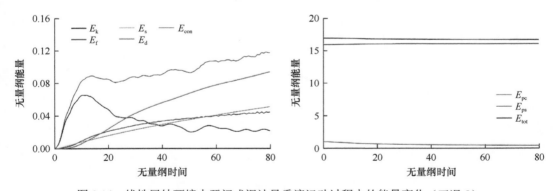

图 9.14　线性层结环境中开闸式泥沙异重流运动过程中的能量变化（工况 8）

图 9.15 给出了线性层结环境中开闸式泥沙异重流运动过程中的能量变化（工况 6）。和图 9.14 中的结果（$u_s=0.004$）相比，不存在泥沙沉降使得系统的动能更大，这是由于不存在泥沙沉降使得运动的驱动力更大，因此流体有更强烈的运动。此外，由于不存在泥沙沉降，E_d 和 E_s 更小，从而减小了初始势能中参与转换的部分。这表明更小的沉降速度会减缓异重流的能量转换过程，因而异重流有着更强的长距离运动潜力。

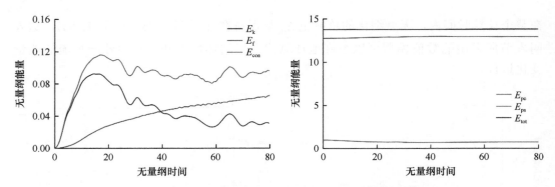

图 9.15　线性层结环境中开闸式泥沙异重流运动过程中的能量变化（工况 6）

第 10 章　河口泥沙异重流长距离输移机制的数值模拟研究

很多实地观测数据表明，由河口挟沙淡水形成的泥沙异重流可以沿陆坡运动数百千米乃至上千千米的距离[39, 40]。前人给出了两种可能的原因来解释河口泥沙异重流的长距离输移现象：一个可能的原因是异重流运动过程中侵蚀底床泥沙形成"自加速"[41, 42]，另一个可能的原因是异重流在运动过程中不断地卷吸周围海水[39, 43]。显然，如若异重流的间隙流一直是源自河流的淡水，由于它的密度比周围环境中海水的密度小，运动过程中在浮力的作用下必然会上浮，则异重流会解体，无法维持长距离的运动。这表明源自河口的泥沙异重流在长距离运动过程中，淡水间隙流必然得到了替换，但目前的两个主要理论都不能对这一替换过程进行较好的解释。

因此，笔者提出了一个新的机制来解释源自河口的泥沙异重流长距离输移的现象：由于海洋中盐分的有效扩散速率远大于异重流中泥沙颗粒的有效扩散速率，因此异重流在运动过程中间隙流会由淡水逐步转变为盐水，同时这一效应也并不会使异重流本身的泥沙浓度被明显稀释。当间隙流由淡水完全转化为盐水后，泥沙颗粒和间隙流之间的相对密度差更小，可以使得更多的泥沙保持悬浮状态，异重流整体密度也会不断变大，具有长距离输移潜力的异重流就此形成。

本章应用上文建立的高精度 DNS 模型，对河口泥沙异重流间隙流由淡水向盐水的转化过程进行研究，探讨并解释上文提出的这一新机制的合理性，证明转化过程是由于盐分的有效扩散系数比泥沙异重流中颗粒的有效扩散系数大。

10.1　模拟设置和参数定义

模拟设置为初始挟沙淡水形成的异重流在周围盐水环境中的运动过程，如图 10.1 所示。模拟参数设置如下：$L=50$，$l=20$，$H=2$，$\hat{\rho}_{B}=1010\,\text{kg/m}^3$。初始挟沙淡水中泥沙颗粒的体积分数设置为 1%，泥沙颗粒的密度为 2650kg/m³，则左边挟沙水体的总体密度为 $\hat{\rho}_{L}=1016.5\,\text{kg/m}^3$。基于以上参数，可得 $\alpha_{c}=2.5835$，$\alpha_{s}=1.5835$。在图 10.1 的设置中，泥沙能出现在盐水中可能是由两种原因造成的：①盐分沿交界面扩散进入泥沙异重流；②挟沙淡水位于盐水的上方，泥沙颗粒由于沉降进入盐水区域。

由于本章主要关注扩散作用，为避免上述第二个原因的影响，将泥沙沉降速度设置为 0，这样也同时避免了泥沙颗粒在近床区沉积对异重流运动过程造成影响。模拟中使用的均匀网格的尺度为 0.004，满足高精度数值模拟的要求。无量纲化过程中选取的特征长度为 $\hat{H}/2$。

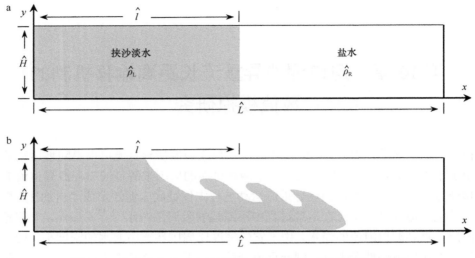

图 10.1　挟沙淡水异重流在周围盐水环境中运动的模拟初始设置

为准确量化转化过程，分析了异重流前端区域（front region）内几个变量的变化过程。在异重流前端区域内，变量 q 的空间平均值定义为

$$\langle q \rangle_{\mathrm{fr}} = \frac{\int_{\Omega_{\mathrm{fr}}} \gamma q \mathrm{d}V}{\int_{\Omega_{\mathrm{fr}}} \gamma \mathrm{d}V} \tag{10.1}$$

式中，$\gamma = \begin{cases} 1 & c > c_{\mathrm{t}} \\ 0 & c \leqslant c_{\mathrm{t}} \end{cases}$，$\Omega_{\mathrm{fr}} = \begin{cases} \Omega(X_{\mathrm{f}} - L_{\mathrm{t}} < x < X_{\mathrm{f}}) & x_{\mathrm{f}} > l + L_{\mathrm{t}} \\ \Omega(l < x < X_{\mathrm{f}}) & x_{\mathrm{f}} \leqslant l + L_{\mathrm{t}} \end{cases}$，其中 Ω 为整个计算域，c_{t} 为决定异重流区域的临界浓度，为分析周围盐分在异重流中的扩散程度，选取了一个较大的值，取为 0.5；L_{t} 为决定异重流前端范围的长度，本章取 $L_{\mathrm{t}} = 2H$。

以下几个变量在异重流前端区域的空间平均值被用于分析转化过程：泥沙浓度 c、盐分浓度 s、密度 $\rho = \alpha_{c}c + \alpha_{c}s$、$cs$ 和 $\zeta = (1-s)/c$。其中，cs 反映的是流体区域同时出现泥沙和盐分的情况，在初始时刻计算域中的任何位置都有 $cs = 0$，随着异重流的发展，任意泥沙或者盐分的分子扩散都会导致 cs 为非 0 值，故这个值本身并不能反映出泥沙和盐分的不同扩散系数的效应。$\zeta = (1-s)/c$ 的值则更能反映出异重流的间隙流从淡水向盐水转换的过程。$(1-s)$ 的值可视为某个流体微团处的"淡水浓度值"。如若盐分扩散系数和泥沙扩散系数一致，则 c 和 s 的变化由同样的输运方程所控制，那么在整个异重流的运动过程中，在泥沙浓度存在的区域，$\zeta = (1-s)/c$ 的值始终为 1。ζ 的值不为 1 则反映的是泥沙和盐分不同的扩散系数的影响。当盐分的扩散系数更大时，会期待在异重流发展过程中，ζ 在异重流前端区域的空间平均值 $\langle \zeta \rangle_{\mathrm{fr}}$ 逐渐减小，较小的 $\langle \zeta \rangle_{\mathrm{fr}}$ 可以反映出间隙流中有更多的盐分。

10.2　转化过程机制分析

图 10.2 给出了 $t = 30$ 时有效盐分扩散系数（κ_{s}）和有效泥沙扩散系数（κ_{c}）为不同

比值时泥沙浓度 c、盐分浓度 s、cs 和 ζ 的值。模拟的雷诺数 Re 设置为 3000，和实验室尺度下的异重流雷诺数较为接近。计算过程中将扩散较快的盐分项的佩克莱数设置为 $Pe_s = Re = 3000$，将扩散较慢的泥沙项的佩克莱数分别设置为 $Pe_c = 3000$、6000 和 24 000。值得注意的是，这一设置会使得盐分和泥沙的扩散系数都比实际异重流的数值大出许多，本节所讨论的转化尺度和时间都仅限于分子扩散系数比实际大很多的实验室尺度的情况。

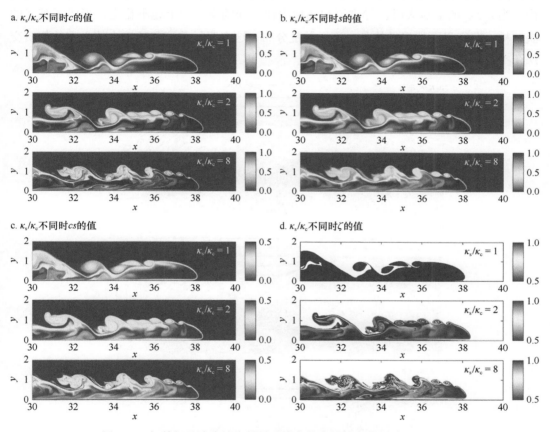

图 10.2 初始间隙流为淡水的异重流在盐水环境中的运动（$t=30$）

图 10.2 的结果显示，不同情况下的异重流都具有一个典型的头部，上交界面处都有典型的 K-H 不稳定性结构。对于泥沙扩散系数和盐分扩散系数一致的情况，模拟结果显示泥沙浓度 c 和"淡水浓度值" $(1-s)$ 始终是一样的，这也和前文中的猜测一致。$\zeta = (1-s)/c = 1$ 意味着尽管异重流在运动过程中会卷入盐分，但同时也以同样的速率丢失泥沙。

当 $\kappa_s = \kappa_c$ 时，异重流在获得盐分的过程中也必定会以同样的速率丢失泥沙。当 $\kappa_s / \kappa_c = 8$ 时，异重流获得盐分的速率要远比其丢失泥沙的速率快。因此，当盐分扩散系数比泥沙扩散系数大时，在异重流运动的过程中，其间隙流可以由淡水逐渐转变为盐水，同时泥沙浓度也不会被明显稀释。以上所述的观测结果和图 10.2c 中 cs 值的分布状态一致。和 $\kappa_s = \kappa_c$ 的模拟结果相比，当 $\kappa_s / \kappa_c = 8$ 时，在靠近异重流前端和上端的交界面处会更快地形成盐分和泥沙的混合体。图 10.2d 的结果显示，当 $\kappa_s / \kappa_c = 8$ 时，随着异重流的发展，$\zeta = (1-s)/c$ 的值不断减小，这意味着随着盐分逐渐进入异重流间隙流，异重流内部的"淡水浓度"不断下降。

图 10.3 给出了不同有效扩散系数下异重流的流场图。可以看出，不同有效扩散系数下，异重流和环境水体之间在上交界面由于速度剪切都存在 K-H 不稳定性结构和湍流结构。当 κ_s / κ_c 的值越大时，异重流和环境水体之间的交界面上越不稳定，形成了越多的涡结构。在交界面的涡结构处，流场散乱分布，这表明异重流和环境水体之间的物质交换在不断产生。

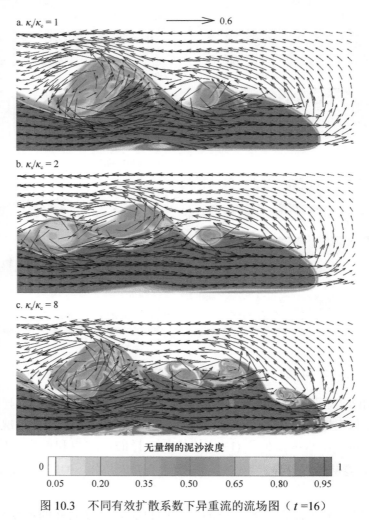

图 10.3　不同有效扩散系数下异重流的流场图（$t = 16$）

当盐分扩散进入异重流流体本身时，除了直接增大间隙流的盐度，还会在上交界面附近形成一个盐分、泥沙、淡水的混合体。由于盐分的扩散，这一混合体的密度要比其下方淡水、泥沙混合体的密度大（为避免湍流不稳定性的影响，图 10.4 中的密度剖面取

为从 $x = X_f - 2H$ 至 $x = X_f$ 位置处的平均值），从而在交界面附近形成了一个密度不稳定层[44]。交界面上的密度不稳定层会进一步加剧异重流和周围盐水间的卷吸作用。从图 10.4 可以明显看出，相较于 $\kappa_s / \kappa_c = 1$ 的模拟结果，$\kappa_s / \kappa_c = 8$ 的异重流上交界面有着更为明显的小尺度的不稳定性结构。

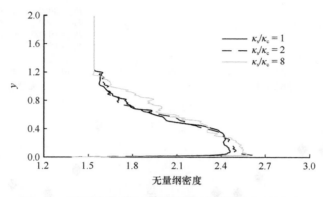

图 10.4　不同扩散系数比值下的密度剖面分布（$t=30$）

10.3　转换时间和距离

图 10.5 给出了不同雷诺数和不同扩散系数比值条件下几个特征参数的比较。其中，图 10.5e 和图 10.5f 为不同模拟工况下 $\langle \zeta \rangle_{\mathrm{fr}}$ 的变化率，其值通过表达式 $\dfrac{\langle \zeta \rangle_{\mathrm{fr},\,t=40} - \langle \zeta \rangle_{\mathrm{fr},\,t=10}}{30}$ 计算得到（图 10.5a 和图 10.5b 中 $Pe_c=40\,000$，$Pe_s=4000$；图 10.5c 和图 10.5d 中 $Re=3000$，$Pe_s=3000$；图 10.5e 为从图 10.5b 所得的计算结果；图 10.5f 为从图 10.5d 所得的计算结果）。图 10.5a 和图 10.5c 的结果表明，当雷诺数 Re 和泥沙佩克莱数 Pe_c 改变时，在本节所考虑的参数变化范围内，异重流头部速度基本不变，约为 0.5。图 10.5b 和图 10.5d 的结果显示，当泥沙和盐分的扩散速率不同时，$\langle \zeta \rangle_{\mathrm{fr}}$ 会随着时间稳定地减小，这表明泥沙异重流中的淡水间隙流正逐步转变为盐水。

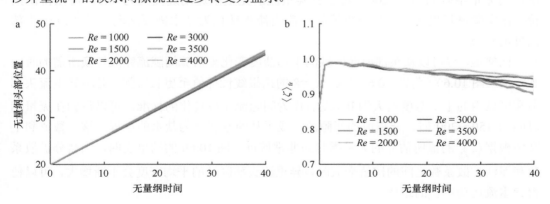

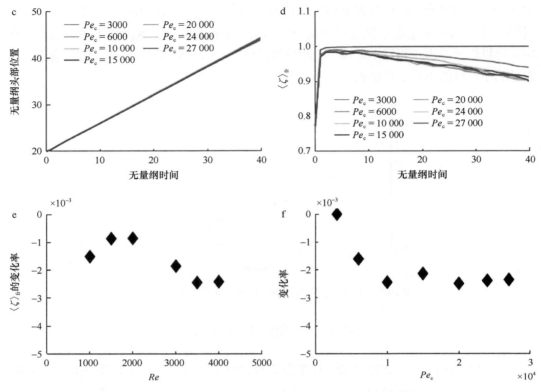

图 10.5　不同雷诺数和不同扩散系数条件下的几个特征参数的比较

模拟结果显示，对于 Pe_c=40 000、Pe_s=4000 和较小雷诺数的工况，$\langle\zeta\rangle_{fr}$ 的减小速率会随着雷诺数的增大而增大。而当 Re=3000、Pe_s=3000 和 Pe_c>10 000 时，$\langle\zeta\rangle_{fr}$ 的减小速率不再和 Pe_c 有关。图 10.5e 和图 10.5f 的结果表明，随着参数的变化，$\langle\zeta\rangle_{fr}$ 的变化率会稳定在 -2.5×10^{-3} 左右。若将 $\langle\zeta\rangle_{fr}$ 减小到 0.5 作为淡水间隙流完全转化为盐水间隙流的判断标准，将这一数值线性插值至更长的时间可以大致推求得异重流完成转换所需的无量纲时间约为 200。考虑到异重流的无量纲运动速度约为 0.5，可以得出结论，在实验室尺度下，泥沙异重流间隙流由淡水转化为盐水需要运动大约 100 个头部高度的距离。

同样地，也可以从头部前端区域的平均盐度变化来估算间隙流完成转换所需的时间和距离（图 10.6）。将图 10.6a 中 κ_s/κ_c=8 的结果线性插值至更长时间，若将异重流头部前端区域内的平均盐度增大为 0.5 左右作为间隙流完成转化的标准，可以得到在无量纲时间为 150~200 时，异重流的间隙流完成了从淡水转化为盐水的过程。这一数值和上文中根据 $\langle\zeta\rangle_{fr}$ 的值所估算的无量纲时间非常接近。图 10.6b 的结果表明，当盐分扩散系数和泥沙扩散系数之间的比值变大时，异重流头部区域的平均密度会不断增大，可以使得异重流运动更长的距离。

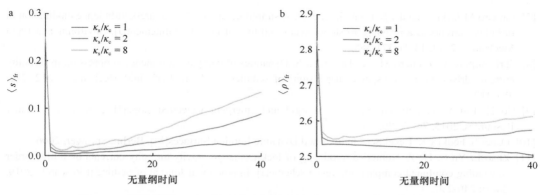

图 10.6　不同模拟工况下异重流头部前端区域的平均盐度和平均密度变化

10.4　讨　　论

基于高精度数值模拟，本章证明了由河口区域入海挟沙径流形成的泥沙异重流运动过程中，盐分的有效扩散系数远大于泥沙的有效扩散系数，异重流的淡水间隙流会被逐渐替换为盐水间隙流，并且不会使得异重流的泥沙浓度明显减小，从而使异重流密度增大，维持其长距离运动。尽管本章中的模拟结果是二维的、实验室尺度的，且雷诺数及佩克莱数远比真实尺度小，但其中的物理机制同样适用于实际地球物理尺度下的泥沙异重流运动。由于雷诺数和三维结构会较为明显地影响湍流的尺度，且真实尺度下的分子扩散系数要远比实验室尺度下小，因此本章中所得的实验室尺度下的转换时间及转换距离并不能直接应用到真实的地球物理尺度下。同样地，前人的研究结果显示，在自然条件下，泥沙异重流完成这一转换过程需要 10^3 倍至 10^4 倍的头部高度的距离[45]。因此，本章中的数值模拟结果仅是利用此理论来解释河口泥沙异重流长距离输移原因的第一步。在未来，本书提出的理论有望进一步促进利用实验和数值模拟的方法对实际尺度下的河口泥沙异重流进行深入研究，以期定量揭示交界面上剧烈的湍流结构、双扩散效应和实际的分子扩散系数对泥沙异重流间隙流转换过程的影响。

参 考 文 献

[1] Nasr-Azadani M M, Meiburg E. Turbidity currents interacting with three-dimensional seafloor topography[J]. Journal of Fluid Mechanics, 2014, 745: 409-443.

[2] Meiburg E, Radhakrishnan S, Nasr-Azadani M. Modeling gravity and turbidity currents: computational approaches and challenges[J]. Applied Mechanics Reviews, 2015, 67(4): 40802.

[3] Necker F, Härtel C, Kleiser L, et al. High-resolution simulations of particle-driven gravity currents[J]. International Journal of Multiphase Flow, 2002, 28(2): 279-300.

[4] Dai A. High-resolution simulations of downslope gravity currents in the acceleration phase[J]. Physics of Fluids, 2015, 27(7): 76602.

[5] Biegert E, Vowinckel B, Ouillon R, et al. High-resolution simulations of turbidity currents[J]. Progress in Earth and Planetary Science, 2017, 4(1): 33.

[6] Espath L, Pinto L C, Laizet S, et al. Two- and three-dimensional Direct Numerical Simulation of particle-laden gravity currents[J]. Computers & Geosciences, 2014, 63: 9-16.

[7] Cantero M I, Balachandar S, Cantelli A, et al. A simplified approach to address turbulence modulation in turbidity currents as a response to slope breaks and loss of lateral confinement[J]. Environmental Fluid Mechanics, 2014, 14(2): 371-385.

[8] Shringarpure M, Cantero M I, Balachandar S. Dynamics of complete turbulence suppression in turbidity currents driven by monodisperse suspensions of sediment[J]. Journal of Fluid Mechanics, 2012, 712: 384-417.

[9] Ho H, Lin Y. Gravity currents over a rigid and emergent vegetated slope[J]. Advances in Water Resources, 2015, 76: 72-80.

[10] Osher S, Fedkiw R. Level Set Methods and Dynamic Implicit Surfaces[M]. Berlin: Springer, 2006.

[11] Zhao L, Yu C, He Z. Numerical modeling of lock-exchange gravity/turbidity currents by a high-order upwinding combined compact difference scheme[J]. International Journal of Sediment Research, 2019, 34(3): 240-250.

[12] Yu C H, Bhumkar Y G, Sheu T W H. Dispersion relation preserving combined compact difference schemes for flow problems[J]. Journal of Scientific Computing, 2015, 62(2): 482-516.

[13] Shu C, Osher S. Efficient implementation of essentially non-oscillatory shock-capturing schemes[J]. Journal of Computational Physics, 1988, 77(2): 439-471.

[14] Yu C, Wang D, He Z, et al. An optimized dispersion-relation-preserving combined compact difference scheme to solve advection equations[J]. Journal of Computational Physics, 2015, 300: 92-115.

[15] Chorin A J. Numerical solution of the Navier-Stokes equations[J]. Mathematics of Computation, 1968, 22(104): 745-762.

[16] Fadlun E A, Verzicco R, Orlandi P, et al. Combined immersed-boundary finite-difference methods for three-dimensional complex flow simulations[J]. Journal of Computational Physics, 2000, 161(1): 35-60.

[17] Yu C H, Zhao L, Wen H L, et al. Numerical study of turbidity current over a three-dimensional seafloor[J]. Communications in Computational Physics, 2019, 25(4): 1177-1212.

[18] Necker F, Härtel C, Kleiser L, et al. Mixing and dissipation in particle-driven gravity currents[J]. Journal of Fluid Mechanics, 2005, 545: 339-372.

[19] Wells M, Nadarajah P. The intrusion depth of density currents flowing into stratified water bodies[J]. Journal of Physical Oceanography, 2009, 39(8): 1935-1947.

[20] Ottolenghi L, Adduce C, Inghilesi R, et al. Mixing in lock-release gravity currents propagating up a slope[J]. Physics of Fluids, 2016, 28(5): 56604.

[21] Ottolenghi L, Adduce C, Inghilesi R, et al. Entrainment and mixing in unsteady gravity currents[J]. Journal of Hydraulic Research, 2016, 54(5): 1-17.

[22] Kubo Y. Experimental and numerical study of topographic effects on deposition from two-dimensional, particle-driven density currents[J]. Sedimentary Geology, 2004, 164(3): 311-326.

[23] De Rooij F, Dalziel S B. Particulate Gravity Currents[M]. New York: Wiley, 2009: 207-215.

[24] Ellison T H, Turner J S. Turbulent entrainment in stratified flows[J]. Journal of Fluid Mechanics, 1959, 6(3): 423-448.

[25] Nasr-Azadani M M, Meiburg E, Kneller B. Mixing dynamics of turbidity currents interacting with complex seafloor topography[J]. Environmental Fluid Mechanics, 2018, 18(1): 201-223.

[26] Huppert H E, Simpson J E. The slumping of gravity currents[J]. Journal of Fluid Mechanics, 1980, 99(4): 785-799.

[27] Beghin P, Hopfinger E J, Britter R E. Gravitational convection from instantaneous sources on inclined boundaries[J]. Journal of Fluid Mechanics, 1981, 107: 407-422.

[28] Dai A. Experiments on gravity currents propagating on different bottom slopes[J]. Journal of Fluid Mechanics, 2013, 731: 117-141.

[29] Turner J S. Turbulent entrainment: the development of the entrainment assumption, and its application to geophysical flows[J]. Journal of Fluid Mechanics, 1986, 173: 431-471.

[30] Krug D, Holzner M, Lüthi B, et al. Experimental study of entrainment and interface dynamics in a gravity current[J]. Experiments in Fluids, 2013, 54(5): 1-13.

[31] Nogueira H I, Adduce C, Alves E, et al. Dynamics of the head of gravity currents[J]. Environmental

Fluid Mechanics, 2014, 14(2): 519-540.

[32] Steenhauer K, Tokyay T, Constantinescu G. Dynamics and structure of planar gravity currents propagating down an inclined surface[J]. Physics of Fluids, 2017, 29(3): 36604.

[33] Nourazar S, Safavi M. Two-dimensional large-eddy simulation of density-current flow propagating up a slope[J]. Journal of Hydraulic Engineering, 2017, 143(9): 4017035.

[34] Maxworthy T, Leilich J, Simpson J E, et al. The propagation of a gravity current into a linearly stratified fluid[J]. Journal of Fluid Mechanics, 2002, 453: 371-394.

[35] Blanchette F, Strauss M, Meiburg E, et al. High-resolution numerical simulations of resuspending gravity currents: conditions for self-sustainment[J]. Journal of Geophysical Research: Oceans, 2005, 110: C12022.

[36] Munroe J R, Voegeli C, Sutherland B R, et al. Intrusive gravity currents from finite-length locks in a uniformly stratified fluid[J]. Journal of Fluid Mechanics, 2009, 635: 245-273.

[37] Guo Y, Zhang Z, Shi B. Numerical simulation of gravity current descending a slope into a linearly stratified environment[J]. Journal of Hydraulic Engineering, 2014, 140(12): 4014061.

[38] Baines P G. Mixing in flows down gentle slopes into stratified environments[J]. Journal of Fluid Mechanics, 2001, 443: 237-270.

[39] Carter L, Milliman J D, Talling P J, et al. Near-synchronous and delayed initiation of long run-out submarine sediment flows from a record-breaking river flood, offshore Taiwan[J]. Geophysical Research Letters, 2012, 39(12): L12603.

[40] Nakajima T. Hyperpycnites deposited 700 km away from river mouths in the central Japan Sea[J]. Journal of Sedimentary Research, 2006, 76(1): 60-73.

[41] Hu P, Pähtz T, He Z. Is it appropriate to model turbidity currents with the three-equation model?[J]. Journal of Geophysical Research: Earth Surface, 2015, 120(7): 1153-1170.

[42] Parker G, Fukushima Y, Pantin H M. Self-accelerating turbidity currents[J]. Journal of Fluid Mechanics, 1986, 171: 145-181.

[43] Mulder T, Syvitski J P M, Migeon S, et al. Marine hyperpycnal flows: initiation, behavior and related deposits. A review[J]. Marine and Petroleum Geology, 2003, 20(6): 861-882.

[44] Burns P, Meiburg E. Sediment-laden fresh water above salt water: nonlinear simulations[J]. Journal of Fluid Mechanics, 2015, 762: 156-195.

[45] Meiburg E, Kneller B. Turbidity currents and their deposits[J]. Annual Review of Fluid Mechanics, 2010, 42(1): 135-156.